2021年度山东标准化协会学术论文集

山东标准化协会　组织编写

中国建材工业出版社

图书在版编目（CIP）数据

2021年度山东标准化协会学术论文集/山东标准化协会组织编写．--北京：中国建材工业出版社，2021.12

ISBN 978-7-5160-3363-0

Ⅰ.①2…　Ⅱ.①山…　Ⅲ.①标准化管理－山东－2021－学术会议－文集　Ⅳ.①G307-53

中国版本图书馆CIP数据核字（2021）第249130号

2021年度山东标准化协会学术论文集

2021 Niandu Shandong Biaozhunhua Xiehui Xueshu Lunwenji

山东标准化协会　组织编写

出版发行：中国建材工业出版社
地　　址：北京市海淀区三里河路1号
邮　　编：100044
经　　销：全国各地新华书店
印　　刷：北京雁林吉兆印刷有限公司
开　　本：889mm×1194mm　1/16
印　　张：14.75
字　　数：480千字
版　　次：2021年12月第1版
印　　次：2021年12月第1次
定　　价：98.00元

本社网址：www.jccbs.com，微信公众号：zgjcgycbs

请选用正版图书，采购、销售盗版图书属违法行为

举报信箱：zhangjie@tiantailaw.com　举报电话：（010）68343948

本书如有印装质量问题，由我社市场营销部负责调换，联系电话：（010）88386906

编 委 会

前　言

标准是经济活动和社会发展的技术支撑，是国家基础性制度的重要方面。近年来为适应经济社会的发展，标准化工作以习近平新时代中国特色社会主义思想为指导，深入贯彻党的十九大和十九届二中、三中、四中、五中、六中全会精神，按照统筹推进“五位一体”总体布局和协调推进“四个全面”战略布局要求，立足新发展阶段，贯彻新发展理念，优化标准化治理结构，加快构建推动高质量发展的标准体系建设。在不断深化标准化工作改革的过程中，从《中华人民共和国标准化法》，到《地方标准管理办法》《关于进一步加强行业标准管理的指导意见》《强制性国家标准管理办法》等一系列相关政策法规的出台；从传统的标准化工作，到涵盖人工智能、量子信息、生物技术等新技术领域和以“一带一路”为典型的“中国标准走出去”等创新发展，标准化充分发挥了其基础性、引领性的作用。

2021 年 10 月，中共中央、国务院印发了《国家标准化发展纲要》，提出了推动标准化事业适应经济社会全域发展的一系列举措，尤其提出到 2025 年实现标准供给、运用和标准化工作、发展的四个转变的目标，形成标准、计量、认证认可、检验检测一体化运行的国家质量基础设施体系，到 2035 年全面形成由市场驱动、政府引导、企业为主、社会参与、开放融合的标准化工作格局。这些宏伟目标的实现，需要我们广大标准化工作组织和工作者的不懈努力与奋斗。山东标准化协会为大力推动标准化纲要的贯彻实施，为山东省标准化事业的发展贡献一份力量，结合当前全省标准化工作的实际组织开展了 2021 年度标准化学术论文的征集工作。

本年度论文征集主要面向全省的标准化工作者，目的在于分享政策信息，研讨理论方法，发表实践见解，展示山东省标准化工作者的研究成果，交流标准化工作经验，启迪创新思维，激发创新观点。本年度共收录论文 50 篇，所收录的论文都紧紧围绕“实施标准化发展纲要，推动高质量发展”的主题，涉及多领域、多行业，站位高，立意新，实践性、学术性强。有的从标准、标准化及法规的异同展开论述，介绍生产型企业标准化体系建立的依据、作用、意义及建立流程，分析目前生产型企业标准体系运行的问题，提出有效改进措施；有的在探索由标准化管理向信息化、数字化、智能化集成的民生政务服务“四化建设”转型路径；有的从山东省装备制造业标准化现状出发，分析标准化在装备制造业中的重要作用、发展现状和存在的主要问题，提出加强装备制造业标准化规划、实施装备制造业标准化提升工程、深化标准化国际合作、加强装备制造业标准化人才队伍建设、促进技术创新与标准研制同步；有的通过分析目前我国城市轨道交通行业所面临的现状，深刻阐述了可通过标准体系的建立和标准的对比分析，融合世界先进技术标准，充分整合现有的技术资源，形成有针对性的技术措施，不断解决其成本高、重复设计工作量大和新技术、新材料、新工艺回报率低等问题，用开放融合的标准化工作推动城市交通产品不断走向世界；有的通过对农牧废弃物资源利用标准体系的分析与论证，得出在产学研结合和成果转化过程中的聚焦点，形成有利于龙头企业技术创新和示范项目建设的技术手段，加快农牧废弃物资源的利用，助力乡村振兴等。

这些论文真实地反映了山东省标准化工作在引领质量发展，助力科技创新，推动乡村振兴、海洋强省、新旧动能转换、社会公共服务等方面的成果和经验，也反映了山东省标准化工作者“潜精积思”和开拓创新的精神。

在此感谢为山东标准化事业不断开拓创新的工作者们，感谢积极参与本年度论文征集活动的同仁们，感谢长期以来关心、支持、帮助山东标准化协会发展的社会各界人士。

欢迎读者对本年度论文集进行批评、指正，请把阅读后的意见和建议发送到 sdas9083@126.com，供交流互鉴。

山东标准化协会

2021 年 11 月

目　录

标准化助推公共就业服务高质量发展

陈　磊[1]　马　蕊[2]　郎晓黎[3]

（1. 烟台市标准计量检验检测中心；2. 山东标准化协会；
3. 烟台市莱山区市场监督管理局）

摘　要：公共就业服务标准化是当前各级公共就业服务机构的一项重要工作，对公共就业服务高质量高效率发展起着至关重要的作用。本文阐述了开展公共就业服务标准化的必要性，提出了开展公共就业服务标准化工作的方法。

关键词：公共就业服务；标准化；高质量发展

1　引言

2018 年 12 月，人力资源社会保障部、发展改革委、财政部三个国家部委联合下发了一份重要文件——《人力资源社会保障部 国家发展改革委 财政部印发〈关于推进全方位公共就业服务的指导意见〉》。文件中明确指出，要推动公共服务就业标准化：一是要建立健全相应的标准体系；二是要制定相关指导性标准，包括服务场所设施设备、相应的人员配备等方面。[1]全国多个地方积极推进公共就业服务标准化，助推了公共就业标准服务的高质量发展。

习近平总书记在参加十三届全国人大四次会议青海代表团审议时强调，高质量发展是“十四五”乃至更长时期我国经济社会发展的主题，关系我国社会主义现代化建设全局。高质量发展不只是一个经济要求，而是对经济社会发展方方面面的总要求；不是只对经济发达地区的要求，而是所有地区发展都必须贯彻的要求；不是一时一事的要求，而是必须长期坚持的要求。各地区要结合实际情况，因地制宜、扬长补短，走出适合本地区实际的高质量发展之路。要始终把最广大人民根本利益放在心上，坚定不移增进民生福祉，把高质量发展同满足人民美好生活需要紧密结合起来，推动坚持生态优先、推动高质量发展、创造高品质生活有机结合、相得益彰。

2　公共就业服务标准化的基本概念

公共性非就业劳动服务基本上就是由各级地方人民政府及其组织部门提供的一种属于公益性的非就业劳动服务，主要目的是帮助促进居民就业。公共人力就业保障服务的基本功能包括通过贯彻落实国家相应的就业优惠政策，合理配置自己的公共人力资源并对其职能进行有效的整合开发，为各类就业困难人员及相关群体提供就业援助，为各类劳动者提供各种公益性的公共就业培训服务，为各类用人单位提供招聘录用服务，进行支持就业和协助失业的各种社会化服务管理。[3]

公共就业服务的基本性质在于它是一种服务。服务的基本定义在于“就业服务的提供者与顾客在接触过程中所产生的一系列经济活动的发展过程及其结果，它们的结果往往都是无形的”。服务的核心是顾客，服务的目的是满足顾客需求。在产品和服务的整个过程中，服务的提供者和顾客都被认为是主要参与者，因此产品和服务的质量就是产品提供者和顾客之间进行互动的产物和结果，服务质量不仅体现在服务结果上，更体现在服务提供过程之中。

按照ISO及其他国家标准的要求，标准化工作是一项行为组织的活动，是一种文件，是通过各种标准化的活动发展起来的。标准化与标准的主要特征之一就是共同使用和重复使用，其目的在于促进公众的共同效益，其目的在于促进公众的共同效益。标准的具体制定需要遵循符合法律规定的流程，经相关利益集团协商后达成一致。

公共就业服务标准化是一项编制、发布和应用公共就业服务标准的活动，目的是获得最佳社会效益。公共就业服务标准是对公共就业服务中的各类项目确立共同和重复使用的条款，经公共就业服务相关利益方协商一致，按规定的程序批准发布。

3 开展公共就业服务标准化工作的必要性

3.1 公共就业服务标准化是新时代的必然要求

公共就业服务具有垄断性、规范性、社会性、权力性、时限性和法制性，同时还具有无形性、重复性等特点。公开、公平、公正是公共就业服务的关键所在。首先要做到公开，如果没有公开，公平和公正就难以做到。标准化是全过程的公开，各相关利益方通过规范公开的程序充分参与，在参与的过程中可以各抒己见，最终达到公平和公正的目的。所以，在公共就业服务领域开展标准化建设是新时代的必然要求。

3.2 公共就业服务标准化是落实国家法律法规的需要

标准和法律法规的规定有一些区别。第一，制颁主体不同。法律法规的制定和颁布由各级立法机关负责；标准编制由需求单位组织，政府类标准由各级标准化行政主管部门批准发布。第二，价值观的侧重点不同。法律、政策和规章主要是为了追求一种公平、正义的价值；标准的制定与实施的主要目标之一是追求市场经济的秩序与效益，同时强化公平、正义这些价值的可执行和可实现。第三，规范的构成不同。法律法规的核心因素之一就是法律规定个体的权利、义务和他们的责任；标准是对生产、过程和服务领域进行规范，并没有直接规范其权利、义务。[4]标准只能规定要求，而不能规定罚则。对于违反标准所承担的法律责任，都是依照相关法律法规来执行的。标准增强了法律的实施效果和可操作性，为法律的实施提供了技术支撑，特定情形下有解释法律和弥补法律漏洞的效果。因此，要将公共就业服务相关的法律法规落实到位，就需要开展公共就业服务标准化。

3.3 公共就业服务标准化是公共就业服务事业发展的需要

公共就业服务事业发展最基础的工作是标准化，而标准化也是公共就业服务持续发展的重要技术支撑。在公共就业服务过程中形成的经验做法可以利用标准化的方法，总结积累、加以提炼、固化提升，将相关经验、成果按规定程序发布成标准，通过标准的推广应用有效实施，可以有效规范公共就业服务活动，提高公共就业服务的能力，从而促进服务的公开和行为的透明。

3.4 公共就业服务标准化是推动公共就业服务均等化的需要

向我国广大劳动群体提供的所有劳动机会、权利和劳动结果都应该全部平等地公开考试就业，这是我们实现全国公开考试就业公共服务资源均等化的根本法律要求。目前已基本形成以省、市、县三级公共服务就业政策服务管理机构为主要经营管理主体，基层公共服务就业管理服务平台（主体包括街道/乡镇、社区）等机构为主要补充的公共服务就业管理服务体系。通过实行标准化管理，就可以基本实现公共服务就业管理服务项目、制度、流程及其他公共服务就业政策服务管理标准，为广大地区全体就业劳动者提供高效、便捷的公共服务就业管理服务，树立公共服务就业管理服务的国际知名品牌，逐步推动公共就业服务规范化和均等化。

3.5 公共就业服务标准化是公共就业服务科学化管理的需要

建立公共就业服务标准能够为就业服务机构的运作提供目标和管理依据。标准化是科学化管理的重要组成部分。公共就业服务标准是指公共就业各级服务机构在服务的流程、质量、方式、行为等管理目标方面的具体化和定量化。

3.6 公共就业服务标准化是提高公共就业服务质量的需要

为了使服务项目达到一定的质量要求，必须对服务的各项质量指标有明确的规定。有了标准就能在服务过程中按标准的要求工作，保证服务质量。随着就业服务及相关主体需求的变化，公共就业服务机构根据需求的变化，调整质量标准，及时改进、改善服务环境和提高服务态度。

比如，行业标准《公共就业和人才服务窗口服务人员行为规范》（LD/T 03—2020）规定：工作准备方面应提前到达工位；仪容仪表方面应仪容整洁，端庄大方；着装形象方面应保持着装整洁、干净、文明；服务态度方面应态度温和、自然真诚，精神饱满，面带微笑，语气亲切等。

4 开展公共就业服务标准化工作的方法

4.1 成立标准化领导机构和工作机构

公共就业服务标准化工作能否顺利开展并取得成效最关键的是领导决策的执行是否到位。所以，开展公共就业服务的标准化工作首先需要建立一个标准化的工作领导机构。领导机构的主要负责人是单位的主要领导，单位其他领导和各个部门的负责人都是领导机构的成员，负责对标准化工程建设的实施和监督，其中包括规划制定、人事安排、岗位督导、落实保障措施的提供和实现以及对标准执行后的效果评估等。[5]其次是要求各单位成立一个标准化编制班子、培训班子、宣传班子、监督班子等，并由一个标准化专兼职的工作班子，由各个部门具体的负责标准化项目工作的专业技术人员和一个相应的科学家、专业技术人员组成，主要负责研究制定一个标准化项目的实施计划、编制一个标准化体系的框架图和标准文件，并开展标准宣贯培训、实施、监督等工作。

4.2 制定标准化规划和年度计划

相应机构在本单位成立后，应该在其领导组织下，制定本单位公共就业服务标准化的工作计划和公共就业服务标准化的年度实施方案，按照公共就业服务标准化的年度实施方案开展标准化工作。首先我们应该研究制定公共就业服务标准化三年或五年的工作计划，在这三年或五年时间内，通过标准化的工作来推动公共就业服务需要实现什么样的目标，具体应该做什么样的事情。然后再根据自己的工作计划，对目标和任务进行详细分解，根据自己分解的目标和任务制定一个年度的工作计划，公共就业服务的标准化也按照自己的年度计划开展。[6]

4.3 编制标准体系表

围绕公共就业和服务事件管理工作的具体特点及其涵盖的所有领域，对公共就业和服务管理的各种业务工作流程和方法进行梳理，逐步形成一个与之适应的内容完整、科学合理、结构优化、过程规范、相互协调的标准体系。编制的标准明细表中应当包含现行有效的国家标准、行业规范、地方性标准、群众性标准、社会公益性标准等外部规范以及内部已经制定的其他企业规范，还应当列出拟定的其他规范明细表。

公共就业服务标准体系的总体结构，既可以按照国家标准《服务业组织标准化工作指南 第 2 部分：标准体系》（GB/T 24421.2—2009）来构建[7]，见图1；也可以按照《企业标准体系 要求》（GB/T 15496—2017）来构建，见图2。

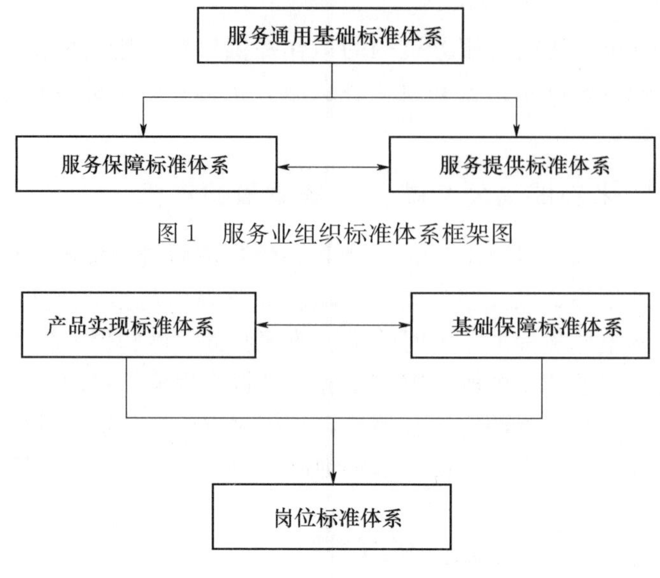

图1 服务业组织标准体系框架图

图2 企业标准体系框架图

4.4 收集和制定标准

编制标准明细表时，所有国家标准、行业标准、地方标准及群众性组织使用的标准，通过各种方式和途径搜集到的相关标准文本，定期对其进行检查，确保实际应用的都是现行有效的标准；对于企业拟定或进行修订的标准，制定一个标准化的修订和工作方案，由相关部门标准化工作人员编制。如果企业标准涉及的事项需要全省或全市统一，则可申请制定公共就业服务地方标准。

目前已经发布的公共就业服务国家标准包括《公共就业服务 总则》（GB/T 33527—2017）、《公共就业服务 术语》（GB/T 33528—2017）、《就业登记管理服务规范》（GB/T 33532—2017）等9项[8]，《公共就业和人才服务窗口服务人员行为规范》（LD/T 03—2020）1项行业标准。部分省市还制定了相应的地方标准，如烟台市就业办制定了《烟台市公共创业服务规范》《就业创业补贴稽核规范》等7项地方标准。

4.5 实施标准

标准重在实施，因此应制定标准实施方案，明确各岗位的职责和权限，为标准实施提供人、财、物各方面的保障，不断地总结自已在工作中所学到的一些方法、经验并在此基础上大力推广和应用，对标准制定与实施过程中可能遇到的一些问题及时地提出修改标准的意见和建议，积极地宣传、贯彻和实施新的标准，在不断完善标准的过程中改进和提高服务品质。

4.6 持续改进

公共就业和服务标准制度体系的建立和运行亦以PDCA（计划—执行—检查—处置）为基础，采取一种循环治理的模式（图3），实现了对标准制度的不断改进。指定具体的部门负责开展检查、评审、纠错等持续改进工作。经审批通过的可以继续改善的项目，各级相关部门应当按照自身的工作岗位职责，根据资料分析、统计结果、矫治及其他预防措施等方面的结果来编写自身可以继续改善的工作报表，并提出一份合理的建议和可以继续改善的计划。

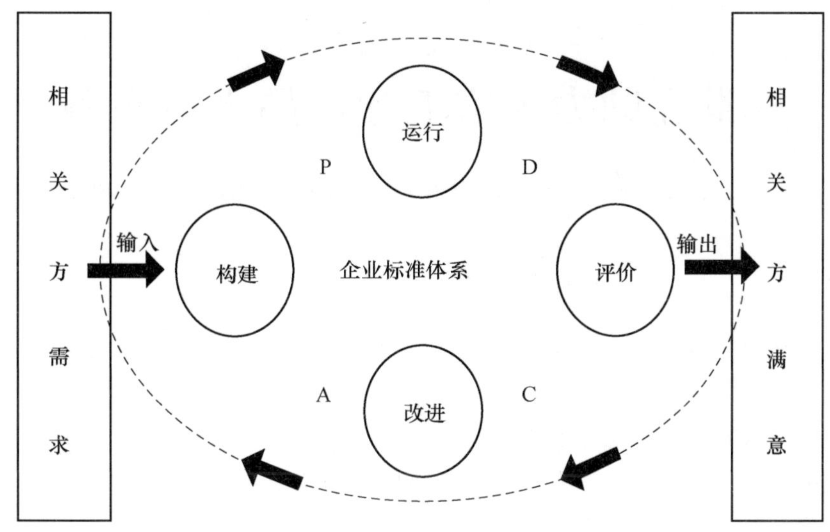

图 3　标准体系模型图

5　结语

国家标准委发布的《2021 年全国标准化工作要点》提到，要加大劳动就业创业、社会保险等领域国家标准研制力度。“标准决定质量，只有高标准才有高质量。”因此，公共就业服务采用标准化方法，构建标准体系，制修订相应的企业标准，培养标准化人才，是公共就业服务事业发展面临的重要任务。借助标准化，公共就业服务工作必定能够高质量发展。

参考文献

[1] 关于推进全方位公共就业服务的指导意见［A/OL］．中华人民共和国人力资源和社会保障部网站 http：//www. mohrss. gov. cn/.

[2] 人力资源社会保障部．关于进一步加强公共就业服务体系建设的指导意见［A/OL］．中华人民共和国人力资源和社会保障部网站 http：//www. mohrss. gov. cn/.

[3] 康俊生，晏绍庆．地方开展监狱执法管理标准化建设的分析和思考［J］．标准科学，2016（4）：63-66.

[4] 中华人民共和国国家质量监督检验检疫总局，中国国家标准化管理委员会．农业综合标准化工作指南：GB/T 31600—2015［S］．北京：中国标准出版社，2015.

[5] 郭敬东，陈飞，侯鹏．标准化促进机关事务工作高质量发展［C］．第十六届中国标准化论坛论文集，中国标准化协会，2019.

[6] 全国服务标准化技术委员会．服务业组织标准化工作指南 第 2 部分：标准体系：GB/T 24421. 2—2009［S］．北京：中国标准出版社，2009.

[7] 公共就业服务 8 项国家标准出炉［A/OL］．中华人民共和国人力资源和社会保障部网站 http：//www. mohrss. gov. cn/.

标准化助力大宗石化商品水运服务

——以山东海旺达现代物流有限公司为例

高 涛[1] 于伟涛[2]

（1. 淄博市标准化研究院；2. 山东海旺达现代物流有限公司）

摘　要： 本文以山东海旺达现代物流有限公司为例，探讨了大宗石化商品水运物流标准化过程中应注意的问题、手段、效果等，为推广大宗石化商品水运服务标准化工作奠定了基础。

关键词： 标准化；大宗石化商品；水运

山东海旺达现代物流有限公司（以下简称“海旺达”）创建于2007年1月，注册资金3000万元，是一家运用电商平台，整合全国大宗商品供应链资源，从事国内沿海、沿江及内河航道石化水运、仓储转运、IT研发及应用、增值和港区服务的供应链服务平台企业。海旺达地处内陆，远离海洋码头，开创“无船做海运、无水做码头”智慧物流商业模式，以“利他、共享”为经营理念，自主研发具有自主知识产权的第四方水运服务供应链平台，通过信息化技术手段，平台化业务操作，在全国主要液化品港口战略布局，实施7×24小时不间断跟踪追溯服务，为行业客户提供OTO（Online To Offline，线上到线下）模式的一体化的综合物流服务和端到端的供应链管理服务。颠覆传统产业服务模式，推进传统物流服务业转型升级。

海旺达借鉴十余年根植在石化水运行业的服务操作经验开展标准化试点建设工作，主要以已经形成的制度、流程为基础并结合第四方水运服务供应链平台建设和服务模式为建设重心，目前集聚国内炼化、贸易、代理、仓储、陆运、商检、保理、保险及金融等石化供应链系统资源12000多家，信用整合使用全国沿海沿江内河石化液化品船舶3000余条，往返于国内100多个港口，2019年预计营业收入突破10亿元，成为国内石化供应链行业的领军企业。近年来，海旺达坚持“专业化服务、流程化管理、平台化操作”，不断提高、完善和推进行业信息化和标准化建设，其中，海旺达水运平台已正式上线运行。

1　以人为本，以提高服务水平为目标，以技术创新为前导，开展标准化工作

员工是企业发展之根本，海旺达以沟通同频、结果导向、激励改善、赋能授权、培训辅导、知行合一的人才理念识人、选人、用人，在此次标准化建设上率先将战略人力资源、文化战略、运营管控、赋能执行力、组织领导力、营销工业化、战略规划等课程纳入培训制度，形成持续的标准培训体系。海旺达坚持以人为本，探索符合现代水运物流的管理模式。水运物流行业具有全天候、不间断、跨地域的作业特点，而且工作现场条件艰苦，如何调动年轻员工的工作积极性，确保公司的各项指令执行到位、不出偏差，是事关公司经营生产的大事。海旺达视员工为企业发展的开拓者，以较好的待遇和企业发展愿景，让员工有干劲，有奔头，在社会和家庭中扮演重要角色：针对“80后”追求公平、自由的特点，为他们营造快乐工作的氛围；针对“90后”个性强的特点，让他们尽享工作中的幸福感；每天为员工提供免费的水果和甜点，为员工生日赠送生日蛋糕；每年公司党支部和工会都会组织员工外出旅行，每年年末的公司联欢晚会成为年轻人展示才艺、放飞自我的快乐舞台；公司还改变传统薪资模式和以罚代管的思维定势，以让员工收入超出自己的预期，激发他们的工作热忱和潜

能，及时掌握员工需求，增强年轻员工的归属感等。这些充满儒家风范的举措，对公司的快速发展起到了黏合剂和助推剂的作用，为中小微民营企业打造独特亲民的企业文化，实施标准化建设发挥了突出的作用。

海旺达搭建创业创新环境，坚持产学研合作引领传统产业发展。近年来，海旺达先后入选中国物流与采购联合会常务理事单位、山东省电子商务协会理事单位、山东省物流与采购协会会员单位、淄博市物流协会副会长单位，通过出台科技政策，支持公司IT创新团队自主创新，鼓励各子公司针对各自业务板块开展“比学赶帮超”活动，尤其是支持公司IT研发中心积极走出去与工矿企业和高等院校的技术开发攻关合作，先后为中化集团、浙江物产等国内行业巨头提供科技服务，开展产学研合作，累计申请软件著作权24件，自主开发的“海旺达石化水运电子商务平台”获选中华人民共和国工业和信息化部电子商务集成创新试点工程，整体技术达到国内本领域领先水平。重点开发项目“价值共享水运第四方诚信物流服务平台”的实施，是海旺达针对市场需求而开发的互联网金融服务平台应用示范项目，为国内行业客户提供在线支付、保理融资和在线加油等一站式供应链互联网金融服务。为公司持续发展提供了前沿技术支持。海旺达石化水运服务具有面向多行业并具备多行业知识储备要求的特点，涵盖石油化工、交通运输、油化贸易、物流仓储、商品检验、海商海事、金融保险、燃供补给等领域，是集物流外包方案设计、物流供应链软件系统研发、应用、售后服务于一体的高技术服务型供应链平台企业，是国内大宗商品水运服务标准的重要制定者和参与者，为国内水运服务业标准的推广应用打下了良好基础。通过产学研合作，海旺达引领行业走出了发展瓶颈，同时引领上下游企业自主创新能力的提升。海旺达的发展离不开创新，创新离不开文化宣导，文化需要环境承载，海旺达将环境搭建与企业发展结合在一起，一方面注重办公等硬件环境的搭建和保持，另一方面通过文化落地创建软环境，针对不同部门的工作特点，在办公环境上进行改善形成定制化管理，将色彩、形状、物品类型等细节编入标准，在软环境创建上形成了不同类型、不同范围的定制周期性分享活动，通过标准实施推动落地。

2 建立突出行业特点、以服务为核心的标准体系

海旺达以向客户提供石化水运供应链一体化服务为基点，并集聚供应链有效资源，向客户提供保障主体业务运行的功能集成增值服务，围绕客户需求提供全方位的综合立体服务。

海旺达通过卓有成效的标准化建设工作，建立了通用基础标准体系、服务保障标准体系、服务提供标准体系三大部分，涵盖了海旺达的方方面面。共计116项标准，其中国家标准24项、行业标准1项、起草企业标准91项，提炼出“一个电话”“一键匹配”“一揽子打包”、三个“一”＋“全程跟踪”的服务规范。

一个电话，即通过一个电话就能为货主客户或船东客户达成配船或配货意向，海旺达在一个电话中就能为其提供至少三艘合适船舶方案或三批推荐货源，第一时间满足其主体业务需求。

一键匹配，即通过线上平台的智能配载功能，通过“一键配船”或“一键找货”就能得到至少三选一的业务匹配方案。

一揽子打包，即在货源船舶匹配主体业务基础上，针对不同的客户类型完成在装、卸两港的仓储、代理、检验、保险、供应链金融、燃供等一揽子式的套餐服务。

三个“一”＋全程跟踪，主要针对石化水运中的计量检验规范差、运输航途不受控、滞期风险、人为因素影响大、恶劣天气预测不足、留证难等特点，即对每一单运输服务，通过平台和指定专人对运作全程进行无缝隙跟踪，设定了48个处理节点，为客户提供多形态、全程的信息推送服务，将风险预警、处置预案分层次推送，各节点以图片、视频、语音、文字、地理信息等形式提供全程可视化、可追溯的全体系服务。

3 利用信息化手段辅助标准体系的实现

海旺达顺应国家互联网＋传统行业两化融合的大趋势，借助平台经济的快速发展，在资源整合、数据管理及办公自动化方面受益良多。互联网平台的创新与发展，让众多传统企业线上洽谈签约、线下履约成为现实，使企业工作效率得到极大提升。经过近10年的互联网＋平台的创新发展，海旺达由电商平台转变为行业供应链平台，再到平台集聚产业资源构筑绿色生态。作为一种全新的水运物流服务组织形式，供应链平台代表了未来水运物流服务发展的方向，对实现高质量水运物流服务方式具有重大的意义。海旺达通过运作积累，掌握行业客户及其水运操作运行的海量运作数据，通过数据分析结合此次标准化建设，将原有分级分类机制提炼优化，通过整合的增值服务商资源信息以信用为基础形成了货源准入规则、船舶准入规则、船货匹配筛选规则。各规则的形成为推动市场规范运作奠定基础，为形成绿色化搭建生态。

水运服务供应链平台市场吸引力大，各家企业服务水平存在较大差别，同时，信息安全要求高，管理难度大；实现水运服务行业标准化显得尤为重要。海旺达以国家《关于促进平台经济规范健康发展的指导意见》为政策导向，以“标准化推进行业规范化”为目标引领，加大资金投入，支持和保障海旺达平台建设和标准化发展。随着海旺达“大宗商品水运服务标准化”落实到位，必将推动国内石化水运供应链行业进入高质量、快速发展阶段，为客户提供快速、优质的服务。

4 通过标准化的实施，规范了内部管理，加强了外部联系，实现了数据共享，打造了双赢的局面

短短几年间，海旺达通过标准化实现的“利他、共享”为客户创造价值的企业理念，整合了炼化、贸易、代理、仓储、陆运、商检、保理、保险及金融等石化供应链系统资源数万家，信用整合使用全国沿海沿江内河石化液化品船舶3000余条，每天关注签约跟踪船舶100多艘，往返于国内100多个港口。2018年企业改制为集团公司，旗下子公司包括海旺达物流、澜筹经贸、澜筹船务、上海齐运、北京齐运等，涵盖石化水运、仓储转运、IT研发及应用、供应链管理、增值服务及港区服务等各个领域。海旺达始终坚持合作共赢的经营理念，坚持能为客户创造价值才是企业生存之本的发展理念，借标准化建设之势，将理念充分体现在业务、执行、运营、结算等全业务链条为客户服务的标准中，同时在内部衔接上将流程下一环节是上一环节的客户思维以标准化形态落地。同时强调外部资源间的合作牵引和撮合，支持推动优势客户间的合作，达成整个供应链链条的纵向协同发展。

海旺达是一家年营业额超过10亿元的石化供应链管理企业，在国内主要液化品港口城市布局设点，是行业龙头企业。海旺达深知两化融合的重要性，但在跨业务领域的资源整合方面遇到了巨大挑战，存在信息孤岛现象，不同业务领域间的信息不能互联，经营数据多由人工收集和汇报，准确性和及时性不能满足业务需求。通过标准化建设实现了第四方水运物流平台，实现了“业务仪表盘”功能，使业务数据可视化，让管理层及时直观地掌握全局情况；实现了“数据驾驶舱”，助力管理层根据准确性和实时性数据，迅速进行规划和决策。

通过标准化整合国内行业资源数万家的海量信息，海旺达可以实时动态调整业务繁忙期间的资源分配，从而全面提升服务能力与效率，提升客户价值。数据信息是企业的宝贵财富，通过对积累沉淀的历史数据进行标准化的分析，形成运力趋势预测、运价指数及运价预测模型，实现共享共建共发展的统一方向。通过标准化建设梳理探索，形成独立的平台服务规范，将技术平台服务、资源整合牵引合作等纳入其中。

5 通过技术突破，赋能模式创新，使标准体系不断提升，实现对行业规范的引领

国内产业升级带来了石化供应链管理行业的增长空间，平台化运营成为当下传统物流企业转型关键选择，而科技化驱动赋能产业运营是海旺达今后的大战略重点。海旺达科技化驱动是通过“数据穿透产业运营过程，科技靶向产业升级需求，金融匹配产业经营场景”的模式，用互联网络获得客户，通过行业大数据实施风控策略，通过物联网动态监控资产，从而提升整个行业的运行效率，降低风险，最终实现产业生态赋能。

通过坚持科技创新驱动，进一步突破了地域限制，为“无水做码头、无船做海运”的智慧物流模式运作提供了保障，为企业发展起到了更大的推动作用，为标准、规范的服务提供了良好的载体，通过集聚的客户资源优势、市场信息优势、数据积累优势、解决方案提供能力为新业态、新模式的形成提供沃土，结合企业信息化系统的应用，紧盯前沿技术力寻技术突破，为标准执行、优化、提升提供保障，引领水运行业规范化，可持续性发展，让物流更便捷。

运用标准化手段创新基层社会治理现代化建设的探索与实践

——以青岛“阳光城阳”建设为例

张丕钦

（中共青岛市城阳区委党校）

摘　要：标准化在国家治理体系和治理能力现代化建设中具有基础性和战略性的作用，是实现基层社会治理现代化的必然要求和选择，也是实现基层社会治理现代化的重要举措和途径。城阳区围绕提升基层社会治理能力现代化，探索创新、先试先行，大力实施“阳光城阳”社会治理标准化战略，从“党建、政务、发展、治理、生活”五个维度入手，以“标准化+”基层社会治理为理念，通过建立标准化实施推广队伍、构建基层社会治理标准体系、编制核心标准项目、持续改进标准体系、完善标准体系有效运行机制等措施，用标准化的手段构筑多元的现代化社会治理体系，在创新基层社会治理现代化建设方面进行了有益探索，并取得一系列实践成果。

关键词：党建；政务；发展；治理；生活

党的十八届三中全会提出推进国家治理体系和治理能力现代化的战略目标，强调要加快形成科学有效的社会治理体制，确保社会既充满活力又和谐有序。党的十九届四中全会对推进国家治理体系和治理能力现代化做出全面部署，提出要坚持和完善共建共治共享的社会治理制度，构建基层社会治理新格局。基层社会治理是国家治理的具体实践和重要方面，也是国家治理的重心与难点。加快创新基层社会治理体制，不断改进基层社会治理方式，是维护社会稳定和国家安全的时代课题，在推进基层社会治理现代化进程中实行标准化就是一项有益的探索和实践。

1　标准化在基层社会治理现代化进程中的必要性和重要性

（1）标准化是实现基层社会治理现代化的新理念和新战略。标准是一种规范和规则，所谓标准化，是为在一定的范围内获得最佳秩序，对实际的或潜在的问题制定共同的和重复使用的规则的活动，包括制定、发布及实施标准的过程。习近平总书记曾做出过重要批示：“加强标准化工作，实施标准化战略，是一项重要而紧迫的任务，对经济社会发展具有长远的意义。要加强领导，提高认识，积极推进，取得实效。”

基层社会治理是以维系基层社会秩序为核心，包括利益关系协调、民生问题保障、公共服务提供、矛盾纠纷化解、危机风险应对、日常行为规范、和谐环境创造、社会稳定维护等各方面，事多、量大、面宽，直接面对基层群众，事务琐碎复杂，任务艰巨繁重。习近平总书记曾指出：“党的工作最坚实的力量支撑在基层，经济社会发展和民生最突出的矛盾和问题也在基层，必须把抓基层打基础作为长远之计和固本之策，丝毫不能放松。”他高度重视基层社会治理，多次强调：“要加强和创新基层社会治理，使每个社会细胞都健康活跃，将矛盾纠纷化解在基层，将和谐稳定创建在基层。”基层社会治理是社会治理的最前沿阵地和最源头防线，是社会治理的基础和重心，是整个国家治理的基石。基层社会治理是否有效，直接决定着经济社会的繁荣稳定和可持续发展。这就需要坚持把标准化建设作为基层社会治理的战略性任务，以问题为导向，贯彻新发展理念，建立完善科学的标准化体系，提升基层社会治理效能。

（2）标准化是实现基层社会治理现代化的必然要求和必然选择。基层社会治理能力现代化的推进，目的是实现治理的程序化、规范化、制度化。标准化在基层社会治理现代化进程中具有基础性和战略性的作用，是我党治国理政的新理念。标准化战略的实施，可以将标准化的理念和方法渗透到社会治理和服务中，通过标准化的方法，整合基层社会各方面的资源，创新基层社会治理方式，解决政出多门、自由裁量、资源分配不公等问题，推动实现基层社会治理行为的规范化和治理资源配置的最优化，进而推进社会治理体系和治理能力现代化。

（3）标准化是实现基层社会治理现代化的重要举措和重要途径。标准引领时代进步，标准是社会治理的基础性规范，标准化是实现社会治理现代化的有力技术支撑，没有标准化就没有治理的现代化。有了标准，并将其嵌入基层社会治理的各领域和各环节发挥作用，提出合适的具体措施和方法，就使基层社会治理有了更加具体细致的规范性约束和较强的可操性要求，就可实现“有标可循”“有准可依”，从而解决了“如何为”的问题，灵活性、针对性更强，就会对基层社会治理行为起到更加直接的作用，同时也会通过融入人们的日常生活，养成良好的行为习惯，进而提升基层社会治理的科学化、精细化和规范化水平，助推社会治理体系和治理能力的现代化进程。

（4）标准化是实现基层社会治理现代化的先手棋和金钥匙。目前在基层社会治理的标准化建设方面仍然存在许多难题。第一，基层社会治理制度和规定虽多，但仍处于碎片化状态，没有形成完整规范和科学有效的治理体系。第二，基层虽有较多的规章制度，但对一些微观的、具体操作层面的事项难以规定，在实际操作过程中，存在不规范和随意性的问题，可操性和实用性差。第三，基层干部流动性大，存在人走经验也走的问题，新上任人员一时难以接手，没有经验可参照比对，等等。要破解这些难题就必须抢占先机，攻坚克难，迫切需要制定更具前瞻性和可持续性的操作规范，迫切需要出台更具科学性和实用性的千金良方，在基层社会治理现代化进程中推进标准化建设势在必行。

2　城阳区在基层社会治理现代化进程中实施标准化的有益探索

围绕提升基层社会治理现代化水平，不断探索创新、先试先行，大力实施“阳光城阳”标准化区域战略，持续推行阳光举措，用标准化手段创新工作，从零起步、逐步完善，扎实推进、有效实施，逐步构建起全域化、实效化、科学化和独具特色的基层社会治理标准体系，在基层社会治理标准化建设方面探索出一条有益的实践路径，为社会治理体系和治理能力现代化提供了“城阳经验”。

（1）统筹布局，全面推进试点工作。以申报省级标准化试点建设为契机，把社会治理标准体系建设摆在“阳光城阳”建设四梁八柱的战略地位上，并将其视为具有里程碑意义的事件，积极推进部署。

一是强化组织保障。首先是建立标准化实施推广队伍，成立了由区委书记任组长、区长和区委副书记任副组长的“阳光城阳”社会治理标准化试点工作领导小组，设立专门机构，全面负责社会治理标准化试点建设的组织、协调、调度和督查等日常工作，顶格调度、顶格协调、顶格推进；各成员单位配强工作力量，明确分管领导、责任科室和具体人员，扎实组织开展标准化建设。其次是加强经费保障。在“阳光城阳”建设专项资金里，设置专门标准体系建设经费，从资金上给予强有力的支持。

二是强化舆论引导。充分运用网络媒体、电子屏幕、专题培训会以及线上线下相结合的形式，多渠道宣传和引导，大力提升标准意识，充分调动各部门和广大干部群众参与标准建设的积极性、主动性和创造性，在全社会形成良好的标准化建设生态。在新华网、中国文明网、大众网等网络媒体和报刊刊发标准化工作新闻报道20余篇，利用“阳光城阳”等微信公众号以及“爱城阳”App发布有关推文20余篇，为标准化建设试点的推动营造浓厚的舆论氛围。

三是明确目标定位。一方面立足当前，把用标准巩固提升成果、指导推动工作作为“阳光城阳”建设的一项重点来抓，列入年度工作要点，并做出专门部署。另一方面着眼长远，把“阳光城阳”标准化建设作为一项战略来抓，发布《“阳光城阳”社会治理标准化试点建设实施方案》，并写入“十四五”发展规划，做到“有目标、有方向、有计划、有步骤”地拓展延伸，科学有序地构建基层社会治理标准化的生态群落。

（2）精心实施，科学编制标准体系。围绕践行阳光理念，推出一批务实管用的阳光举措，形成了一系列可推广、可复制的特色经验，积极创新基层社会治理模式，逐步整合打造起了具有阳光特色和内涵的标准体系。

一是科学创建标准体系。坚持以基层社会治理亮点做法和创新举措为重点，对400余个备选项目进行梳理，精挑成熟项目200余个，经过归类完善和总结提升，进一步固化成制度，转化成标准，做实“阳光城阳”基层社会治理标准体系内容，使标准化试点工作的扎实推进得到有效保障。各项标准转化完成以后，在现行《服务业组织标准化工作指南》（GB/T 24421）基础上，融合“阳光城阳”社会治理的特色，进行全局性和系统性的整合优化，建立了“核心指标”标准体系、“实施提供”标准体系和“管理运营”标准体系三大子体系，汇集了44个部门（单位）的成熟标准244项，其中包括5项核心指标标准，224项实施提供标准，15项管理运营标准，为全面构建“阳光城阳”基层社会治理标准体系夯实了基础。

二是重点打造标准特色。围绕阳光和治理两个主题，突出基层社会治理标准体系的创新性和特色性，编制一批核心标准项目。着力提炼了标准体系中有创新、有特色、有代表性和富含阳光内涵的成熟标准，作为可复制、可推广的“城阳经验”，精雕细琢，形成品牌，争创团体标准、地方标准或国家标准制定项目，用标准化推动基层社会治理创新发展，并收获丰硕成果。在“阳光城阳”社会治理标准体系建设引领下，成功通过村改居社区服务标准化省级试点验收，并获批全国政务服务标准化试点；政务公开标准化试点工作突出，被确定为青岛市基层政务公开标准化规范化试验区。

三是有效拓展标准领域。立足“阳光城阳”社会治理标准体系框架，积极实施区域化战略，融入现代化治理理念，全面梳理已有的国家、省、市三级标准化试点项目，通过修订、更新和升级，对现有标准进行巩固和提升，并适时纳入“阳光城阳”标准体系，推动各项工作标准迭代升级、持续精进、推广应用，进一步发挥先进标准在完善基层社会治理标准体系中的创新领跑和示范带动作用。

（3）完善运行，确保标准落地起效。基层社会治理标准化建设工作点多、面广，是一个系统工程，从标准的发布实施、日常检查、动态管理到持续改进和优化完善，必须做到统筹谋划、整体推进。要以有力的措施、完善的机制保障标准体系全过程、全链接科学有效地运行。

一是建立长效运行机制。制定完善的“阳光城阳”社会治理标准化管理办法，明确标准制定、修订、实施、评价和改进、规划、计划以及培训等工作机制，为标准体系建设明确了发展方向，提供了工作依据。制定标准实施管理办法，组织各执行单位按照标准开展工作，做好实施记录。特别是在标准实施前，对相关工作人员进行业务培训，使其在熟悉和掌握标准的基础上，能够自觉按照标准要求有步骤、有计划地落实。

二是建立监督检查机制。成立“阳光城阳”社会治理标准实施检查小组，建立了标准实施检查制度，明确日常检查程序，发布监督检查工作计划，把标准化实施情况跟日常考核相结合，将标准化工作纳入年度经济社会发展综合考核实施细则，并作为年底评先创优的重要参考依据。通过加大考核奖惩力度，提高了标准化工作的执行力和落实力。

三是建立评估改进机制。成立了“阳光城阳”社会治理标准体系自评和持续性改进小组，制定下发《关于进一步做好“阳光城阳”社会治理标准化标准实施工作的通知》，建立了标准体系持续改进工作制度。在各执行单位自查、自评的前提下，“阳光城阳”建设指导中心进行不定期监督检查和指导评价，提出改进意见建议，督促做好整改落实，并健全完善检查标准实施档案，推动标准的落地落实和有效执行。同时，采取电话随机抽查的方式，面向公众开展满意度调查，为标准运行的改进、优化和提升提供重要参考依据和第一手资料。

3 城阳区在基层社会治理现代化进程中实施标准化的实践成果

以“阳光城阳”建设为引领，全力推进标准化在经济社会各领域的广泛应用、深度融合和创新实践，从“党建、政务、发展、治理、生活”五个维度入手，在基层社会治理中注入阳光理念、做足阳光底蕴，规范了行政管理和服务行为，助推了经济社会高质量发展，提升了基层社会治理现代化水平，实现了经济和社会效益双效联动、双项提升，打造了基层社会治理的“城阳样板”。

（1）党建统领治理能力不断加强。以“阳光党建”为龙头，把党的政治优势和组织优势转化为基层社会治理优势，打造了共建共治共享的社会治理格局。一是基层党组织的战斗堡垒作用得以有效发挥。通过开展“过硬支部”创建、党建联建、大党委建设等标准化工作，基层党组织的创造力、凝聚力、战斗力不断增强，基层社会治理更加规范有序。二是社会各行业正能量得以有效激活。通过开展新的社会阶层人士统战、非公企业党建活动等标准化工作，激发活力、增强动能，充分调动全社会发展区域经济的积极性、主动性、创造性，使党建的经济效应更加显现。三是基层权力得以有效运行。通过开展基层“双三亮”（社区“亮目标、亮权力、亮家底”，党员“亮身份、亮承诺、亮家风”）标准化工作，党员、干部的宗旨意识和自律意识明显增强，基层权力运行更加公开透明，管理服务更加规范高效，群众的信任度、满意度和支持率进一步提高，实现了换届突发事件和群体性事件的两个“零发生”。

（2）政务服务更加开放高效。以“阳光政务”为关键，大力提升政务服务效率，健全顶格倾听、顶格协调、顶格推进的全链条、全过程、全方位服务机制，打造了“三化三型”（市场化、法治化、专业化，开放型、服务型、效率型）的政务服务环境。一是行政决策更加公开。建立了“阳光征询”“阳光质询”“阳光评议”等制度，主动接受社会监督、社会评议，行政决策更加规范科学、切合民意。二是民声服务更加高效。建成启用全国首个政务公开融媒体视听工作室，打造了全省首个百万量级县区民声服务数据分析应用平台，在全国率先探索出从“民声问题”加速向“民生成果”转化的理政惠民新路子，进一步激发了责任部门的办事质效，推动了群众诉求的有效解决。三是公共资源交易更加规范。实施政策、程序、结果全过程透明的“阳光采购”，提高了行政效能，降低了采购成本。政府采购合同签订时间、资金支付时间、投诉处理时间分别由 30 个工作日压缩至 10 个、5 个、20 个，交易成本明显降低，交易效率明显提高。四是行政审批更加简约。全面推行“一站式”集成服务、无差别“一窗受理”、独任审核制、非工作时间政务服务等一系列创新举措，940 个事项实现“一网通办”，400 个事项实现“不见面审批”，137 个事项实现“一章审批”，100 个事项实现“秒批”，全流程网上办理率达到 85%以上，行政审批效率提速 50%以上，群众满意度达 98.2%。以开设小型日用百货店为例，“一事全办”改革前最长 5 个工作日办结，现在审批仅需 1 个工作日。

（3）经济发展动能显著增强。以“阳光发展”为保障，持续提升了区域统筹发展水平，让全区人民共享发展成果。一是营商环境继续优化。通过实施党员干部包干联络企业服务规范、项目实施阶段营商环境管理规范、双招双引平台入驻服务规范等一系列标准化工作，激发了企业创新创意创造活力，增强了企业发展后劲。例如，深圳企业精锐视觉北方总部项目，只用 6 天时间就完成了落户城阳；深圳世界 500 强企业正威集团供应链项目，自签约起 3 个月就实现运营。创新“阳光发布”新模式，向社会公开城市建设项目储备，实现在更大市场空间集聚和配置资源，交易成本大幅降低，重大项目建设的全要素生产率明显提高，引发了全社会的一致好评。二是高素质人才的集聚力持续提升。聚焦人才“买房难”“买房贵”问题，创新推出人才共有产权住房政策，从房源和资金方面给予支持，最大限度地将政策红利转化为人才福利、创新动力、创业活力，高素质人才流入速度显著增加，为区域高质量发展提供了强劲的人才和智力支撑。三是创新发展后劲显著增强。高端装备制造、新能源新材料、新一代信息技术、医药生物健康、现代服务业等五大产业集群逐渐形成优势和特色产业。国家高速列车技术创新中心、齐鲁工业大学海洋科技产学研示范基地、华为智慧农业物联网产业园、全省首家博士后创新成果转化基地等平台载体建设效应明显。轨道交通装备产业入选国家首批战略性新兴产业集群，全省首家 5G 创新产业园建成启用，全国唯一的中日韩经贸合作地方联络办公室落户，越来越多的海内外朋友成为发展的“合伙人”。

（4）社会治理更加精细精准。以“阳光治理”为基础，不断创新社会治理体系，激发了社会自治新活力，提升了基层社会治理水平。一是完善了矛盾纠纷多元化解机制。建成省内首个区级纠纷多元化解中心，建立了社区法律顾问和首席调解员制度，通过完善网格化体系建设、“五调联动”等工作，群众矛盾得到有效化解，社会大局持续稳定。二是构建了多元共治基层治理新格局。通过建立和完善社会组织扶持发展服务规范，使社会组织持续健康发展，全区在册各级社会组织达780多家，处于全省领先水平，成为创新基层社会治理的有力支撑。三是创新了基层社会治理实践模式。通过构建面向全社会的阳光心态培育体系、心理健康服务体系、危机干预和矛盾化解体系，打造了“瑞阳心语”心理服务品牌，形成了中国EAP的“城阳经验”，心理服务网络覆盖达到100%。全面推行“问民需、听民计、议民生”市民阳光议事主题活动，形成了良性的互动格局，居民问题在创新治理中得到有效解决。四是提升了城市治理体系和治理能力。通过搭建“1126”阳光消费维权平台，实现了职权范围内的消费者投诉100%受理、100%处置；通过出租车、网约车100%覆盖管理和涉嫌违法100%移送处置，使群众的“出行安全”得到有效保障。

（5）群众生活品质持续提升。以“阳光生活”为目的，坚持以人民为中心，推进基本公共服务标准化，优化布局、普惠可及，持续增进民生福祉，不断促进公平正义，让更多的阳光惠民生、暖民心，使群众拥有更好的获得感、幸福感和安全感，不断满足人民群众对美好生活的向往。一是大力发展教育事业。持续加大教育资金投入，不断优化教育资源配置，有效促进优质教育资源的均衡发展，突出解决了基础教育的公平性、均衡性问题，逐步缩小了城乡、校际之间的差距，特别是“阳光招生”标准的实施，促进了教育招生的公平透明。二是大力发展医疗和养老事业。坚持把人民的身体健康和生命安全放在首位，深化医疗卫生体制改革，注重医疗安全管理和风险防范，推动优质医疗资源向基层社区倾斜，为基层群众提供全方位、全周期的卫生和健康服务；加强居家养老的基础性作用，发挥公办养老的托底保障功能，鼓励社会力量积极参与，使居家社区机构养老相协调、医养康养相融合，解除老年人的后顾之忧，努力解决老龄化之困。三是大力发展体育事业。实施大众体育运动全域化布局，实现了“8分钟健身圈”“15分钟足球运动圈”，社区室外公共健身设施覆盖率达到100%，群众对室外公共健身设施配建与管理服务工作的满意度达到99.45%。打造青少年足球名城，人造草皮足球场地每万人拥有2.5片，人均足球场数量达到欧洲足球发达国家水平。体育工作的“城阳经验、青岛做法”得到国家体育总局、中国足协的充分肯定，获评全国群众体育先进区。四是大力弘扬文明新风尚。发挥道德模范引领作用，讲述“城阳故事”900余个、评选城阳身边好人47人、山东好人5人，社会正能量不断凝聚。五是积极开展全国社会救助综合改革试点工作。“阳光资助”家庭经济困难学生、残疾人心理健康服务、“一户一策一干部”精准帮扶、就业困难人员认定管理等标准的实施，使救助范围不断扩大，更多困难群体的生活得到有效保障。

中国（山东）自由贸易试验区济南片区标准创新服务平台建设研究

黄晓霞[1]　商　黎[2]　石小艺[1]　吴学军[3]　都海明[4]

（1. 济南大学；2. 济南市市场监督管理局；3. 中共济南市委党校；4. 山东省大数据局）

摘　要：为满足济南自贸试验区相关企业的发展需要，济南市市场监督管理局印发《济南市市场监督管理局推动中国（山东）自由贸易试验区济南片区创新发展措施二十二条》，其中明确提出将标准创新服务系统作为支持自贸试验区的发展措施之一，以自贸区重点出口市场和重点产业为重点，创建出口国家和产业的标准、技术准则、合格评判、出口受阻资源数据库。对技术性贸易措施进行信息搜集、分析和探索，有助于我国的出口企业精准掌握国外重点技术性贸易措施，加强我国出口企业应对技术性贸易的实力。

关键词：标准；标准化；标准创新平台；自由贸易试验区

China（Shandong）Pilot Free Trade Zone Jinan Area Research on the construction of standard innovation service platform

HUANG Xiao-xia[1]　LI Shang[2]　SHI Xiao-yi[1]　WU Xue-jun[3]　DU Hai-ming[4]

（1. University of Jinan；2. Jinan Municipal Administration for Market Regulation；3. Jinan municipal party committee party school；4. Shandong big data Bureau）

Abstract：In order to meet the development needs of relevant enterprises in Jinan pilot Free Trade Zone，Jinan has issued 22 measures on the construction of Jinan area of the service free trade pilot zone，which clearly proposes to take the standard innovation service system as one of the development measures to support the development of the free trade zone，focus on the key export markets and key industries of the free trade zone，and create the standards，technical guidelines，qualification evaluation and export blocked resource database of export countries and industries. The collection，analysis and exploration of information on technical trade measures will help China's export enterprises accurately grasp foreign key technical trade measures and strengthen the strength of China's export enterprises to deal with technical trade.

Key words：standard；standardization；standard innovation platform；free trade pilot zone

1 自贸区标准化服务建设背景

党的十七大将建设自由贸易区纳入国家战略，十八届三中、五中全会明确建设周边为基础的自贸区战略，党的十九大给予自由贸易试验区（以下简称“自贸区”）更大的自主权，鼓励创建自由贸易港。另外，“构建高水平开放型经济新体制”被列为“十四五”时期经济社会发展的一个目标。

截至2019年年底，我国已有18个自贸区。从自贸区的地理位置可以看出，已形成东西南北中全覆盖的改革开放创新格局。为促进贸易便利，《国务院关于支持自由贸易试验区深化改革创新若干措施的通知》（国发〔2018〕38号）中提出“自贸区率先实施国际贸易‘单一窗口’标准”。山东自贸区占地119.98平方千米，其围绕制度创新，全面贯彻落实党中央的相关要求，对山东改革发展史具有深远的意义，也为山东省实施新一轮改革开放奠定了相应的基础。

《中国（山东）自由贸易试验区总体方案》提出，以国际先进规则为参考，弥补我国自身的差距，创建更多具有国际影响力的制度创新成就。从海关总署对我国的出口企业调查中发现，2018年有30.98%的企业受到了技术性贸易措施影响，与2017年的统计数据相比增长了0.88%。其中，因退货、舍弃、货物降格或者订单损失等会造成2177.5亿元的直接耗费，同时为避免技术性贸易措施的影响所增添的投入成本也高达426.4亿元。因此，技术性贸易措施可谓是我国出口企业在国外市场所面临的一个障碍，影响我国经济的发展，不利于我国出口企业在外贸市场上形成竞争优势，所以破壁措施势在必行。

据济南海关统计，2020年山东省对“一带一路”沿线国家进出口总额6608.2亿元，超过东盟成为山东省主要进出口区域。《中国技术性贸易措施年度报告》（2019）显示，技术性贸易措施对山东省出口企业产生高达96亿元的直接损耗，并且出口企业为消除这个困难所投入的成本扩大了24.6亿元。企业作为市场的主体，亟须出口商品受阻、通报评议、标准和技术法规、出口市场准入等信息，对各目标出口市场的信息变动及应对措施权威性和及时性敏感度高，对涉及自身商品的通报评议反馈意愿强烈，对技术性贸易措施应对能力和应对经验的提升需求迫切。

为满足济南自贸区相关企业的发展需要，济南市市场监督管理局印发《济南市市场监督管理局推动中国（山东）自由贸易试验区济南片区创新发展措施二十二条》，明确提出将标准创新服务系统作为支持自贸区发展的发展措施之一，以自贸区重点出口市场和重点产业为重点，创建出口国家和产业的标准、技术准则、合格评判、出口受阻资源数据库。对技术性贸易措施进行信息搜集、分析和探索，有助于我国的出口企业精准掌握国外重点技术性贸易措施，加强我国出口企业应对技术性贸易的实力，进而提升我国出口企业在国外市场上的竞争力。

2 自贸区标准化服务建设作用及其必要性

2.1 自贸区标准化服务建设的作用

标准建设是自贸区的基础工作，标准是自贸区企业贸易往来业务的重要依据。标准基于技术和实践，由相关方协商和主管部门批准并发布，作为共同遵守的规则。标准化通过制定、发布和实施标准等途径对重复事物和概念进行统一。标准化对加速科技创新发展具有一定的推动作用，可以为技术创新提供相关理论知识、加快技术创新速率、增添技术创新成就，在现代国际贸易中发挥着推动、协调、保护、仲裁等重要作用。

2.1.1 推动作用

产品的国际竞争在贸易国际化的影响下日趋激烈，但是，技术性贸易障碍经常由于标准不完善而出现，这对我国出口企业国际贸易的发展将产生巨大的阻碍。因此，实施标准化尤其是实施国际标准化，加强国际贸易中相关标准的统一，将为我国检测进出口商品质量提供参考，同时，为建立和实施相关技术准则和合格评判程序提供重要技术依据，推动我国国际贸易迈向新的发展阶段。

2.1.2 协调作用

相关标准、技术准则及合格评判程序的参考案例的不断增加带来了国际贸易中的许多贸易冲突。因此，对相关标准、技术准则及合格评判程序进行融合统一，有助于减少我国出口企业所面临的技术性贸易障碍，推动贸易的自由化。由此，标准化可以说是清除技术性贸易障碍及简化贸易的重要方式。

2.1.3 保护作用

当前的国际贸易有贸易“自由化”，也有“保护主义”。标准可谓各有利弊，其可以清除技术性贸易障碍，也可以构建新的技术性贸易障碍。在竞争激烈的市场环境中，许多国家以标准为基础，实施技术性贸易措施，来维护自身的产业和相关的利益；许多企业也会以标准为基础，发表专利并采用专利技术，避免企业利益受到损害，加强企业自身的竞争优势。

2.1.4 仲裁作用

标准是利益相关者通过协商最终达成共识所产生的要求共同遵守的规则。标准在国际贸易中对仲裁质量纠纷具有参考性。

2.2 自贸区标准化服务建设的必要性

2.2.1 提供标准化服务是应对技术性贸易壁垒的客观要求

贸易壁垒指的是一国对外国进口的商品或服务增添要求，限制国外商品或服务的进口。以大幅降低关税水平为形式的贸易自由化在世界范围内得到不同程度实现的同时，各国越来越频繁地采用非关税措施，受非关税措施影响的产品种类和贸易价值占比不断增加。WTO 前总干事帕斯卡尔·拉米（Pascal Lamy）曾表示，“21 世纪的贸易问题”在于这些安全、健康或消费者保护领域中所采用的标准、法规的协调。

技术性贸易措施的重要性目前正呈现逐渐增长的趋势，联合国贸易发展会议 2020 年 4 月发布了《2020 年国际贸易统计数据和趋势报告》（*Key statistics and trends in trade policy* 2020）指出，2019 年技术性贸易措施对全球三分之二的贸易产生了不同程度的影响。技术性贸易措施具有“非歧视性”的特点，表现在其对所有 WTO 成员在适用上一视同仁。而正是由于这一普适性，使得这一表面上看上去很公平的贸易措施一旦为了歧视性的实质而服务，就更加难以规避。技术性贸易壁垒成为影响我国对外贸易的重要因素。据了解，我国大约有 40%出口企业受到技术性贸易阻碍影响，其中又有 80%的出口企业是因为掌握信息不对称，没有把握住其所面向的市场上相对应的并存在于《技术性贸易措施协议》中对产品质量技术的要求才深受这一壁垒的影响。《技术性贸易措施协议》的宗旨是：“成员可以出于正当理由，建立、通过和实施必要的技术性标准、条例以及合格评判程序，用以核实技术标准或条例的遵守情况，同时也可以避免这些策略对国际贸易产生不利的影响。”《技术性贸易措施协议》所提倡的正当理由主要涉及“保障国家安全、维持人类以及动植物生命或健康、产品质量和防止诈骗”等多个方面。从其宗旨不难看出，技术性贸易措施的理由虽然多样，但其本质是贸易保护措施，其形式是标准、法规和认证认可。从内涵来看，除关税、汇率、反倾销、知识产权等传统手段外的贸易保护措施，都可以列入技术性贸易措施的范畴。从外延来看，产品性能指标、能耗指标、环保要求、标签要求、包装要求等所有能够体现在标准与法规中的产品技术要求，都可以计入技术性贸易措施。但是，值得我们注意的是发达国家因受国际市场的激烈竞争的影响，为了保护本国企业的利益不受损害，其已经开始通过自身的技术优势对产品工艺、规格及环保性能等设置相关的标准进行严格要求。

2.2.2 提供标准化服务是应对技术贸易措施的必然选择

技术性贸易措施主要以标准、技术准则、合格评判程序、检测检疫程序的形式对进口产品工艺、规格等相关特性进行规定，例如标签、包装和环保排放要求等。由于生产全球化的趋势，技术性贸易措施不再只是对单一产品产生影响，可能会沿着全球分工产业链和价值链的传递效应，影响到本国下游企业，甚至是第三国对目标产品进行下一步生产或加工的下游生产商。由此可见，技术性贸易措施对本国乃至全世界的生产网络都有一定的影响。

自我国加入WTO后，技术性贸易措施一直在影响我国的国际贸易，它可以帮助我国出口企业克服在国际贸易市场上的困难，推动我国在国际贸易上的相关理念、技术以及管理的进步。基于发达国家经历过工业化的原因，其产品检验、检疫、绿色壁垒等的技术性措施在保护本国市场利益方面发挥了巨大作用。而美、日、欧盟对我国来讲，既是我国出口贸易市场最广的区域，也是世界上大多数技术性贸易壁垒的建设者和实施者，对各种产品都有严格的技术限制，这就使得我国企业的产品在出口至国外市场尤其是发达国家或地区时，出口的产品会存在被进口方扣押、退还、销毁的可能性，并为此“缴”出了数目不菲的“学费”。

2.2.3 提供标准化服务是优化技术性贸易措施服务平台的内在要求

发达国家由于受到当前国际贸易快速发展以及各国贸易激烈竞争的影响，通过其技术先进、管理完善和顶尖人才多等优势在国际贸易中建立严格甚至苛刻的技术性贸易措施，霸占国际贸易上的贸易主动权。鉴于此，国家建立一系列技术性贸易措施服务平台，整合多个国家和地区，覆盖多个重点产业的标准、技术法规、TBT/SPS预警和通报、市场准入等情报数据，面向社会公开服务。据统计，仅欧、美、日、韩及一带一路沿线国家相关技术法规和TBT/SPS预警和通报信息就多达几十万项，相关标准更是百万级别，数据可谓海量。

以国内各大技术性贸易措施服务平台为调查对象，最终调查研究表明，当前国内各大技术性贸易措施服务平台主要提供技术性贸易措施的标准、技术准则、合格评判、TBT/SPS预警和通报等情报数据服务，各省、自治区、市针对本地区行业特点及重点进出口产业有所侧重。比如深圳市场准入技术措施信息平台建立起照明设备、电池等电类产品专题，出口市场重点定位在欧、美、日、韩、非洲、中东等区域，服务领域和服务区域较为广泛。江苏省技术性贸易措施信息平台则以服务机电、轻工纺织、农产食品、化工产品等重点出口产品，与江苏省海关进出口贸易额有着密切联系。中国TBT研究中心则建立起以全国技术性贸易措施数据为核心，以综合专题研究和技术性贸易措施论坛为应用的综合服务模式。

不难发现，目前我国技术性贸易措施信息服务平台以信息服务为出发点，依托多年积累沉淀的数据资源，结合当地产业特点，建立起面向出口市场、面向重点产品和产业的专题研究和数据情报服务。满足用户基本需求所提供的基础性服务，包括技术准则、标准、合格评判程序的检索，新闻资讯采集发布，预警通报、市场准入信息发布。然而各大平台使用情况却不容乐观，我国仅有4.6%的企业从中国WTO/TBT-SPS通报咨询网获取信息。由于我国大多数企业存在缺乏准确掌握外贸市场相关信息的问题，无法实时应对市场环境，导致技术性贸易措施平台信息也无法充分发挥其实际价值。各大平台除了在注重技术性贸易措施信息的全面性和实时性之外，还应当加强信息服务能力和服务模式进一步向纵向发展。目前各大平台对外服务仍以用户主动检索为主，尚未建立起科学规范的信息分类体系和智能化服务模式，各平台资源共建共享的互联网思维认知不足，导致各省、自治区、市技术性贸易措施服务平台较为分散且存在重复建设现象。因此，自贸区标准创新服务平台建设势在必行。

3 济南自贸区标准创新服务平台及其构建

3.1 标准创新服务平台功能构成

国际经贸技术标准综合服务平台围绕服务自贸区建设，深入开展“一带一路”沿线国家和济南重点出口区域的标准和技术法规研究工作，济南自贸区标准创新服务系统立足出口贸易相关政府管理和产业、企业需求，着力解决济南自贸区技术性贸易措施工作中信息渠道不畅、公共服务能力不强等问题；帮助企业及时获知国内外技术法规动向，促进贸易便利化，整合现有的技术性贸易措施资源，系统有效地支撑政府和服务企业；围绕济南市重点产品，提供目标出口市场准入信息公共服务；向政府和企业提供标准法规信息资源的综合服务。

平台具体包括：标准法规资源的检索服务、面向自贸区进出口企业的预警信息、通报信息和出口受阻信息、市场准入信息和产业专题研究信息、咨询和培训等服务功能。平台建设分为资源建设、专题研究、培训与交流三个板块，如图 1 所示。

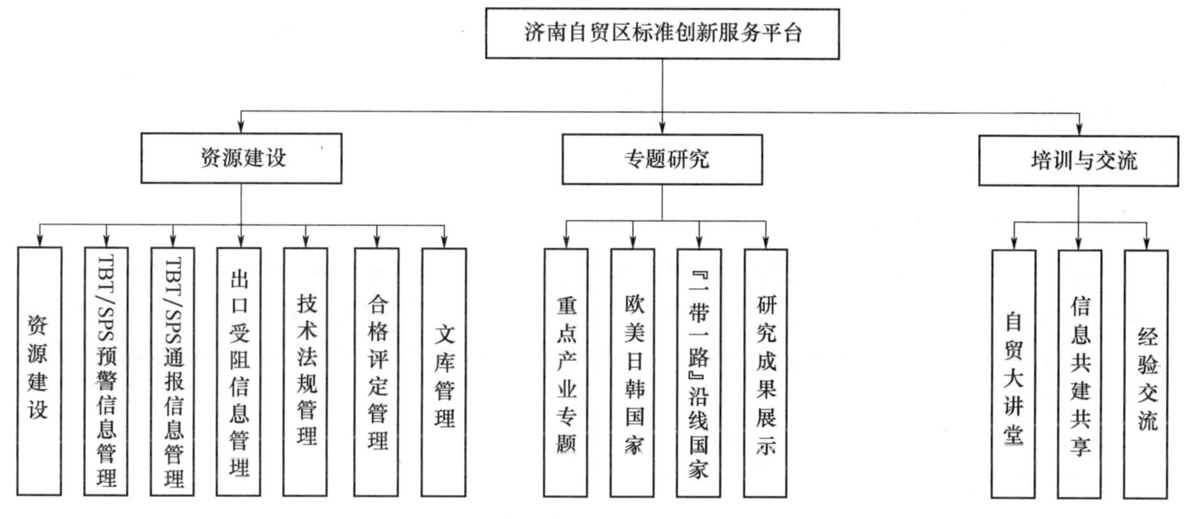

图 1　济南自贸区标准创新服务平台

3.2　标准创新服务平台的构建

3.2.1　建设标准创新服务平台资源建设标准体系

建立 WTO/TBT-SPS 通报自主跟踪功能，为企业、第三方机构等构建通报评议绿色通道，及时推送收集评议意见。通过智能化分析，形成“主动应对计划”。国际经贸技术标准综合服务平台资源建设包括资讯、标准、法规、预警、通报、受阻、市场准入的管理和服务。通过收集整理符合自贸区企业发展需要的相关信息，通过数据同步和自行维护的方式对外提供服务。根据实际需要分为标准检索、TBT/SPS 预警与通报信息管理、出口受阻信息管理、技术法规管理、合格评定管理、WTO/TBT 文库管理等七部分。主要实现的目标：一是从目标出口国和出口产业两个维度，建立标准、法规资源数据库，为区内企业提供权威、无障碍的标准法规等资源信息；二是根据济南重点目标出口国和重点产业，从贸易方式、产品种类、地域分布等方面提供产业发展现状和市场分析报告，为企业准入提供最新的前沿评估报告。

标准资源服务的核心功能是为用户提供标准检索功能。在深入分析济南自贸区产业和企业需求的基础上，整理形成目标出口国标准专题数据库。检索的标准可免登录在线预览，实现强制性国家或地方标准的全文阅读和下载，包含国际标准查询等服务功能，为企业产品质量进步、标准水平提升提供无障碍的基础服务。

3.2.2　建设标准创新服务平台专题研究标准体系

专题研究部分：一是开展我国与目标出口国的标准对比分析研究，对重点标准进行对标分析，为区内企业产品准入和标准提升提供技术支撑；二是开展 WTO/TBT 技术贸易措施专题研究，建设济南重点产业专题体系，提供专题标准、专题法规等资源，及时更新各出口市场的指令、条例、通报评议等信息，为区内企业产品出口提供准入保障，建立贸易摩擦案件应对和抗辩应诉机制，为企业贸易应诉和抗辩提供应诉平台；三是研究主要目标出口国的 TBT 通报情况，为区内企业提供新的产品出口受阻预警信息；四是研究目标出口国的合格评定程序，为企业出口产品的评估、验证提供渠道。

3.2.3 建设标准创新服务平台培训与交流标准体系

建立自贸大讲堂，开展线上技能培训和在线交流问答，群策群力，互帮互助。培训与交流版块具体分为自贸大讲堂、信息共建共享和经验交流三大部分，主要目标：一是激发区内企业参与重点领域的制定以及修订工作的积极性，加强企业大胆探索尝试与各领域国际标准组织的合作，及时收集发布标准最新前沿动态，为自贸区内标准水平提供参考和借鉴；二是以问题和需求为出发点，明确企业需求，定时开展“自贸大讲堂”活动，推动企业对国际化贸易环境建设的积极响应。

4 济南自贸区标准创新服务平台的价值与借鉴意义

4.1 标准创新服务平台的价值

标准创新服务平台秉持“立足区域、发挥优势、服务企业”的建设理念，项目建设围绕人工智能、产业金融、医疗康养、文化产业、信息技术产业，服务济南自贸区相关企业，以标准、法规、通报、受阻、预警数据建设为核心，围绕自贸区重点产业和主要出口市场，依托系统主动信息推送与预警功能，实现自贸区企业的信息定向服务。

一是以用为本，逐步丰富标准创新服务平台功能的内涵。平台建设秉持以用促建、以建促用的建设思路，为更好地满足客户的使用满意度，积极改善平台相关的栏目和功能。基于当前平台所具有的信息共享、快捷查询、定向推送等功能，增加了平台的简单操作性。同时，该平台开发多角色授权以及平台全文检索功能，加强采集国外技术标准信息，有助于企业通过平台实现资源共享，增强平台的实用性。

二是创新发展，逐步拓展载体外延。为适应融媒体发展要求，平台后期将开发移动客户端。通过手机 App 等形式提供更贴近企业的服务模式，更便捷高效的用户体验，更优质的用户界面，更高效的政企互动交流模式。

三是升级开发，逐步实现内外交互。目前平台包括后台信息采集模块和前台信息推送机制，一内一外，相互独立，数据共享。通过深度的持续开发平台可实现前台用户对后台向信息的反馈和补充，建立“人人为我，我为人人”的信息共建机制。

4.2 标准创新服务平台的借鉴意义

平台建设将为自贸区企业产业转型提供创新服务机制。提高产业国际竞争力是经济国际化最重要的前提，平台为避免国际贸易中存在的技术性贸易障碍提供了良好的服务载体，只要我国各领域行业的企业能够齐心协力，积极加入建设和推广技术性贸易措施信息行列，就能够快速加强企业面对贸易市场中技术性贸易壁垒的能力，并加强企业在其所具有的产业核心知识产权方面的影响，进而稳定企业的国内优势，增强企业的国际竞争力，推动企业向国际产业迈进。

平台建设将有助于发挥自贸区的前锋作用。从当前形势来看，我国出口企业因技术性贸易障碍产生次数较为频繁，导致相关企业在国际贸易市场上面临众多困难。标准创新服务平台建设能够保障我国出口企业产品出口活动的顺畅，更能够构建优良的贸易市场环境，为我国各省、自治区、市顺利实施经济国际化提供相应的参考。

此外，平台建设为企业进行其他出口市场的贸易提供相关的实践处理经验。目前山东自贸区济南片区主要出口市场集中在东盟、欧盟、日、韩等国家和地区，随着自贸区的发展，将来我们也会面对更多来自新兴地区市场的技术性贸易壁垒。这些市场与传统市场相比，其技术性贸易壁垒的隐蔽性、针对性更强，对发达国家技术标准的参照和模仿更多，因而其应对的难度也更高。同时我们必须看到，在对外贸易中如何合理利用技术性贸易措施保护外贸发展也是自贸试验区今后必须面对的问题。因此，我们现在所具有的相关经验对我们日后精准掌握及处理经贸关系具有重要意义。

经济效益方面，该平台能够快捷、定向地向企业发布风险预警信息，能有效避免片区企业遭受直接经济损失。同时，通过统一的平台建设，有效打破了技术性贸易信息的地域限制，减少了数据重复建设成本，提升了服务能力。平台围绕全市 20 大类出口商品和 23 个出口市场，为上万家出口贸易企业提供标准、法规、通报、受阻、预警等技术性贸易数据一百余万条，预计有效降低企业技术性贸易措施应对成本近亿元，有力地保障了全市的对外贸易活动。

社会效益方面，平台建设一方面符合加快政府职能转变、推动创新驱动发展、深化中、日、韩、德区域经济合作等要求；另一方面充分利用信息技术手段，努力提高市场监管服务效能，建设市场监管服务新形象。

参考文献

[1]《中国自由贸易试验区发展报告（2020）》.

[2] 毛泽东．关于领导方法的若干问题［M］//毛泽东．毛泽东选集：第 3 卷．北京：人民出版社，1991.

全员参与才是标准化活动的根本

姜卫成

（赤山集团有限公司）

摘　要：实行标准化活动是当今企业创新的“源动力”和占领市场、开拓市场的“重要武器”，其已成为企业在技术及管理方面创新的基础。本文列举了一些企业在实行标准化方面存在的一些现状和误区，分析了这些误区存在的原因并提出了改进办法，着力提升企业标准化水平，加强标准化人才建设，做到全员参与，使标准化活动更好地服务于生产，实现产业和经济的跨越式发展。

关键词：标准化；发展现状；误区；沟通交流；落实到位；全员参与

制定标准文本、建立标准体系、实行标准化活动是企业与市场竞争不可或缺的重要手段。近年来，标准化活动不单体现在大中型企业，一些小微企业也积极参与其中。为了在竞争中取得先机，赢得主动权，不论是大中型企业还是小微企业，都竭尽全力抢占“标准高地”。

在工作中，我们发现：一些标准化活动与实际工作程序出现了“两张皮”现象，企业在标准制定方面与实际工作标准不符，出现了脱节。制定标准的部门一知半解、蜻蜓点水式想当然地去制定标准文本，忽视了实际工作中的程序，使一些一线工人看不懂、难以操作，制定的标准形同虚设，失去了标准的真正作用。究其原因，是标准制定者与一线操作者之间缺乏沟通、交流，没有形成共识，制定的标准成了一纸空文。造成这种现象不外乎以下几点原因：

（1）认识不到位。

《中华人民共和国标准化法》的发布实施，使企业的标准化意识不断提高，推动了企业的自主创新积极性。政府部门对制定标准的企业及个人也加大了奖励力度，企业踊跃参与标准化制定、修订和标准化试点工作，不仅让企业管理水平提升，也在助力产业优化、推动产业发展方面实现了新的突破。但有些企业的领导，没有正确理解“得标准者得天下”的内涵，没有看到标准制定带来的成果。企业本身在某一技术领域已处于领先地位，对标准的一知半解，又使其不想受制于人。在大形势下，他们抓住政府部门对标准化实行补助的机会，大张旗鼓地准备制定标准。但制定标准没有从长远角度去考虑，反而把标准数据制定得很低。标准制定人员唯企业领导意见是从，看领导脸色行事，领导的话就是标准，完全置市场于不顾。曾有某渔网制造厂，在当地传统渔网制造上名列前茅，其也想制定标准，但近年来国际上对渔网网扣又做了新规定，该厂负责人却把网扣数据按传统的做法制定标准，他说：“我做标准，把上级的奖励领到手就行了，不可能对网扣的数目进行改动，那样就会失去市场，客户不会买我的产品，会员单位也会有意见。我在任就是要保住我的市场，追求利润。”这种短视的做法在企业中并不鲜见。其结果是可能使产品只局限于本地市场，永远走不出家门。

对一个企业而言，标准化活动是企业相关制度的重要表现形式，标准化体系的建立有利于企业品牌形象的展示，对产品质量和服务质量都有较大层次的提升，也有利于为企业各管理层建立良好的平台。一个企业，一个行业，但凡能在某个具体产品（包括服务）中取得制定标准的资格，就绝非平常之辈。企业借助制定标准之机，来提升产品、拓展市场，就要利用好机遇。一旦执行的标准过低，市场就很可能成为低标准产品聚集的凹地，竞争会更加激烈。在经济高质量发展阶段，市场之争就是企业之间的技术之争，技术之争的核心就是标准之争。标准是企业在发展过程中共同遵守的准则，可以进一步提高经济效益和持续创新的能力。企业是以获取利润为天职的，降低标准，虽然能扩大利润的空间。但可能造成的后果是口碑下降、市场萎缩，企业最终彻底消失。

只有不断创新，多出成果，才能在参与标准的制定工作中发挥更大的作用。市场效益好、在技术方面领先的企业对标准有着发言权，代表了一个行业技术创新方面的水平，凭借领先技术引导参与标准化制定，对行业来说，不但促进了技术创新，还为行业可持续发展奠定了基础。

（2）落实不到位。

为了争夺市场“话语权”，许多企业积极开展标准化活动，制定企业标准化战略，规划标准化发展重点。一些大企业设立了专门的标准化机构从事标准化活动，对企业的标准化活动起到了一定的作用，但也有些中小企业把标准化活动看成“走过场”，认为设立标准化部门是多余的，认为一年中有大部分时间闲置，也没看出有什么成果，企业不可能养活闲散人员，这个组织“可有可无”。在标准化人员的安排上，“出则为兵、入则为民”，指定其他部门的人员兼职，进行标准化活动的时候拉出来顶数。对标准化工作，他们的意图很明显——“有枣没枣打一竿子再说”，打着了，我们幸运，打不着，又不损失什么。进行标准化材料编写或上级部门组织检查时，成立一个“草台班子式”的虚无的标准化部门，“写在纸上、贴在墙上，就是不放在行动上”，让企业参加标准体系及标准编写人员临时抱佛脚，结果体系文件千疮百孔，张冠李戴。待审核组一走，企业的这个所谓的标准化组织马上解散，标准化人员回归原先部门，标准化材料束之高阁，从此再无人过问标准化之事。对上级部门组织的培训，企业的态度是要看我的情况，生产忙的话，我可以不参加。一定要参加的话，随便指派，这次派张三，下次派李四，谁有时间就派谁去，不管他专业对不对口，培训效果如何，反正我派人去了。有的企业，对上级组织的培训有抵触情绪，“参加培训有什么用？浪费人力、财力，还不如在车间工作，至少还有利润”。对上级标准化部门提出的意见和建议，口头答应得不错，但到了实际工作，还是外甥打灯笼——照舅（旧）。企业既然要做标准体系，就要尽心尽力去做好，标准化体系本身就是一个不断完善的过程，绝非一日之功，岂能“身在曹营心在汉”？有些企业可能并没有足够条件设立专职的标准化部门、专职的标准化人员，兼职也未尝不可，但至少应该考虑到是与之相近的专业，随随便便“拉郎配”是不行的。一些兼职者，也就是抱着糊弄一下的想法，对体系性文件拆东墙补西墙进行拼凑，而不是根据自己企业的实际情况来整理一些体系性文件，最终结果是做无用功。要想做到全员参加，就要充分利用多种形式，采取各种手段和方法，这样才能让标准的技术培训更加具体化，让职工能够熟练地掌握专业的工作规范、技术和操作规程，牢固地树立起实施标准化技术工作的信心和理念。通过开展创新性学习的方式，组织全体职工收集和观看一段标准化的作业录像、开展标准化作业有奖知识竞赛等，激发职工“学标贯标”的热情。利用到现场调研、面对面交谈的有利时机，向职工大力宣传标准化建设的意义、目标、内涵和作用。以职工切身利益为切入点，讲清楚标准化建设和安全生产、企业效益、职工收入之间的关系，让职工认识到标准化建设与自身息息相关，使之参与标准化建设的积极性和主动性大大提高。

（3）沟通不到位。

制定标准或标准化体系文件，就是为了更好地规范生产秩序，争取更好的市场，彰显企业管理的发展方向和价值取向。在有的企业却是你做你的、我干我的，做标准体系的部门轰轰烈烈，但一线员工却不领情，仍按老一套程序去操作，做出来的标准文本或体系文件成为摆设，没有发挥其应有的效能。一些标准化工作人员在编写标准文本及体系文件时，照本宣科，跟着感觉走，想当然地编写一些程序、一些文件，他们没有深入基层，深入了解一些工作情况，不是根据企业的实际条件，征求基层人员的意见，结果编写出来的标准文本及标准体系文件偏离了实际，自说自话，变成了“空中楼阁”，中看不中用。一些基层人员习惯于传统做法，对编写出的标准文本及体系文件抱有抵触情绪，一时难以接受，有关部门又缺少监督链条，致使标准得不到实施。缺乏交流沟通是最大的弊病，标准制定人员要深入一线调研，征求意见，基层人员要与标准化人员广泛接触，提出合理化建议，只有双方协调好，有关部门做好监督，才不会出现偏差，才能使标准化文件发挥应有的作用。随着时代的进步，过去制定的一些规章制度可能不再符合企业的实际情况。要对规章制度进行梳理完善，制定更加贴近实际的工作标准，使之具有更强的可操作性，得到职工的认可。只有这样，工作标准才能够真正“立”得起来。

在经济社会发展的转型期、关键期，制定标准文本及体系文件是开拓新的发展思路和实施新的发展战略，对企业显得尤为重要。如今产品走出国门，加入国际大市场已成为一种趋势，一些原先的国家及行业标准也会失去它的实际意义。企业应该转换思路，发挥主体作用，提高参与标准化活动的技术先进性和市场适用性，使标准化工作的开展与技术发展相辅相成，注重标准化方面人才的培养，提升整体水平。从有利于工作的角度出发，把每一名员工都看作管理者，建立不脱离于实际工作的标准。重新梳理企业原有的规章制度，鼓励职工找不足、添缺项，给职工以展示才智的空间，创新标准、提升空间，使职工认识到自身的价值，以主人翁意识去做好每一项工作。同时企业也创造一个不断改进完善的环境，让员工提出问题、发现问题，让工作变得清晰透明，工作更加简洁和规范，形成浓厚的创新氛围。

如今，标准已渗透到生活的方方面面，如同阳光和空气，须臾不可离开。人们依靠标准，规范生产的秩序。标准的制定必须坚持由政府部门主导，相关企业部门牵头，让各种问题以合理的方法解决，在充分进行调研的基础上进行制定，并不断健全完善，同时不断加强政府部门监管和督导链条的力度。走出“企业一参与，标准就降低”的怪圈。政府部门应通过多种方式和手段，鼓励企业将其核心技术、知识产权及相关的技术标准等资源进行有机组合，在制定企业的技术标准和创新策略方面，建立一套具有企业自主创新和特色的技术标准体系，注重制定一套具有企业自主创新和特色的技术标准，将企业自身优势从生产和技术上转化为一个标准文本，使得企业能够更好地适应产业与经济跨越式转型。

标准化的实施，应体现在全员参与，企业通过有效的交流和沟通，不断提升管理水平。全员参与是标准化工作的重点，也是难点之一。标准化管理主要依靠标准化人员与基层管理人员，员工以服从为目标。要将其被动地监督实施变为主动地实施，相互监督实施，任重而道远。要全员参与，我们认为要做好以下几点：

（1）构建特色理念体系，在立根铸魂中提升标准化引领力。

正确认识标准化，应从企业发展需要出发，将标准化作为企业发展不可或缺的重要手段，建立标准化体系，在工作中不断探索实践，并贯彻于行动中。标准化部门在确定标准化方案后，报呈领导批准，然后以各种形式向干部员工进行宣贯，做到人人明白，全员参与。将单一的标准化理念拓展为文化理念体系，让标准化渗透到企业经营理念和企业精神内涵中。同时明确工作目标，加强培训，从各单位负责人到一般员工，明确自己的工作职责、工作任务，对自己的岗位进行再认识，明白实施标准化的最终目的是什么。通过开展有针对性的标准化现场作业竞赛活动，以标准化作业流程让员工在做中学，学中做，改正以往工作中的缺陷和操作中的不规范，夯实标准化操作的基础。企业加强对作业技术人员行为的监督和规范，强化现场标准化的作业流程，应从各个岗位中选拔一批标准化作业做得好的技术员工，做好“传、帮、带”，推动整体的工作进度。定期组织召开标准化工作建设活动进展会，督促工作进度，对工作情况进行分析点评、部署重点、找出不足，保障标准化工作目标要求的有序传递和实施，从而激发干部员工在标准化创建方面的积极性，培养“做正确的事和正确地做事”“第一次就将事情做对和每一次都将事情做对”的良好习惯。制度化管理是标准化的重要组成部分，它使每一项工作都有统一规范的操作规程，让员工知道自己的责任，要达到什么目标。也传达了一个理念：这项工作无论谁来做，无论做多少次，都会有统一的标准。通过层层落实，对各项任务的分解细化，具体部门和具体岗位分工明晰、职责明确。加大对车间、班组标准化建设执行情况的监督检查力度，使之在标准化建设方面始终不偏离轨道。标准化建设不能仅仅停留在工作环境的整治上，必须紧紧盯住劳动安全、作业过程控制、设备质量管理等重点工作，全面提升管理水平。科学安排生产任务，及时纠正职工的不正确作业行为，督导他们严格执行标准化作业流程。统一标准、注重质量，不能厚此薄彼、因人而异。要努力做到公平、公正、公开，不能降低标准。做好车间班组的考核，对不足之处及时采取整改措施，确保标准化工作的顺利进行。

（2）培养标准化行为习惯，将其作为一种企业文化。

文化传播在企业强化理念宣贯、意识养成的基础上的作用不容忽视，不断激发和调动员工践行标准化的能动性和执行力也是文化传播的一部分，积极开展不同形式的标准化培训教育，利用板报、内刊、微信公众号等载体宣贯理念体系，倡导全员参与，激发员工活力，促进标准化教育入脑入心，使其成为广大员工的自觉选择。通过邀请专家授课、参加上级部门举办的培训，有针对性地进行培训和辅导。同时，强化人才培养，提高队伍素质，对部门岗位人员进行重点培养，参加标准化活动及体系材料的编写，锻炼其能力。企业应积极地将工作标准、管理标准、服务标准等融合于实际工作中，避免生搬硬套地说教。标准化体系可稳步推进岗位达标工作，使业务操作流程规范化和精细化，在决策层、管理层、操作层三方面都有着十分重要的指导意义。

在实施标准过程中，注重监督考核，确保评价指标更精细。以行之有效的制度融入工作中，贯穿到标准化活动全过程，变成持之有据、可操作性的长效机制，确保标准化活动真正落地生根。围绕“量化定标、精益管理”不断完善考评机制，建立健全考评内容，将考评结果与绩效考核、评优工作挂钩，调动各单位、各部门的积极性、主动性，实现标准管理、目标管理、绩效管理的良性互动，有力促进标准化的落地生根。

班组活动是影响企业进行标准化建设工作的根本因素，标准化建设要以企业的班组为单位来进行。从培养和提升班组成员在积极投身标准化教育活动中的主动性角度出发，给予一些物质和精神方面的奖励。这不仅仅是为了提高企业员工在日常生产中的积极性，更重要的是为了增强职工对标准化的认识，规范他们在日常运营中的行为，最终做到公司管理层及所有员工都积极参加，各司其职，事事都完全可控。

（3）发挥文化价值作用促进标准化格局大转变。

文化与其他标准化的内在逻辑都具有较高程度的相似性，标准化与其他文化不但在统一了个体的思维、规范了个体的行动等方面具有异曲同工之妙，而且彼此有着相互作用的深刻影响。科学地把握与积极挖掘企业标准化的核心文化价值，通过企业标准化给企业注入先进的技术观念，建立先进的经营管理模式，对促进企业健康持续地发展具有重要的促进作用。标准化本身即为一种明显的文化特点。人们遵守什么样的规范便会产生什么样的文化。标准化作为社会主义现代化和进步的符号，被认为是规范化、科学化思想的一个典型代表和集中体现，是反映一个群体与一个人的文化素养高低的名片。如今，标准化不仅打破了我们传统技术的界限，而且正在日益发展壮大，成为我国经济社会普遍认可和遵循的文化观念、思考模式及行为手段，标准化的艺术和文化价值日益突出。标准的建立和普及也就必然对文化的传播具有促进和引导作用。文化建设的目标和最终意义就是通过对理念框架体系的深化和扩展，最终达到对文化的柔性管理，推动整个企业持续、稳步地发展。大力落实现场经营者管理和厂区定置经营者管理，制定现场经营者管理的标准，增设了标识、告知、提示，在厂区内部还设立了文化特色专栏，通过宣传标准化知识，让广大职工时时处处看得见、感觉到企业的管理文化、管理理念和管理思路。坚持以标准化提升员工素质，以标准化提高企业管理，转变发展方式，以标准化塑造优秀企业文化水平，用标准化提升企业文化。将标准化与企业文化建设有机结合，讲究方式方法，各车间、班组要根据自身实际情况，摸索独具特色的标准化建设方法，制定详细的标准化建设推进方案，通过打造知名品牌、结成帮扶对子等方式，推动标准化建设的深入开展，引导职工不断增强标准化作业意识，养成良好的标准化工作习惯，使企业的标准化建设工作取得关键性的突破。

白酒企业安全生产标准化建设探析

刘金宝[1]　赵百里[1]　孙春杰[1]

（1. 山东景芝酒业股份有限公司）

摘　要：安全生产实施标准化管理是社会发展趋向，本文就白酒企业实施安全标准化建设和运行过程中存在的问题进行分析探讨，结合工作绩效提出方法和对策，融合推进安全标准化与安全风险分级管控和隐患排查治理体系的有效运行，确保人人清楚岗位风险，掌握风险管控措施及隐患排查治理方法，推进安全标准化运行绩效的改善与提升。

关键词：白酒企业；安全生产；标准化；核心；对策

近年来，企业依据《企业安全生产标准化基本规范》（GB/T 33000—2016）和《白酒生产企业安全生产标准化评定标准》组织实施标准化建设与运行，随着国家安全生产领域改革发展和全国专项整治三年行动文件的发布、《中华人民共和国安全生产法》的修订，企业安全风险分级管控和安全生产标准化建设被纳入法律的范畴，提出了更高的标准。目前，全国白酒企业达到一级安全标准化的有 5 家，大部分企业都经过了二级或三级安全标准化运行周期性评审，但部分企业在“对标”过程中运行质量和绩效仍存在不少问题[1]。本文作者通过多次参与白酒企业安全标准化建设运行工作交流学习，并结合所在企业一级安全标准化创建运行实践，对白酒企业安全标准化建设运行中存在的问题进行探讨，提出方法和对策，促进白酒企业安全生产标准化运行质量和绩效的不断提升。

1　白酒企业安全标准化运行的常见问题

通过与多家白酒企业就安全标准化建设运行常见问题进行探讨，对其中的共性问题进行了初步统计（图 1），其中“现场管理不到位”的问题占比最高。

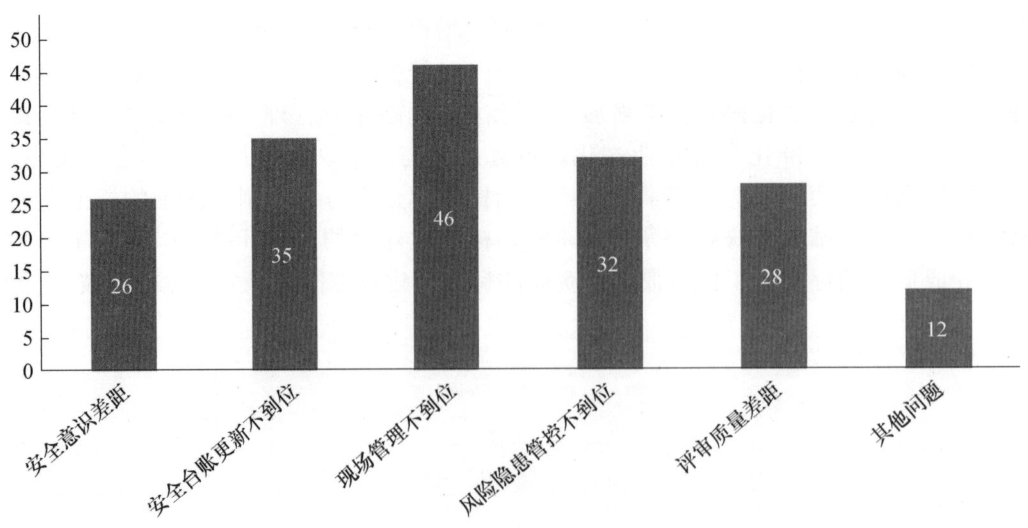

图 1　常见问题占比（%）

（1）各企业在安全意识方面存在明显差距。部分企业存在安全标准化创建管控与实际运行脱节，安全标准化运行未有效融入实际的生产安全管理中，存在“说得多、做得少”和“说与做”不一致；未能按照标准化运行要求做到持续改进与提升，特别是有的企业对标准化工作认识不够深入，满足于“一张证书”、完成“一项任务”[2]，对上级的文件、公司的规定未传达到班组及岗位，日常管理资料不及时跟进，作业现场管理粗放，遇到检查时突击加班补充和整理，存有侥幸心理和应付思想。

（2）企业标准化管理台账更新不到位。部分企业运行资料未结合实际情况进行更新，有的只改日期；有的会议记录、检查记录、月度分析报告、班组检查记录与实际工作内容不相符；有的《作业票》签批审核未认真审查资质符合性、未到作业现场确认安全措施有效性、未对特殊工种作业及监护人进行安全培训等；有的对《安全隐患通知单》中的问题整改完毕后，未到现场予以确认，存在问题“假闭环”现象；在评审管理制度、操作规程年度适宜性时，有的评审人员未让现场操作人员代表参加，导致实际运行的工作绩效得不到体现，出现记录、台账不真实的现象。

（3）作业现场管理不到位。有的企业现场设备带病运转、防护不到位、监护管理缺失、操作空间不足，电气线路敷设不规范，临时用电未设置漏电保护及接地装置，自动化设备防护罩在运行时打开，未对特殊作业进行有效辨识与措施落实，现场物料摆放凌乱、安全通道不畅通，现场关键设备或部位未设置警示标识，个体防护用品佩戴不规范等[3]。

（4）风险隐患双重预防体系管控不到位。部分企业未对风险分级管控清单进行定期更新，各岗位工作人员安全风险和管控措施未能有效掌握；各层级未结合风险分级管控措施的执行情况开展隐患排查；部门对班组、岗位的安全措施落实情况检查、指导不到位，班组、岗位落实安全标准化管理有差距，全员参与安全管理的动力不足，员工发现现场隐患的能力不强。

（5）外部评审质量参差不齐。衡量企业标准化达标的依据是通过外部评审、公示、获得证书，但从部分企业的实际评审报告和评定质量来看未存在与企业不符的描述，不能真实反映出企业现状。从现场的审核情况来看，有的评审人员刻意对资料的真实性审查不严；有的受外界因素的干扰，问题不落在纸面上；有的资料与现场不核对；有的对现场存有难以整改的安全隐患轻描淡写，有意规避了现实隐患。

2　安全标准化运行的核心要素

白酒企业开展安全标准化建设与运行，核心要素为考评类目第 6 项“生产设备设施”和第 7 项“作业安全”[4]，占到 40%的权重。安全标准化的运行以落实安全生产责任制为基础，建立行之有效的奖惩激励机制，持续激发组织能力，在生产中持续优化，在发展中不断提升，做到责任明确，落实到位，逐步实现自主管理。日常管理上将“辨识管控风险与隐患排查治理”落实到生产设备设施管理和作业安全控制上，推动安全生产达标对标并持续改进提升。

3　白酒企业安全标准化运行的有效对策

国家有关安全生产法律法规和标准规范是企业推行安全标准化的基础，积极贯彻落实会议和文件精神，建立健全安全生产管理制度、岗位安全责任制以及工艺设备操作规程，并在运行过程中修订完善，实施教育培训宣贯安全知识，保障员工在设备设施操作与维护、工艺参数控制、岗位风险辨识和隐患排查、个体防护、应急救援等方面具备必要的能力，能够做到自我纠正、相互提醒、主动预防和预测预警，能够做到属地管理、监督相关方，从源头管控风险、在日常中排查隐患，建立齐抓共管、各负其责、持续提升的安全生产工作机制。

（1）建章立制，夯实基础。一是对企业现有的《安全生产管理制度》《岗位安全生产责任清单》及《企业安全操作规程》在年度评估的基础上，提出修订或修改建议，保持制度、责任、规程的有效性。

二是每年年初制定公司年度安全生产目标及工作计划，以文件形式下发，分解落实年度目标和计划，并逐级签订责任书，每月或季度检查考核。三是根据制度要求制定年度安全培训、隐患排查、应急救援预案演练等计划或方案，并下发落实，定期检查计划的执行效果，每半年分析评估一次，如有偏差及时调整，确保计划和执行效果的可行性。四是积极发挥企业工会和职代会的作用，建立激励奖惩机制，鼓励员工对制度、责任、规程的制定、执行、考核等提出好的建议，大力营造安全第一、全员遵守企业安全制度的良好文化氛围。

（2）强化培训，提升技能。标准化的关键是岗位达标，每位员工的意识、行为都决定着运行的绩效。首先要对企业的主要负责人、高管和安全管理人员进行相关的教育培训，让企业负责人和高层管理者能够清楚安全生产标准化管理的作用和成效，做到生产安全同部署同检查，才能有效推进安全生产标准化的开展；让安全管理人员具有相应的安全管理知识和能力，才能有效指导安全生产标准化工作运行和岗位员工的培训，做好安全标准化知识宣贯与传播。其次对员工进行培训。通过集中培训和业余学习、班组会议和微信推送的方式，注重理论专业知识和岗位操作实践相结合，让岗位员工了解制度、熟悉规程、掌握风险及预防措施，并能在实际工作中切实有效地应用。

（3）规范现场，人机高效。一是设备管理。企业在设备设施采购、到货验收方面要遵守制度要求，购置、使用符合工艺要求、安全节能环保的设备设施，对达到报废年限或不具备使用功能的设备予以诊断报废。针对锅炉、配电和原酒生产、储存、勾调、包装等高风险设施和作业活动，建立专项制度，落实操作责任人；定期检测和维护锅炉、压力容器、压力管道，以及电梯、叉车、起重机等特种设备；斗式提升机、Z形往复式提升机、空压机站，以及酿酒、包装、制曲自动机械手和自动消防设施等专用设备要安排专人定期检查维护保养，切实加强对重点场所、部位、设施、区域和装置的管理。二是生产现场定置管理。生产现场结合“6S”管理同步推进，现场设备、物料、工具标识清楚，定点放置，安全通道保持畅通。三是特殊作业安全管理。企业对动火、进入有限空间、登高、吊装、临时用电、动土断路以及倒运装卸原酒等特殊作业要掌握风险及管控措施，严格作业审批流程和现场监督管理，落实应急保障措施，作业许可做好闭环管理[5]。四是合理组织生产作业管理。现场管理借助“精益生产”的方法，如酿酒标准作业法、设备TPM管理、关键控制点等工具或方法。尤其是小改小革，让员工看到工作的成就、得到领导的肯定，彰显员工主动管理、主动预防、改进提升的工作理念。加强原酒蒸馏、酒体输送、酒体勾调等工艺安全和自动化控制风险的辨识，如输酒流速控制在3m/s，酒体勾调对酒气收集或可燃气体探测报警连锁通风排气，储酒罐温度、液位连锁报警和关闭阀门等技术性措施，切实采取有效控制措施和安全连锁保护措施。加强对岗位员工作业行为的安全管理，做好行为观察，监督、指导岗位员工遵章守纪，正确佩戴个人劳动防护用品，预防职业危害。

（4）管控风险，治患彻底。企业生产经营过程中，安全风险是动态的，双重预防体系建设首先把全面辨识危险源及识别风险作为重点，通过每年分区域、分专业对风险分级管控清单补充完善，让每个员工熟知本岗位存在的危险源及其管控措施，并积极参与危险源辨识，清楚认识到所从事岗位作业活动及设施设备可能造成的伤害及事故类型，同时企业要确定本企业的风险评价方法，评价出风险点的等级，实现风险分级管控。隐患排查治理按照隐患排查项目清单，公司级、部门级、班组岗位级分别进行自检自查，对作业场所、设备设施、作业环境、作业行为、安全管理等各方面进行“对单”检查[6]，如专业/专项隐患排查由工艺、生产、安全、设备、电气、消防、仪表等技术人员组织对工艺管线、储酒库区、成品包材及粮食库房、特种设备、粉尘涉爆、有限空间、安全消防设施、特殊作业等易存在火灾、爆炸、中毒窒息、坍塌和触电的危害因素进行隐患的排查治理，至少每季度组织一次；停产大修期间及设备检修开车前应进行专业或专项隐患排查，重点突出一线职工对关键装置部位和工艺环节的巡查，分类建档，推进隐患排查治理常态化。

（5）突出重点，应急到位。白酒企业酿造、储存、勾兑、灌装及原料粉碎、锅炉运行存在易燃易爆性，成品库和包材库存在火灾危险，出入窖池存在有限空间中毒窒息，检维修存在触电、火灾、机械伤害、高处坠落等现实风险。针对企业的主要风险及事故类型，修订完善应急救援预案体系（一般分为综合预案、专项预案和现场处置方案），组织各岗位员工学习预案，让所有员工熟悉本区域或本岗位应急预案内容、掌握应急逃生和险情救援处置的关键措施。按照预案演练计划，分层级组织应急演练，通过演练检验预案的实效性，使参演人员掌握应急响应和救援流程、应急器材的正确使用，救援之间的密切配合和高度服从。负责应急救援物资管理和储备的部门，做好应急救援物资储备的监督检查，定期清点和维护，建立台账，确保应急物资到位。

（6）严格考评，坚持完善。企业通过自评或邀外依据《白酒生产企业安全生产标准化评定标准》对运行周期内的达标情况进行评审和考评，全面反映企业安全标准化运行绩效的真实情况，评审结束后列出问题清单，分析制定整改计划并予以整改。在运行建设过程中要重点做到“三个完善”，一是完善组织架构，落实岗位安全责任，依法依规组织生产经营活动；二是完善安全生产专项整治，深化半成品和成品酒储存库（区）、酒体勾调、有限空间、涉爆粉尘、特殊作业的风险分级管控与隐患排查治理[7]；三是完善安全信息化管理，用信息化大数据手段分析和预测安全生产现状，共享网络信息资源。充分发挥企业考评结果等价效应，将安全标准化考评等级与政府出台的相关激励政策措施相关联，有效促进白酒企业安全标准化达标建设质量和水平的不断提升。

4 结语

推进白酒企业安全生产标准化达标创建运行是企业生产经营活动的根本保障，是落实安全生产管理的有效工具，通过安全生产标准化达标创建与有效运行，员工的水平和能力得到不断提升，领导的思路和决策有了明确的方向和目标，企业的整体面貌持续改善。只要企业、服务机构、政府监管部门相互配合、各负其责，对创建的企业进行重点指导和督促检查，对三级安全标准化企业抓改进提升、二级安全标准化企业抓岗位达标、一级安全标准化企业抓标杆引领，就能切实推动企业生产经营活动高质量发展，推动经济社会良好安全环境的持续发展。

参考文献

[1] 程凯．化工机械事故分析及其应对策略［J］．化工设计通讯，2017（08）：156-159.

[2] 季海波．化工企业安全标准化工作中的问题与对策分析［J］．探索科学，2019，000（011）：120-121.

[3] 和聪. 危化品企业安全标准化工作中的问题与对策［J］．工程技术，2016，000（003）：294-294.

[4] 雷胜利．简谈白酒生产企业安全生产标准化建设［J］．建筑工程技术与设计，2014（11）：264-265.

[5] 中华人民共和国国家质量监督检验检疫总局，中国国家标准化管理委员会．企业安全生产标准化基本规范：GB/T 33000—2016［S］．北京：中国标准出版社，2017.

[6] 张毅成．信息化助力风险分级管控与隐患排查治理工作［J］．中国设备工程，2020（10）：64.

[7] 苏冬萍．化工企业安全标准化工作的实施探讨［J］．维纶通讯，2017（37）：51-52.

浅述城市轨道交通行业先进标准体系的构建模式

李　欢[1]　杨则云[1]　李燕超[2]

（1. 中车青岛四方机车车辆股份有限公司；2. 青岛大学附属医院）

摘　要：随着我国城市化建设步伐的加快，城市轨道交通行业进入爆发式发展阶段，城市轨道交通车辆产品也从以单一的B型车为主，向地铁、有轨电车、单轨车辆等多品种发展。我国已发展成为全球轨道交通车辆制造大国，在“中国制造2025”规划中将先进的轨道交通装备制造业定位为战略性新兴产业之一。目前我国城市轨道交通行业仍面临着成本高，重复设计，工作量大，新技术、新材料、新工艺回报率低、行业全球化竞争激烈等问题。要解决以上问题，需要我们建立与城轨行业相适应的先进标准体系，通过标准的制定和贯彻实施提升我国城轨行业的国际地位。健全、适宜、有效、先进的标准体系，将对规范产品研发、制造、服务发挥重要作用。

关键词：轨道交通；标准体系；技术标准；体系架构

1　前言

借助“改革开放”与“走出去”战略的实施，我国城市轨道交通产业发展迅速，轨道交通产品质量已经处于国际领先水平。该成果的取得体现了我国轨道交通行业的正确发展思路，同时也得益于我国标准化方面的共同努力。随着全球化的发展，城市轨道交通车辆产品正朝着个性化定制、多品种、小批量方向发展，发展过程中出现越来越多的问题。

首先，各城市轨道交通集团拥有自身的企业文化及工作方式，对产品的技术要求、使用习惯、关注重点差异较大，产品个性化定制强，产品需求差异性强，导致设计周期长、种类繁多、研发制造成本高、利润低。

其次，城轨车辆的牵引、制动、网络、空调等子系统供应商多，接口差异大，导致各制式车型难以模块化、系列化、平台化，部件供应商多造成产品全寿命成本高、设计错误率高。

再次，永磁电机、全自动驾驶、蓄电池牵引等新技术，碳纤维、镁合金等新材料，搅拌摩擦焊、激光焊等新工艺，近几年在城市轨道交通行业得到快速推广和应用。新技术的投入与产品的收益回报不成正比，压低了企业的应得利润，长此以往将影响企业的技术创新。

最后，西门子、庞巴迪、阿尔斯通等轨道交通装备制造商在国内轨道交通市场的占有量较大，外国制造商进入中国城轨市场的技术门槛较低，对国内企业形成较大竞争，轨道交通产品存在“入易出难”的现象。

因此，为适应市场潮流、规范企业标准、提升企业竞争力，建立城市轨道交通标准体系势在必行。通过标准体系的建立和标准的贯彻实施，规范设计、研发、采购、检验和服务的全过程，在保持产品个性要求的基础上，最大限度统一城市轨道交通车辆的设计平台、产品平台和制造平台，推进企业在行业内部逐步建立良好的产品标准化工作秩序，促进企业创造最佳效益。

2 国内外城轨产品标准体系发展现状

2.1 国外发展现状

产品标准既是基础，又是驱动之源，标准将全面支撑、推动、引领城市轨道交通车辆走向世界。健全、适宜、有效、先进的标准体系，将对规范产品研发、制造、服务发挥重要作用。

欧盟对有互联互通要求的轨道交通产品制定了技术法规，并在法规中将技术解决方案以引用标准的形式体现，这样就将相关技术法规与标准融为一体，形成强制性标准要求，并从安全性角度提出认证要求，通过标准构建了保护自身利益的法网，在世界范围认可程度高。

英国针对本国的轨道交通车辆的产品和线路运营需求，国家铁路局和行业协会也建立了完善的标准和技术规范，在英联邦国家具有广泛的影响力。

日本在轨道交通产品设计、制造方面建立了完善的国家标准（JIS）、行业标准（JRIS）和企业标准，形成了完整的技术标准体系。

美国的普速轨道交通产品技术标准完善，对与人身安全相关的要求通过联邦法规和州法规予以规定，有一套完善的技术标准要求。

2.2 国内发展现状

由于我国城市轨道交通建设起步较晚，城市轨道交通只编制了部分急需的标准。到目前为止，已制定的标准数少，覆盖面小，有些标准已不适应城市轨道交通系统的发展，远远满足不了城市轨道交通发展建设的需要。

全国城市轨道交通标准化技术委员会成立后，组织完成了相关产品通用技术条件的编制。我国轨道交通行业在贯彻实施标准时，首先采用全国城市轨道交通标准化技术委员会归口组织编制的国家标准和住房与城乡建设部行业标准。但是由于标准少，未能有效支撑行业发展。目前国内城市轨道交通尚未形成完整的标准体系，城市轨道交通车辆专用标准体系正在形成过程中，在产品招标、设计研发、制造过程大量采用国际、国外标准，但在采用的原则上不够系统、适宜、规范，缺乏有效的引导。

相关的轨道交通协会等社会团体在城市轨道交通技术标准方面目前正在策划形成相关标准体系。在现代技术日新月异、行业竞争激烈的背景下，标准对行业发展的支撑、推动、引领作用不能得到充分的发挥和体现。

因此，需从战略角度及时提出建立城市轨道交通车辆技术标准体系，通过标准的推进和引领作用，构建城市轨道交通车辆产品走向世界的桥梁，支撑产品平台建设，形成技术壁垒，在行业内对国内形成技术保护，逐步形成产品和技术标准在城市轨道交通领域内的话语权和主导权。

3 城轨标准体系构建意义与原则

3.1 城轨标准体系构建意义

（1）优化及统一产品平台，引导产品设计向系列化、通用化、谱系化、模块化方向发展。

（2）通过建立标准规范，提高设计效率、降低产品全寿命周期成本、提升产品档次和品质。

（3）通过建立和实施标准维护良好的市场秩序，分系统建立标准综合体推进产品降本增效，促进企业获得最佳效益。

（4）指导今后一定时期内标准制、修订立项以及成为标准的科学管理的重要依据。

（5）通过标准体系的建立和标准的对比分析，融合世界先进技术标准的技术要求，充分整合现有的技术资源，形成行业保护性技术壁垒，为推进先进的城市轨道交通车辆走向世界、推进标准国际化工作奠定基础。

3.2 城轨标准体系构建原则

（1）以系统分析的方法，使一定专业范围内的标准按主从关系形成一个科学、开放的有机整体。做到结构优化、数量合理、层次清楚、分类明确、协调配套。

（2）体系的编制应有利于标准的管理，有利于促进新技术、新产品、新材料、新工艺的推广应用。纳入标准体系的标准，将成为指导今后一定时期内有关城市轨道交通产品建设标准制、修订立项以及标准的科学管理的基本依据。

（3）对比分析国内标准与国际/国外先进标准的差异，吸收国外标准的先进性、适用性，为标准制定奠定基础。

（4）评估现行国内外标准规范在实际设计、制造等方面的适用性；归纳总结既往项目执行过程中各种标准相互矛盾、冲突等问题。补充缺失的统型产品、试验、验收、采购等方面的标准规范。结合城轨板块相关企业的技术要求，结合产品统型、降本增效等各项具体业务的推进，作为城轨产品技术标准修订的长期规划的主线。

（5）体系的建立要规划好国际、国家、行业、团体标准的衔接、升级、竞争，逐步获得城轨交通标准领域的话语主导权，引领企业发展，从而形成更强的行业影响力。

4 城轨标准体系构建方法

以城市轨道交通车辆采用的技术标准为主要的研究目标，通过对典型研制项目和技术引进项目所采用的标准进行系统的分析和总结，提出分类标准清单。开展对 ISO、IEC、UIC、EN、JIS、DIN、NF 等与轨道交通相关的国际先进标准进行对比分析与研究工作，梳理标准差异，形成城轨产品标准体系构架。结合科研项目，对开展的基础设计理论、设计规范、制造工艺、试验方法、产品零部件的科研攻关与研究项目，逐步制定和提升具有自主知识产权的设计类、产品类、工艺类、检验类等技术标准，注重技术标准的完整配套，完成城市轨道交通车辆技术标准体系的搭建。

4.1 课题调研

调研欧洲、日本、美国等国技术标准体系，按系统、实践、发展、全面配套、层次恰当、类别划分明确的原则完成标准体系的整体架构。

4.2 系统标准分类、整体分析

对标准体系各系统分类标准进行整体分析，按综合标准化的要求，按技术领先、科学统一、相互协调、经济适宜的原则分析系统中纳入标准的合理性，提出系统标准清单。

4.3 技术标准对比分析与研究

开展对 ISO、IEC、UIC、EN、JIS、DIN、NF 等与轨道交通相关的国际标准和国外先进技术标准的对比分析与研究工作。在充分消化吸收国外先进技术的前提下，加强基础研究和技术引进的同步研究，融合国际标准和国外先进标准的技术要求。

4.4 重要技术标准的研制

跟踪各子公司科研项目，对开展的基础设计理论、设计规范、制造工艺、试验方法、产品零部件的科研攻关与研究项目，进行标准的研究与制定工作，完成重要技术标准的制定和标准体系的搭建。

4.5 体系分析与标准制定规划

对城市轨道交通车辆的技术标准体系进行系统的分析和统计，梳理已有标准和应有标准清单，提出城市轨道交通车辆重要技术标准的制定规划，逐步制定和提升具有自主知识产权的设计类、产品类、工艺类、检验类等技术标准，注重技术标准的完整配套，实现产品技术与国外产品技术逐步接轨。

5 结语

标准体系建设是一项繁杂的技术工程，需要多学科、多专业、多部门相互协调，共同完成，需要大量的人力、物力、财力作为保障。同时，标准体系建设也是一个持续完善的过程，随着中国轨道交通行业的发展，新技术、新材料的引入将推进标准的不断完善和提升。应进一步健全标准体系，保持标准的科学性和先进性。

城市轨道交通装备标准体系的建立是实现中国城市轨道交通装备走出去的第一步，推进企业标准向行业和国家标准转化，为最终建立一套以法律法规为基础保障，以技术规范为实施规则，以标准为技术解决方案，以合格评定为保证手段的国家轨道交通行业标准体系奠定基础。真正实现“产品+标准”的走出去。

参考文献

[1] 田葆栓．国内外铁路技术标准体系的发展与分析（下）[J]．铁道技术监督，2012（03）：4-9.

[2] 殷树刚，林乐界，宋建伟．实施技术标准战略，摆脱品牌短命、低价的宿命轮回［C］//2006—2007年度标准化学术研究论文集．2008.

[3] 王成昌．企业技术标准竞争与标准战略研究［D］．武汉：武汉理工大学，2004.

[4] 华梦圆．我国铁路机车车辆技术标准国际化发展研究［D］．北京：北京交通大学，2014.

[5] 杨东拜．我国制造业技术标准体系研究［D］．合肥：合肥工业大学，2005.

“标准化＋”助力东营公共服务领域高质量发展

刘彩莲[1]　邓　彬[1]

（1. 东营市标准化信息所）

摘　要：党的十九大以来，面对新的国内国际环境，标准化工作必须与时俱进；面对新的历史发展机遇，公共服务均等化这一基本目标要在社会主义现代化强国建设道路上提前实现。实现公共服务领域均等化就是要实现公共服务的标准化，进而助力公共服务领域高质量发展，用标准、规范的方式对资源进行科学分配、对服务流程进行规划，进一步提升服务质量，创新治理方式，让标准化贯穿整个公共服务领域，确保每一位公民都能享受到公共领域公共资源均等化带来的福利。东营市标准化信息所通过标准化服务中小企业发展试点，积极探索公共服务领域标准化应用。通过健全服务标准体系，完善服务平台建设，创新服务模式，助力政府标准化服务与研究等方式，确保基本公共服务全体公民都能享受、守住民生底线。

关键词：标准化；东营；公共服务；治理；高质量发展

“Standardization＋” helps Dongying public service High-quality development in the field

LIU Cai-lian[1]　DENG Bin[1]

（1. Standardization Information Office of Dongying City）

Abstract： Since the 19th National Congress of the Communist Party of China，in the face of the new domestic and international environment，standardization work must advance with the times，and in the face of new historical development opportunities，the basic goal of equalization of public services must be achieved ahead of schedule on the road to building a modern socialist country. Achieving equalization in the field of public services is to achieve the standardization of public services，and to promote high-quality development in the field of public services，by scientifically allocating resources and planning service processes in a standard and standardized way，further improving service quality，and innovating governance methods. Let standardization run through the entire public service field to ensure that every citizen can enjoy the benefits brought about by the equalization of public resources in the public domain. The Dongying Municipal Standardization Information Institute has actively explored the application of standardization in the field of public services through a pilot program for the development of standardization services for small and medium-sized enterprises. By improving the service standard system，improving the construction of service platforms，innovating service models，and assisting the government in standardized services and research，ensure that all citizens can enjoy basic public services and maintain the bottom line of people’s livelihood.

Keywords： standardization；Dongying；public service；governance；high-quality development

1 引言

公共服务标准化领域是近年来在我国兴起的一个全新的标准化领域。公共服务领域的标准化简单地说就是对全体公民生存发展息息相关的公共服务领域内的对象进行梳理，建立体系，形成标准化成果。面对新的历史发展机遇，公共服务均等化这一基本目标要在社会主义现代化强国建设道路上提前实现。实现公共服务领域均等化就是要实现公共服务的标准化，进而助力公共服务领域高质量发展，用标准、规范的方式对资源进行科学分配、对服务流程进行规划，进一步提升服务质量，创新治理方式，让标准化贯穿整个公共服务领域，确保每一位公民都能享受到公共领域公共资源均等化带来的福利，从而切实提高人民群众的幸福感。

2 公共服务领域标准化发展的现状

近年来，公共服务标准化的理念正逐步走入人们的视野，制度框架逐渐清晰，标准化政策水平日益提高，服务能力与日俱增，保障能力日臻完善，群众对待公共服务标准化的满意度也不断提高。但与人民群众日益增长的美好生活需要相比，公共服务均等化的发展还显得比较滞后，面临的困难和障碍还有很多，目前的公共服务水平还远远不够，亟须通过推进公共服务标准化来加以解决。东营市国民经济和社会发展"十四五"纲要中也明确提出了全市要在高质量发展中做出示范，在新时代现代化强省建设中走在前列，面对新的国内国际环境，标准化工作必须与时俱进，不仅要满足适应当前国内社会主义现代化建设和对外扩大改革开放成果的需要，更要发挥在公共服务领域中的引领作用。

3 "标准化+"在东营市公共服务领域的实践与创新

3.1 "标准化+"助力国家级标准化服务中小企业试点

2021 年 5 月 14 日，东营市标准化信息所标准化服务中小企业发展试点项目顺利通过现场验收。该项目是全国首个地市级承担的国家级标准化服务业试点，对东营市加强"标准化+"理论研究，开展中小企业标准化服务帮扶，提升标准化专业技术水平和能力具有重大的意义。

3.1.1 建立标准化创新服务支撑体系

东营市标准化信息所建立了《东营市标准化信息所标准化服务中小企业发展标准体系》。该标准体系包括通用标准化服务、保障标准化服务、提供标准化服务三大模块，历经多次修订，现有 189 项标准，其中通用标准 61 项、保障标准 58 项、提供标准 70 项。标准体系执行率和宣贯率、企业满意率、推广实施率均达 100%。

3.1.2 完善中小企业服务平台建设

依托国家标准馆东营分馆整合服务资源，打造政府管理标准化服务平台、国外标准数据研究平台、标准化公共技术服务平台等，与中小企业签订战略服务协议 1045 份，积极开展标准及标准体系、认证认可、业务培训、WTO/TBT 出口企业风险预警等链条式服务。新冠肺炎疫情期间搭建东营市疫情防控标准信息服务平台，利用平台指导企业查询标准，既为政府节约资金，又为全市疫情防控标准化发挥作用。此外，为满足企事业单位个性化要求，利用现有公益性标准化平台努力打造黄河三角洲标准权威数据云，帮助企业探索参与标准化活动路径，最大限度地满足不同群体标准化需求。

3.1.3 创新中小企业服务模式

从服务原则出发，联合东营质量协会、龙头企业等成立中小企业服务联盟，形成了以小带大、以强带弱、技术共享、产业互惠、共同发展的创新服务模式。通过开展“春风行动，助力成长”标准化宣讲及中小企业帮扶活动，培育服务国家省市重点标准化项目12个，开展NQI＋综合知识等公益性培训，培训企事业单位896家，技术和管理人员1800余名，提供各类标准化咨询服务5000余项，有效提高了中小企业的自主创新能力。

3.2 “标准化＋”助力开展政府标准化服务与研究（个性化要求）

在政务服务标准化改革方面，东营市标准化信息所与市机关事务管理局、市公积金管理中心、省黄三角农高区、东营市行政审批服务局等单位签订标准化服务协议，围绕标准化的改革、治理体系治理能力的提升、“山东标准”的建设和政府服务等开展战略研究；积极参加省市场监管局组织的标准化试点验收会和标准化业务现场会，检查指导13家企事业单位标准化试点建设，为推动全省工农业、服务业和社会管理与服务业提供标准综合指导服务标准化发展；选派专业标准化技术人员指导市民政局、大数据局、利津北宋镇等政府机关单位地方标准制、修订工作，做好标准化服务工作。

3.3 “标准化＋”助力团体标准建设

培育和发展团体标准，加快构建国家新型标准体系。东营市是全国石油炼化生产基地，信息所以加快地方主导产业发展为切入点，分析产业存在的问题，围绕薄弱环节，组织全市11家重点炼化企业形成科技创新联盟，以标准化科研创新鼓励和带动炼化企业参与团体标准的制定，在全国率先发布了《车用汽油》《车用柴油》《节能清洁车用汽油》《成品油质量全链条可追溯管控体系》4项团体标准，尤其是《成品油质量全链条可追溯管控体系》，为炼化企业、成品油销售企业、消费者以及政府监管部门之间搭建一个成品油出厂质量信息可查询、流向可追踪、问题可反馈的信息平台提供了可供参考的样本。

3.4 “标准化＋”助力疫情防控和企业复工复产

疫情期间，东营市标准化信息所依托国家标准馆东营分馆和东营市公共技术服务平台资源优势，建立东营市标准化防控疫情公益性服务平台，及时下载防疫急需标准15项，为全市8家防疫物资企业开通商品条码绿色服务通道，实现当天取证号使用；在企业复工复产方面，选派党员干部参加抗疫下沉服务队，深入企业送“红利”、解难题，帮助盐窝镇10家企业协调争取紧缺防疫物资，为2家招工困扰企业解决50余名工人缺口问题，为4家企业协调上报贷款资金2000万元；与省标准化协会协调合作，参与起草《餐饮企业新冠肺炎疫情防控工作指南》《化工企业新冠肺炎疫情防控工作指南》《工业制造业新冠肺炎疫情防控工作指南》3项团体标准，并将3项团体标准文本免费赠送给全市320余家餐饮、化工、工业制造等复工复产企业，为其提供标准化技术依据。

4 结语

在当前应对新冠肺炎疫情防控常态化的形势下，基本公共服务已成为兜住民生底线、维护生活秩序的重要保障。“标准化服务中小企业发展试点”的建设将带来经济效益、社会效益和品牌效益的多重丰收，东营市将以此为新的起跑线，全面实施“标准化＋”服务高质量发展战略，持之以恒地做好标准化服务，巩固试点建设成效，深入探索标准化在公共教育、社会保险、医疗卫生、住房保障、政务服务、残疾人服务等更多公共服务领域标准制定、实施、推广应用，形成可复制、可推广的经验，不断提升公共服务领域标准化水平。确保基本公共服务覆盖全民、兜住底线和均等享受，使人民群众的获得感、幸福感、安全感更加充分、更有保障、更可持续。

参考文献

[1] 邢伟．以标准化促公共服务均等化［N］．经济日报，2019-02-20（007）．
[2] 刘彩莲．标准化服务助力油城新旧动能转换［N］．大众日报，2018-11-08（025）．
[3] 刘彩莲．就业创业扶贫服务标准体系完成［N］．中国质量报，2018-11-23（002）．
[4] 魏礼群．实行政务服务标准化推进政府治理现代化［J］．东岳论丛，2015，36（12）：5-8.
[5] 中共中央办公厅国务院办公厅印发《关于建立健全基本公共服务标准体系的指导意见》［J］．大众标准化，2018（12）：48.
[6] 曾征，聂剑锋．寻找那只看得见的“标准推手”［J］．标准生活，2016（03）：52-55.
[7] 刘子芳．职业教育视角下的创业与创新［J］．现代职业教育，2018（36）：182-183.
[8] 杨峥威，林爽．创新困境儿童社会服务营造良好成长环境［N］．中国社会报，2020-09-16（003）．

实施食品安全管理标准化战略，推动“食安山东”高质量发展

刘　畅[1]　贾廷辰[1]

（1. 山东省质量技术审查评价中心有限公司）

摘　要： 食品质量安全关乎人民福祉和国家的长治久安，随着社会的进步，各种食品加工与运输方式更加多元化，实施标准化的食品生产与食品安全监管更是迫在眉睫。将食品安全标准化应用于食品安全生产管理，对于食品企业，有利于优化企业管理，是食品企业获得可持续发展的不竭动力；对于监管部门，有利于统一监管标准，明确监管部门职责，提升工作效益，使监管工作顺利开展；对于社会而言，推进食品产业结构优化，可使更多的食品企业走向世界舞台。通过融入现代食品生产和监管的精细化管理，以及食品行业和监管部门的信息化建设，可以促进食品安全标准化建设，从根本上保障食品质量与安全，带动食品行业健康可持续发展，实现“食安山东”高质量发展。

关键词： 食品生产；食品安全；标准化建设

0　前言

食品安全关系到民众的安全感、获得感、幸福感，甚至关系到一个国家和民族的长治久安。在新型冠状病毒肺炎疫情对食品全产业链产生了剧烈冲击的形势下，食品安全也迎来了巨大的挑战。2020年初，疫情肆虐，山东省食安办（山东省食品安全委员会办公室）印发《2020年度“食安山东”品牌建设实施意见任务分解方案》。在“食安山东”品牌创建中，山东省市场监督管理局制定并发布了《“食安山东”公共品牌通用评价标准》，省农业农村厅在全省范围内征集地方标准建设项目1140项，共审定155项农业地方标准，有效推动了农业生产绿色化、标准化、规模化。省卫生健康委员会积极推动东阿阿胶品牌列为“食品安全国家标准”制定计划。随着“食安山东”品牌效应的日益显著，对山东省食品安全管理标准化建设也将起到关键作用。

标准化是社会各行业可持续健康发展的重要技术支撑，被称为不可或缺的质量基础设施，而食品安全标准化是规划系统的一个重要子项，有其内在的理论体系，关系到生产、消费、服务、经济社会发展等众多方面，因此也是一项集综合性、复杂性于一体的规范性行为。通过标准化的思维模式和科学理论对食品生产的实践进行指导，使食品相关企业形成技术领先、管理科学的生产运行模式，从而在确保食品安全的同时促进全行业社会和经济效益的提升。但与日本等国相比较，我国食品安全标准化建设起步较晚，在相关体系建设、现代化管理手段的落实等方面仍然存在大量问题。如何进一步强化基层一级的食品质量安全管控，尤其是小微餐饮企业的标准化管理，成为当前标准化工作者亟须解决的重要课题之一。

1　标准化管理的优势

1.1　保障食品生产安全，提升企业自我管理水平

食品生产安全的标准化管理有利于优化现代制度下食品企业的全方位管理，也是食品企业获得长

久发展的根基和前提。当代企业在食品生产过程中，更多地应用现代科学技术和标准，使食品生产流程更加标准化、精细化。食品的标准化生产需要认真把控食品生产过程中的诸多环节，充分发挥各部门的协调合作，促进资源合理配置，提升食品企业管理效能，创造更多经济和社会效益。另外，食品企业优化自身安全生产的管理制度，将安全生产责任明确落实到各生产部门及具体负责人，提高人员能力素质，使食品生产有规可循，有标可依。有利于企业形成良性的循环体系，提高自我管理能力和自觉性，扎实推进食品企业的安全文明生产及绿色、健康、协调发展。

1.2 有利于食品安全监管，提升食品安全治理效能

各级市场监管部门对食品质量实现有效监督和管理，是保障食品安全至关重要的一环，也是促进食品生产企业自身安全生产的重要举措之一。随着食品种类、生产及流通方式的多样化和便利化，食品安全监管这项工作也随之表现出系统性和不确定性等特点。传统监管模式之弊端也随之明显暴露，面对这一局面，标准化管理这一工具应该更广泛和更有针对性的推广，从而转变既有的粗放性管理模式和行政命令式的硬性监管。食品安全标准化管理，有助于推动食品监管部门开展工作，提高工作效率。另外，采用标准化管理也可促进食品安全标准化体系的建设成型，有利于统一监管标准和明确各级各类监管部门的职责，充分发挥他们的职能，有利于监管工作的顺利和有效开展。

1.3 推进产业结构优化，促进食品行业健康发展

任何一个企业，包括食品领域相关企业，如果要做大做强，必须走连锁扩张的资本化运营道路，而标准化在企业管理各环节的落实程度也关系着企业能否实现连锁扩张的目标。没有标准化的实现就不可能有工业化生产的实现，随之而来的规模扩张也就成了无源之水、空中楼阁；不能实现标准化，企业在内部各环节的管理上难免会漏洞百出甚至千疮百孔；不能实现标准化，新产品研发和走向市场的速度也将远远落后于同行。由此可见，食品企业连锁扩张的最主要任务就是实现各个环节尤其是食品安全生产的标准化。由于文化和历史等方面的原因，大部分人都形成了中餐烹调步骤烦琐，人的主观性决定的环节多，不利于推广和实现生产标准化并进行统一化管理这一惯性思维。而实际情况是，中式餐饮一旦实行标准化管理，其产品品质和质量安全的提升将更富成效。比如，“大娘水饺”通过380多页的标准化生产作业指导书，保证每个水饺的质量如工业化产品般稳定，用全流程的标准化管理控制了成本并提升了质量品质，在全国成功连锁扩张至200多家门店，在国内热销的同时还成功拓展至海外华人世界并受到青睐[1]。又如，“真功夫”餐饮连锁品牌也是中式快餐标准化建设的翘楚，该公司管理人员首次在中餐快餐界建立起三大标准，为其连锁化进程中的快速和健康发展提供了重要保证[2]。

对有志于实现全面标准化的餐饮企业来说，其主要建设方向可概括为标准化人员管理、标准化生产流程管控、标准化服务流程管控；生产方面的标准化原材料采购、加工和标准化产品配方；标准化的品牌运维及相应推广、标准化的店面外包装和营销管理模式等，建立完善的、全覆盖的食品生产和流通标准化体系，既是立足本土发展，同时也是走向国际舞台的现实需要。

2 对策建议

2.1 信息化建设助力标准化建设

食品的原料生产加工、成品流通等环节极为繁杂，由于信息技术等管理模式的滞后，相应的监管信息无法第一时间发布、传输和反馈，这对于监管覆盖面和监管力度是较大的约束和限制，直接导致了监管的弱化。对于食品相关标准的制定者来说，其标准制定所需的原始数据也离不开海量的市场经营主体。因此为提升监管的效能，必须尽快推广基于可追溯功能的食品安全监管系统，实现全过程、

全链条和无死角的食品安全监管。另外，在该系统初步建立后，应对其大数据功能进行完善，对市场经营主体的海量数据进行高效的动态整合，进而在显著提高数据采集效率的基础上，将基层有限的人力和物力发挥到最大功效。通过以上种种举措，可为监管的“合格评定”及标准化程度提供更加精准和高效的依据，为制定既符合基层实际又更加科学的标准化体系打牢坚实的基础。

近年来，基于可追溯功能的食品安全智能监管系统，已在省市县等各级市场监管部门投入使用，各级市场监管部门在实际操作中应对标准化信息化建设的必要性和长期性引起足够的重视，应统一思想，自上而下逐步实施标准化战略，充分整合各方面资源，打造市场监管的标准化体系，在智能监管系统的基础之上，建立并完善标准化信息管理系统。在这方面可借鉴其他先进地区的经验，如组建电子采购平台，将采购食品的各项信息进行统一和规范的标注，提升食品各项信息的透明程度和可溯源能力，通过以上技术手段来提升食品品质、降低食品安全风险；建立一套完备的食品安全信用体系，做到严守行业道德底线，全民食安信用参与，同时坚决遏制和打击食品行业的潜规则，确保“从农田到餐桌”的全覆盖食品安全。

2.2 融入全链条精细化管理，助推食品安全标准化建设

生产和流通一线的精细化管理是提高食品生产经营单位经济效益及社会效益的科学管理方法与理念，如“6S”管理、“6T”管理、HACCP体系较多应用于食品企业生产管理。近几年，多地监管部门针对食品生产经营单位推行“6S”标准化管理建设，使之成为食品安全监督管理的“强心剂”“助推剂”，特别是对于规范“小散乱弱”的食品小摊贩、小餐饮生产企业的生产经营起到了关键作用，通过树立一批食品小摊贩、小餐饮食品安全示范样板，在试点的基础上，“以点带线”打造示范街，在“点”“线”基础上，带动其他食品生产经营单位“复制”“克隆”，为全链条开展食品安全标准化管理筑牢根基。

“6S”管理是一种面向现代化、精细化管理的解决方案，其来源于日本兴起的“5S”管理理念并根据我国实际情况进行了完善（补充了第六个“S”即“安全”），对生产现场和工作现场的展开具有高度适用性，其主要含义为整理（日译 Seiri）、整顿（日译 Seiton）、清扫（日译 Seiso）、清洁（日译 Seiketsu）、素养（日译 Shitsuke）、安全（英译 Security）。该方案对食品生产领域现场中的人、机、料、法、环等要素所处的状态均可进行全程管理、改善和提高[3]。通过优化并完善各项工作的全工艺流程，可迅速鉴别出工作环境中潜在的风险因素，进而形成以全工艺流程控制、环境过程控制为主导因素的安全管控解决方案，使运行全流程实现“在控、可控、能控”[4]。

“HACCP体系”起源于美国政府对食品生产的质量把控，可概括为：将对终端产品的质控转向对生产流程的过程把控，主要聚焦方向为对关键危害因素的预估、评价和监控，是一种具有自我修正性并经我国实践证明的优质高效的质量管理工具，应更广泛地在食品生产企业的标准化管理中使用[5-6]。

3 结语

食品安全无小事，如何加强食品生产和流通单位以及各级市场监管部门的信息化建设高度，高标准提升监管部门的安全监管能力，进行标准化建设与提升是不二法门。在全链条监管建设与发展的过程中，标准化不仅能打通信息屏蔽的桎梏，而且能推动形成高效的业务协同，在实现有效互联互通的基础上，尚能确保信息化建设过程中数据资源的安全性。对于食品生产企业，将标准化管理执行落地，顺应标准化管理的大势所趋，从以量提升向以质提升转变，将自我规制切实转化为提升产品质量的内生动力，从而能在根本上保障食品质量与安全，增强企业社会责任感和自律能动性，带动食品行业绿色、健康及可持续发展，实现“食安山东”品牌建设的预期目标。

参考文献

[1] 何晓鹏．“大娘水饺”靠中央厨房创造了6亿只水饺的传奇——用380多页标准守则保证包好每一只水饺 [J]．全球商业经典，2006（4）：58-60.
[2] 曾国军，刘小艳．标准化与原真性悖论：饭店集团的扩展方式 [J]．旅游学刊，2011（7）：24-29.
[3] 许蕊，郭冬梅．6S现场管理方法在计量检测实验室中的应用 [J]．科技创新与应用，2018，（24）：166-169.
[4] 张青峰，余建国．6S在仓储管理中的应用 [J]．现代食品，2018（7）：177-179，183.
[5] 夏夕琴．危害分析和关键控制点（HACCP）原理在物资采购中的运用研究 [J]．化工管理，2018，（9）：33-34.
[6] 冯冠强，赖凡．出口食品生产企业实施HACCP认证意愿的探讨 [J]．中国质量与标准导报，2017，（11）：27-28，33.

政府购买的公共服务标准化管理策略分析

刘 彦[1] 周洪涛[1]

（1. 烟台市标准计量检验检测中心）

摘 要： 在全面推进我国现代化国家治理进程中，我国政府购买公共服务的行为已经逐渐实现常态化，探索和推行政府购买公共服务标准化，能够有效地推进我国国家治理现代化的进程，也能够为我国政府提高社会服务质量带来全新的途径。政府通过购买公共服务并且坚持标准化的原则，能够有效促进我国公共服务质量水平的提升。本文将对政府购买公共服务标准化管理策略应该遵循的原则进行分析，并提出具体建议，希望能够为各级政府在购买公共服务过程中，带来一些有价值的策略参考。

关键词： 国家治理；政府公共服务；购买标准化；现代化；原则；策略

我国政府购买公共服务是在 20 世纪 90 年代中期通过积极学习西方国家的优秀经验而逐步开展的，目前已经上升到国家政策层面。政府购买公共服务并且实现标准化的落实，标志着我国已经在国家治理层面上实现了现代化建设。现在政府购买公共服务已经成为我国一项正规的制度内容，国家出台了一系列法律法规和管理办法，对规范和推广政府购买公共服务做出了详细的规定，要求在进行公共服务购买时，购买主体必须强化服务项目的标准化建设，以更好地保障公共服务质量。

1 政府购买公共服务标准化的基本原则

1.1 组织建设标准化

政府购买公共服务标准化的落实，需要各级政府部门及相关管理单位积极推行标准化建设，提供公共服务的主体也就是相关的社会组织，也要实现标准化建设。组织建设的标准化能够为政府购买行为提供规范的软环境，使政府购买过程中的行为合理合法，进而可以有效提高购买公共服务的质量和效率。组织建设标准化重点需要满足以下三方面的内容：其一，构建标准化建设部门。按照国家目前开展的行政机构改革工作，应该设立起专业合理的政府购买管理部门，比如在财政部门内设置专门机构或者在原有政府采购办公室内设置机构。机构主要负责不同层级政府在购买公共服务时实现标准化的落实，机构内也需要配备结构合理的专职人员。其二，确保购买机构中的岗位职责标准化。在部门标准化建设的基础上，按照政府购买行为对象，对岗位进行合理的规划建设，要确定责任与权利之间的公平性与对等性，建立起健全的岗位职责体系，制定出符合时代发展建设需要的工作准则，明确每一个岗位的责任与权限，必要的情况下应该建立起严格的服务规范标准和资质内容，要确保人与事之间的有机衔接。其三，实现内部管理的标准化建设。按照国家规定，在进行购买机构内部管理时，必须严格落实规范化的建设，建立起严格的管理制度、清晰的管理目标、准确的管理信息和严谨的财务管理内容，全面确保内部管理的标准化建设，促进政府购买公共服务时工作开展更加规范，具有协调性和统一性[1-2]。

1.2 物品名目标准化

政府在购买公共服务各项物品的过程中，相关物品的类型和名称甚至说明内容都需要实现标准化，按照政府购买预算、购买公告、购买数据等对物品名目进行标准化。物品名目将直接决定购买的范围和规模，各级政府在购买公共服务时必须结合实际情况和人民群众日益增长的公共服务需求来进行物品名目的确定，必须有效避免物品名目之间出现重叠。确定物品名目标准化是政府购买公共服务标准化的重要前提，能有效规范政府购买公共服务的行为。具体而言，物品名目的标准化主要涉及四方面的内容：其一，形式的标准化。与物品名目相关的格式内容、表达形式都需要按照规范的要求来制定。其二，类别的标准化。公共服务相关的物品名目、服务内容、管理内容、技术内容、辅助政府履职内容等都需要按照标准化的要求来分类。其三，名称的标准化。与物品相关的名称必须按照标准的术语来编写。其四，编码的标准化。与物品名目相关的代码必须进行标准的编制[3]。

2 政府购买公共服务标准化管理策略分析

2.1 健全法治体系

政府购买公共服务标准化的本质是在进行国家治理过程中逐渐强化法律法规的落实能力，必须坚持法治理念，强化法治体系建设。政府购买公共服务需按照国家规定准确落实。一方面，应该加快政府购买公共服务相关的法律体系建设。包括行政法规、地方性法规、相关规章制度等一系列法律文件，全面确保各级政府在购买公共服务时各项工作内容都能够受到法律的约束与保障。另一方面，应该全面提高政府购买标准化公共服务的法治建设。积极推进配套法律的修订工作，尤其是与标准化管理相关的办法、规定，确保各级政府在购买公共服务时按照国家指示要求进行标准化的有序推进；与此同时，也需要关注在进行政府购买公共服务标准化时加强各级法律法规、政策内容的引用程度，按照国家的指示要求，强化标准的制定，明确各方的职责与权利[4]。

2.2 健全标准体系

构建起标准的政府购买公共服务的体系，重点是要让政府在购买各项公共服务时能够按照有机、科学的整体来进行标准的构建，进而促进政府购买行为的协调性、理性与标准性，全面提高购买公共服务标准化工作的质量，引导政府购买公共服务能够按照有序的标准方向来逐一落实与开展。具体而言，健全标准体系作为政府购买公共服务的标准制定和实施的工作基础，主要内容包括标准化的制度、专业的术语、规范的数据。标准体系是政府购买公共服务时，应该达到的工作要求所制定出的各项标准内容的集合，包括政府购买公共服务的数量、质量标准、时间期限、任务要求、资金预算、购买形式、合同管理、流程控制、工作评价、改进方向等全部内容。与此同时，它也包括标准的保障体系，主要是指政府在购买公共服务时，所包含的各类设备设施、环保内容、安全内容、人力资源储备内容、财务与信息管理内容等，需要建立起严格的行业标准体系。对政府的购买行为进行规范建设，各个行业主管部门要按照各自的职责，主动建立起健全的行业标准，并积极参与行业标准修订工作[5-6]。

2.3 强化统筹兼顾

政府购买公共服务标准化建设涉及诸多社会管理领域和事项内容，必须按照统一的、综合的、体系化的观点，对购买行为所需要的各类资源进行管理控制，建立起专业的管理部门负责协调，全面促进统筹协调工作标准化的建设，避免政府购买公共服务标准化工作出现形式化、碎片化的情况。一方面，要着力将政府购买标准化的公共服务客观环境与基本公共服务、社会管理、政府采购等行为进行统筹化的规划联系，要全面提高政府购买标准化公共服务的客观环境，能够为国家各项改革工作提供协同性的服务，使其与各项改革工作发挥合力作用；另一方面，政府购买标准化的公共服务主观环境上，要强化内部控制能力。首先，加强组织领导。由各级政府行政首长负责领导，直接参与质量管理、财政控制、工商管理、民政管理等，实现全面化的标准建设，主动协调解决标准化进程中存在的各类矛盾冲突，尽力化解标准化过程中所遇到的问题。其次，各级政府部门也应该积极配合政府开展的标准化组织领导建设，要强化标准决策的制定，统一规范决策的执行与监管，动员社会各方力量，加强资源整合，注意吸纳行业协会、技术研发机构、优秀人才的广泛参与。积极调动政府资源和社会资源的优势，在标准化公共服务购买过程中，达到互相协作、互相促进的目的[7]。

2.4 培养人力资源

政府购买标准化公共服务也需要获得优秀人力资源的支持，要构建起具有专业技术、标准化知识体系的人力资源储备，能够更进一步推进政府购买行为的标准化建设。政府要结合时代发展环境，利用多种渠道多种方式来对人力资源进行培养与引导，就知识结构体系、知识能力素养两方面对人力资源进行标准化建设。首先，要强化教育规划的标准化建设。利用积极的规划态度，全面开展符合国家发展建设要求的标准化学历学位教育，积极汲取国外优秀的教育经验，提高教育领域的标准化水平，提高大众对国家标准化人力资源培养建设的认知，逐步落实并普及标准化教育，在全社会范围内营造出严格按照标准化开展工作的氛围。其次，强化政府购买行为。加强标准化建设，号召领域内的专家学者配合政府开展标准化的购买制度修订，建立起标准化专家库，引入并推进专家队伍建设，在制定标准化规划制度的同时积极听取专家的建议，促进我国标准化工作建设的科学化落实。最后，国家也需要加强政府购买行为过程中相关工作人员的标准化教育培训力度。重点要求工作人员充分掌握国家标准化相关法律法规的内容，对各类业务知识、基本原理、工作要求、技术标准等进行培训，建立起长效的培训教育机制，全面提高工作人员的职业能力[8]。

2.5 加大资金保障

通过资金保障工作，确保政府在购买公共服务时能够实现标准化的稳定推进。一方面，应该建立起多元化的资金准入制度。各级政府在进行财政预算时应该提高对于促进政府购买公共服务标准化建设时的资金保障力度，确保每年相关预算能够实现科学适当的增加幅度，保持预算程度与财力增长程度的匹配，确保公共服务需求能够得到及时的满足，条件允许的情况下应该积极吸纳社会及国外资本，构建起多元化的资金保障机制。另一方面，政府应该强化标准化研究资金保障力度，对各类发展战略标准修订体系建设等给予充分的研究投入。政府可以建立起标准化的研究基金，以此提高研发的资金保障水平。

总而言之，政府购买公共服务标准化将为我国公共服务提供全新的发展渠道，能够促进国家治理实现现代化，全面深化社会改革，促进政府发挥出更大的作用，各级政府应该提高对于购买公共服务标准化管理的重视，使购买公共服务这一政策发挥出真正的作用。

参考文献

[1] 张晶，张韧，张鑫，等．政府购买公共服务标准化管理研究［J］．标准科学，2019，000（011）：86-89.

[2] 朱亮亮．关于政府购买服务岗位规范化管理的研究与思考［J］．机构与行政，2019（5）：58-60.

[3] 崔佳柠，冯晓丽．新时代政府购买体育社会组织公共服务高质量发展研究［C］．第十一届全国体育科学大会论文摘要汇编，中国会议，2019.

[4] 汪锋．公共体育服务购买标准化的要素、困境与策略分析［J］．辽宁体育科技，2019，041（003）：8-13.

[5] 陈雪娟，余向华．政府购买公共服务的演进动因和实践反思：国际视野的比较与启示［J］．改革与战略，2020，36，321（05）：81-90.

[6] 刘彩云．政府购买公共服务的困境与优化策略［J］．中国集体经济，2019（28）：27-29.

[7] 黄珣．政府购买公共图书馆服务研究［J］．老区建设，2020（04）：65-70.

[8] 陈昕．从内部控制角度探析基层政府购买社会组织服务［J］．大众投资指南，2019，335（15）：245，247.

浅析标准化试点示范项目建设，助推产业高质量发展

潘盛南[1]　刘德强[1]　齐　凯[1]

（1. 威海市产品质量标准计量检验研究院）

摘　要： 近年来，我国各类各级标准化试点示范项目的建设面不断拓展，目前已建成农业标准化示范区、高新技术产业标准化示范区、农村综合改革标准化试点、新型城镇化标准化试点、循环经济标准化试点、服务业标准化试点、社会管理和公共服务综合标准化试点、旅游标准化试点等诸多类型的试点，有力地推动了标准的实施，促进和带动了产业发展。笔者在参与试点建设过程中深入研究，结合自身多年试点项目技术服务工作经验，现将一些心得体会综述如下，意在通过建设高质量的标准化试点示范项目，助推产业高质量发展。

关键词： 标准化；试点示范项目

很多标准化试点项目承担单位在获得标准化试点示范项目立项后常常不知从何入手，项目启动较晚，一拖再拖，有些甚至等到项目考核验收也尚未启动，错失了机会。现有的一些标准化技术机构数量少，起步晚，难以满足标准化项目的服务需求。各级市场监管部门之所以高频次举办公益性培训，其目的就是让标准化项目承担单位对标准化工作做到“知道、学会、弄懂、弄通”这四步。但是，真正从事标准化工作的人员都知道，标准化工作涉及的试点示范建设、标准制修订工作绝不是仅仅的几堂培训课就可以了。“标准化要靠企业自己来做”，这是我个人的观点。这里并非否定标准化技术服务机构的作用，而是为了明确标准化试点示范等标准化项目建设中的主次问题。标准化技术机构可以指导或者引导项目承担单位开展工作，但绝不能任凭承担单位对项目委托大包大揽，那样就失去了试点建设的真正意义。在此，我想从试点示范项目申请、项目建设及验收等涉及项目全过程、全事项谈起，希望能够给标准化试点示范承担单位提供模板式的参考和帮助。

1　标准化试点示范项目的申请及立项

首先对标准化试点示范项目定义进行解释。标准化试点是指在某些领域范围内利用标准化手段，建立标准体系，开展制定标准、实施标准的活动，以提升产品质量和服务水平，并对这种新的标准化模式和方法进行总结、推广。标准化示范是指将某些领域范围内的标准化试点工作中取得的成功经验在行业内推广，充分发挥试点典型的引领、辐射和带动作用。简单点说，试点就是为了探索新路，示范是为了树标杆。标准化试点示范是标准化工作的重要方式和手段。

每年国家标准委，省、市级市场监督管理部门会围绕重点发展领域，拟定立项范围，开展标准化项目征集工作。申报单位一方面可向属地市场监督管理局标准化相关部门咨询，或者查看国标委，省、市级市场监督管理部门的官方网站，一般在公告栏上都会发布标准化项目征集、立项等相关信息。承建单位根据自身的技术优势或服务特点，结合要申报的试点示范领域按照要求填写试点示范项目建设申请书。申请书一般包括单位标准化工作基本情况、试点主要任务、试点预期目标、工作方案和进度、保障措施、经济和社会效益等。所有事项的填写一定要围绕标准化工作开展，深刻领会标准化试点的目标和任务，结合自身的先进技术、服务优势及特点申报。总之在填写上述板块时始终要秉持一句话，就是“通过开展标准化试点示范建设，建立健全标准体系，依靠标准的实施应用，推动产业发展，实现经济与社会效益提升”。相关材料填写完毕后交由所在地市场监督管理部门，按照项目级别逐级上

报。现阶段试点分为国家级试点、省级试点、市级试点，立项成功后，由所在地的市场监管部门组织推进，由项目承担单位组织实施。

2 标准化试点示范项目建设

2.1 试点示范项目的启动

试点示范项目的启动阶段也叫活动策划阶段。项目承担单位首先应成立标准化工作机构，一般叫标准化管理委员会或者标准化工作领导小组。同时，应成立标准化工作小组，设立标准化工作办公室。多数承担单位的标准化工作办公室设立在行政办公室合署办公。要明确标准化委员会（领导小组）和工作小组以及标准化人员的职责。工作小组一般由单位领导亲自抓，以便能够实现政令畅通。要结合试点建设的目标任务，确定标准化工作的方针和目标，制定试点工作规划，编制试点建设实施方案。实施方案中的保障措施一般包括组织保障、技术（能力）保障、专项标准化工作经费保障、激励机制保障等。最后应召开启动大会，由承担单位最高管理者或最高管理者授权设立标准化管理者代表牵头召集全体人员或各部门负责人参加的启动大会，会上要明确各部门的分工，对目标、任务进行分解，并督办项目开展的落实情况。最后，应邀请专家开展标准化基本知识培训。试点承担单位要重视标准化专业人员的培养，多组织标准化相关人员参加标准化专业知识学习培训，获得标准化培训资质。

2.2 标准体系构建

（1）标准化工作分析。

项目承担单位从法规文件、行业发展、生产或服务对象、相关方需求、产品或服务特点等方面进行标准化现状分析，明确生产或服务组织的发展定位，确定标准化对象。分析、调查、清理工作必须由各部门共同完成。在调查分析的基础上，各部门应提出制定、修订、收集标准的报告，汇总给标准化职能部门。标准化职能部门根据各部门的清理情况，为编制标准体系表打下基础。

（2）文件的收集、分析和处理。

项目承担单位开展文件搜集工作应按照以下几个方面进行。

① 相关的法律、法规、部门规章、上级规定；

② 适用的国家、行业、地方标准及授权使用的团体标准；

③ 组织内部现有的管理制度；

④ 组织已建立的管理体系文件；

⑤ 组织内部标准（企业标准）。

对上述文件的分析和处理应考虑文件本身的时效性、科学性、完整性，文件对组织的符合性、适用性，文件之间的协调一致性。

（3）标准体系文件的编写。

承担单位根据标准化工作分析，对照标准体系构建要求，梳理生产加工或服务工作流程，按照标准文件制定、修订程序，制定、修订标准，完善标准文件，要秉持“程序简，效率高，服务优，管理无缝衔接”的原则。没有上级（国家、行业、地方、团体）标准的，或者上级标准不能满足的，应制定组织标准，即企业标准。标准文件的编写应遵守现行《标准化工作导则 第1部分：标准化文件的结构和起草规则》（GB/T 1.1）的规定。生产加工或服务工作流程的梳理应编制流程图，注意细化工作环节和节点，从而发现标准“盲点”，根据需要制定“缺失”的标准。标准的制定一定要全员参与，按照标准的制定程序和作用规律开展标准制定工作，同时注重标准间的一致性。

（4）构建标准体系框架。

根据标准体系构建要求，编制标准体系编制说明、标准体系明细表、汇总表和统计表，构建试点示范承担单位标准体系结构图。服务业、社会管理和公共服务综合标准化试点示范参照《服务业组织标准化工作指南》（GB/T 24421）系列标准构建；政务服务中心标准体系构建参照《政务服务中心标准化工作指南》（GB/T 32170）系列标准；高新技术产业、循环经济领域参照《企业标准体系》系列标准（GB/T 15496、GB/T 15497、GB/T 15498）构建；农业标准化试点、示范区建设要结合现行《国家农业标准化示范区管理办法（试行）》、《农业综合标准化工作指南》（GB/T 31600）、《农业综合标准化示范区建设指南》（DB37/T 2750）（限山东省省级试点项目），围绕着技术标准、管理标准、工作和操作标准构建；新型城镇化标准化试点按照《新型城镇化标准化试点项目管理办法（试行）》文件中提及的领域开展标准体系构建，以及现行《新型城镇化标准化试点建设与验收指南》（DB37/T 3468）（限山东省省、市级试点项目）；美丽乡村标准化试点按照现行《生态文明乡村（美丽乡村）建设规范》（DB37/T 2737）（限山东省省、市级试点项目）、《美丽乡村标准化试点建设与验收指南》（DB37/T 3467）（限山东省省、市级试点项目）构建，其他省市按照当地市发布的美丽乡村相关标准构建。上述相关文件或标准的索取途径可向所在地市场监管部门索要。很多省、市市场监管部门打造了公益性标准化服务平台，如济南市标准化公共服务云平台，其标准文本基本已向社会免费开放，可从这些公益性的平台索取。对于一些新领域的标准化试点在构建标准体系时，一定要参考国家、省、市出台的相关文件，深入研究，结合自身特点搭建适合自身发展和需求的标准体系。

（5）标准体系发布。

体系建成后，试点承担单位要行文发布标准体系实施令，号召全员宣贯培训、组织学习应用。标准体系实施令标题一般为“关于发布实施×××标准体系的通知”。

2.3 标准宣贯与实施

标准体系发布实施后，试点承担单位开展体系内标准宣贯要做到全员参与，标准体系与标准培训、标准实施和应用相结合，提升整体标准化意识，重点突出，指向性强。在标准宣贯工作中应秉持“便捷、易懂”的原则，多样化开展。传统的标准宣贯一般采取集中学习标准化体系文件的方式，或将体系文件印制成学习手册向员工发放。部分标准化工作基础较好的承担单位采取将标准“打碎、分解”的方式，定向地针对性宣贯，效果较好。为服务社会各方的标准需求，推动国家标准有效实施，国家标准化管理委员会于2020年5月29日发布《国家标准化管理委员会关于利用标准云课平台进一步做好国家标准宣贯工作的通知》（国标委发〔2020〕27号），决定利用标准云课平台，进一步做好国家标准宣贯工作。可以说这一举动对标准宣贯的信息化、视频化建设而言，是个良好的开端。在信息化、智能化高速发展的当今社会，传统意义的标准宣贯已不能满足需求，标准的“可视化”发展必然是今后标准宣贯的主流。现如今，国内的某些知名企业已经将工作和操作标准拍摄成微视频，员工可利用手机对标准进行学习，实现了标准宣贯的“可视化”。标准操作规程视频方便培训新员工，且视频资料便于存档，员工可以随时查看，随时解决问题。标准的“可视化”建设应作为今后国家标准委、市场监管部门重点扶持的重要举措，努力打造优质好用的可视化标准，以助推质量全面提升。

实施标准前应先制定实施计划，明确负责实施的部门，制定标准实施的措施。标准实施应覆盖到生产、经营和服务的全过程、全部门。在标准实施过程中要做好记录并留存照片。

2.4 自我评价与改进

应成立评价机构，制定评价方案，明确评价范围、评价程序与方法。标准化试点示范承担单位自我评价工作要覆盖所有部门、所有条款，并按各行业相应试点管理办法及评分表逐项检查，最后形成自我评价报告。评价一般围绕标准的有效性和符合性评价、标准实施效果评价、标准体系整体评价。承担单位应对照评价报告，对存在的问题进行分析，制定改进的内容、方法、措施，并对改进过程的有效性进行认定，需要时纳入标准体系固化持续实施。应根据生产加工或服务与需求变化，采用“循环管理”方法，适时评价，持续改进。

3 申请评估及验收

承担单位应本着实事求是的原则开展自我评价并按照评估计分表对项目建设工作打分。分值达到要求后准备标准化试点评估申请表、试点示范项目建设工作总结（含自评情况）、试点工作总结汇编材料（验收手册）向所在地市场监管部门逐级递交，需同时呈报验收材料的电子版和纸质版。

准备的标准体系方面的验收资料应包括：结构图；标准明细表；标准统计表；标准文本汇编（或标签明确的盒装档案）；法律、法规、政策列表；编制说明等。其他相关材料应包括：正式发布的文件（组织机构、方针和目标、规划和计划、试点方案、标准化管理办法等文件）、宣传（方案、照片、视频、材料）、培训（教材、人员、考试试卷或实际操作记录）、记录（标准实施关键点记录、监督检查记录）、统计（实施效果统计分析）、PPT 汇报、宣传片。现场验收准备应注意所有人员的标准化意识、标准文件与现场的符合性、现场标准化痕迹（标准化宣传标语、展板看台等）。整个验收准备工作应做到岗位有标准、人员知标准、操作按标准、环境达标准、记录依标准。

制造企业标准化良好行为建设模式分析

亓　宁[1]　吴旭霞[1]

（1. 高质标准化研究院）

摘　要： 企业标准化良好行为建设的本质为建立健全企业标准体系。契合不同企业实际情况的标准体系构建与运行机制是企业标准化建设的关键。本文以山东汉欧生物科技有限公司标准化良好行为建设为研究对象，从企业的实际情况出发，构建了以生产标准为主线、岗位标准为支撑、管理标准为保障的制造企业标准化建设模式，强化生产标准与岗位标准的基础作用，突出管理标准的保障作用，提高企业标准化建设的可操作性。本建设模式在企业标准化建设中成功应用，并有效地提高了企业标准化建设效率与建设效果。

关键词： 标准化；制造企业；标准化良好行为；建设模式

Analysis of Good Standardizing Practice Construction Mode in Manufacturing Enterprises

QI Ning[1]　WU Xu-xia[1]

(1. Great Institute of Standardization)

Abstract: The essence of good standardizing practice is to establish and perfect the enterprise standard system. The construction and operation mechanism of the standard system in accordance with the actual situation of different enterprises is the key to the construction of enterprise standardization. Based on the actual situation of the enterprise, this paper took the construction of good standardizing practice of Shandong Hanou Biological Technology Co., Ltd as the research objective, and constructed the standardization construction mode of the manufacturing enterprise, which took the production standard as the main line, the post standard as the support and the management standard as the guarantee. This construction mode strengthens the role of production standard and post standard, unifies the auxiliary role of management standard, and improves the operability of enterprise standard construction. This construction mode has been applied in the enterprise standardization construction, and has effectively improved the efficiency and construction effect of enterprise standardization construction.

Keywords: standardization; manufacturing enterprises; good standardizing practice; construction mode

1　引言

标准化建设是企业管理必不可少的工作，是全面提高企业素质的重要条件，是落实高质量发展的关键一环，而标准化良好行为是企业标准化建设的有效评价，其结果是企业标准的高水平的体现。

标准化建设随着社会与技术进步不断发展，是社会与技术发展的可控推动力。随着技术水平与市场的发展，标准化良好行为的评价模式亦并非一成不变，而是逐渐完善与适应。2004年，国家标准化管理委员会首次组织实施标准化良好行为创建与确认，并于2017年发布了企业标准化“新版标准”，根据新形势扩充了新的标准体系内容、结构与评价准则、等级，对企业标准化建设提出了新的要求，确立了企业的主体地位，提高了标准体系构建与分类的适应性、科学性[1-3]。为了使企业的标准化建设更具科学性，更贴合企业的发展，随着技术的进步，标准化良好行为构建应更具创新性与适应性，多种理论、方法与技术应用于标准化良好行为的构建过程中[4-8]，例如“1＋4＋1”构建方法、信息化技术的应用等，进一步促进了企业标准化建设的发展。

企业标准体系是标准构建与运行的路径，不同企业特点不同，其体系构建方式也不同。以《标准体系构建原则和要求》（GB/T 13016—2018）为基础，在保证普适性的基础上，各个行业的适用性存在差异，因此各个学者不断开展不同行业的标准体系构建研究[9-12]。对于制造企业标准体系建设，多数学者均认为应以生产为切入点，以产品标准为本原，应用先进的思维与工具，抓住生产关键环节，并与管理体系进行有效结合，提升标准化体系建设的效率[13-16]。

综上所述，制造企业标准化良好行为的构建应以标准体系构建为基础，并遵循科学性、创新性的原则，突出构建方式对企业实际情况的适应性，显示行业特点，实现企业的发展。基于此，本文以山东汉欧生物科技有限公司标准化建设项目为研究对象，基于企业的实际情况，提出了适用于制造企业标准化建设的模式。企业可参照此建设模式，成功地完成标准化良好行为的构建。

2 企业标准化现状分析

2.1 企业概况

山东汉欧生物科技有限公司成立于2016年，主导产品为宠物干粮、宠物罐头、宠物火腿肠、宠物冻干等，市场占有率达到15％，陆续通过了ISO 9001、BRC、ISO 22000等认证，是我国宠物食品领域最具发展潜力和市场竞争力的现代化生产企业。

2.2 标准化现状

公司标准化现状分析主要从组织机构情况、标准体系建设情况、管理体系建设情况、管理制度情况四个方面进行。

（1）组织机构情况：目前公司组织机构按照生产流程设置了6大中心部门，与公司业务流程基本相适应，组织结构明确，将标准化工作放在品控部，未单独设置标准化部门。

（2）标准体系建设情况：企业在各级认证过程中已在各工作环节制定了较为细致的规范和标准，但未建立起完整的标准体系，基于公司战略和市场需求，迫切需要规范化发展，开展标准体系建设，做到企业各项事务有章可循。

（3）管理体系建设情况：公司已通过ISO 9001质量管理体系认证和ISO 22000食品安全管理体系认证，开展了安全生产标准化建设，与母公司帅克集团同步进行精细化建设，同时在申请山东省级“节能减排标准化试点”建设，积极做参与“企标领跑者”评选的准备工作。拥有标准化的生产作业规程。对各体系的标准文件，在建设标准体系时可直接纳入或者修订后纳入。

（4）企业管理制度情况：公司开展了内控管理，制定了部分管理制度，这些制度在建立标准体系时，应纳入标准体系，转化成相应的标准文件。

综上所述，企业具有一定的标准化建设基础，应充分发挥其优势，重视生产过程的标准化，将相关的管理体系的标准文件及管理制度转化为标准，并纳入标准体系中。因此标准化良好行为建设过程中建立的标准体系需要突出生产标准化的重点且具有较好的管理体系接口，以提高标准化建设的效率与效果。

3 制造企业标准化建设模式分析

3.1 标准化良好行为评价体系分析

企业标准化建设依托于《企业标准化工作 指南》（GB/T 35778—2017）等5项国家标准，构建标准化体系并实施；而标准化良好行为评价是对企业标准化工作、企业标准体系以及体系运行的效果是否符合《企业标准化工作 指南》（GB/T 35778—2017）等5项系列国家标准而实施的第三方评价活动。企业标准化良好行为建设过程包含构建、运行、评价改进三个阶段，是一个不断螺旋上升的动态过程，可构建以相关方需求与相关标准为前提条件、标准体系构建与运行为基础内容、评价为推手的企业标准化良好行为评价螺旋模型，展示了整个标准化良好行为评价的动态提升过程与关键环节，见图1。

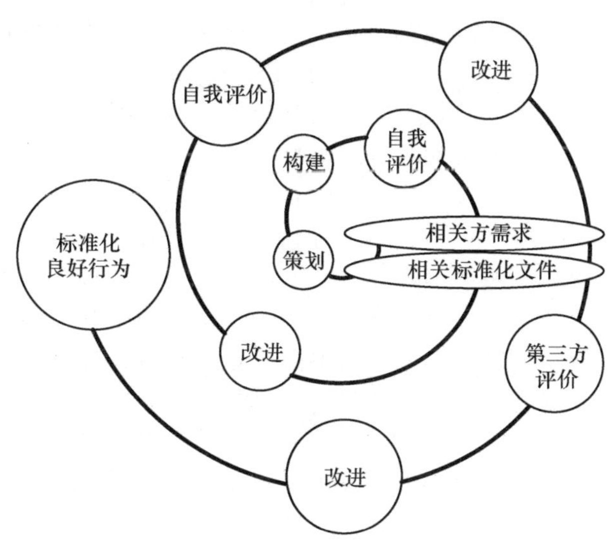

图1 企业标准化良好行为评价螺旋模型

从图1可以看出，企业的标准化自评是推动标准化水平不断提高的关键；而作为企业标准化评价直接体现的自评分数，分析其重点评分项，能筛选出关键步骤，发现重点不足之处，提高标准化建设的效率。评价分数以300、350、400、420、430为限，划分为五个等级，依据《企业标准化工作 评价与改进》（GB/T 19273—2017）中附录C企业标准化工作评分表的要求，其分值分布见图2。从中可以看出，标准体系的构建与运行分别占基础分值的47%与36%，进一步说明了企业创建标准化良好行为关键内容为建立健全企业标准体系。因此，研究企业如何有效建立标准体系并推行，是分析企业标准化良好行为建设模式的关键。

3.2 制造企业标准化建设模式分析

为实现企业标准化良好行为的有效建设，在标准化评价模式的基础上进行标准化建设模式的优化。标准化建设以提高产品质量、创立行业品牌为目标，系统化、重点突出的标准化体系能更有效地提高企业管理水平，增加生产效益。对于制造企业而言，产品标准为重点，标准化体系的构建应以产品的生产过程为主干，优化流程，统一管理，强化各阶段连接，保证到用户手中的产品能实现完整回溯，提高产品质量，保证消费者利益，提高企业社会影响。

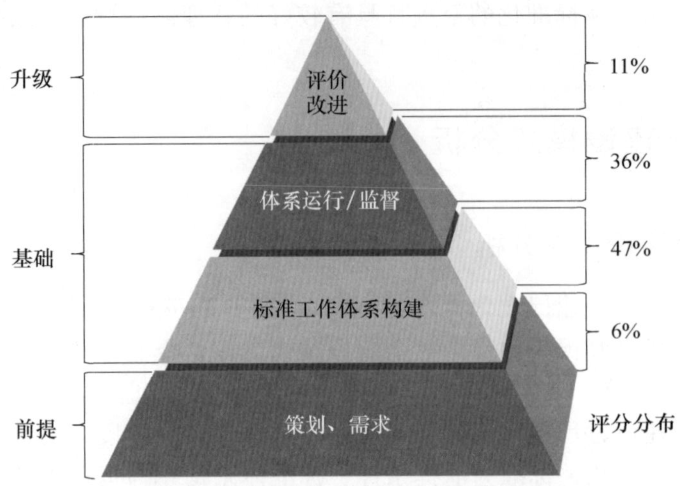

图 2　企业标准化良好行为分值分布图

本文分析总结了山东汉欧生物科技有限公司的生产情况与标准化现状，提出了以生产标准为基础的建设模式。该标准化建设模式以采购—加工—储运—销售四个生产板块的标准化为基础，以岗位标准为支撑，以管理标准为保障，指导企业的标准化建设，其结构见图 3。

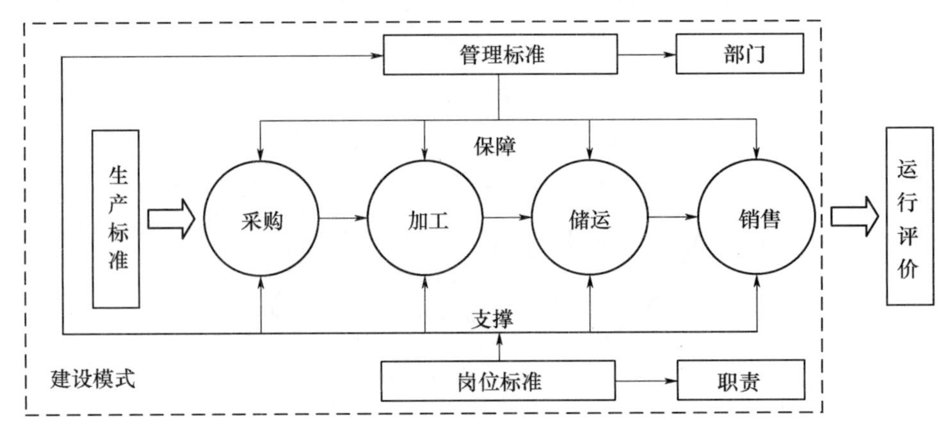

图 3　制造企业标准化建设模式图

该建设模式以山东汉欧生物科技有限公司实际的生产过程为主要依据，添加管理标准模块，作为整个构建模式的保障。其以部门为划分依据，包括标准化、规划计划、行政、财务、研发、产品、人员、安全、环境能源九个管理子模块，可以与其他管理体系直接转化对接；不同部门的管理人员负责各个管理标准子模块的标准制定与运行。

制造企业生产过程是各岗位相互串联在一起的，各司其职，并相互关联，因此该建设模式突出了岗位标准对生产标准与管理标准的支撑作用，直接对接各个管理与生产阶段标准，明确岗位职责与标准化操作流程，保证施工的标准化。

生产标准模块按照采购、加工、储运、销售的实际产品生产流程划分模块，简化了构建的流程，保证标准制定与运行的全面性；由于山东汉欧生物科技有限公司为宠物食品生产企业，其原料采购的质量将直接影响其产品的质量，因此突出了采购在生产标准模块中的关键作用，并将研发与质量检测放置于管理标准模块中，突出其保障属性。

该建设模式能有效保证企业标准化建设目标的明确性，使企业全体人员更容易了解整个标准体系的内容，熟悉与自己相关的标准，使管理者能更有效地把握标准化建设的方向。同时，本建设模式是对《企业标准体系　要求》（GB/T 15496—2017）所提标准体系构建方式的重新分类，因此两者可以相互转化，形成导流图，从而构建企业特色的标准体系，见图 4。

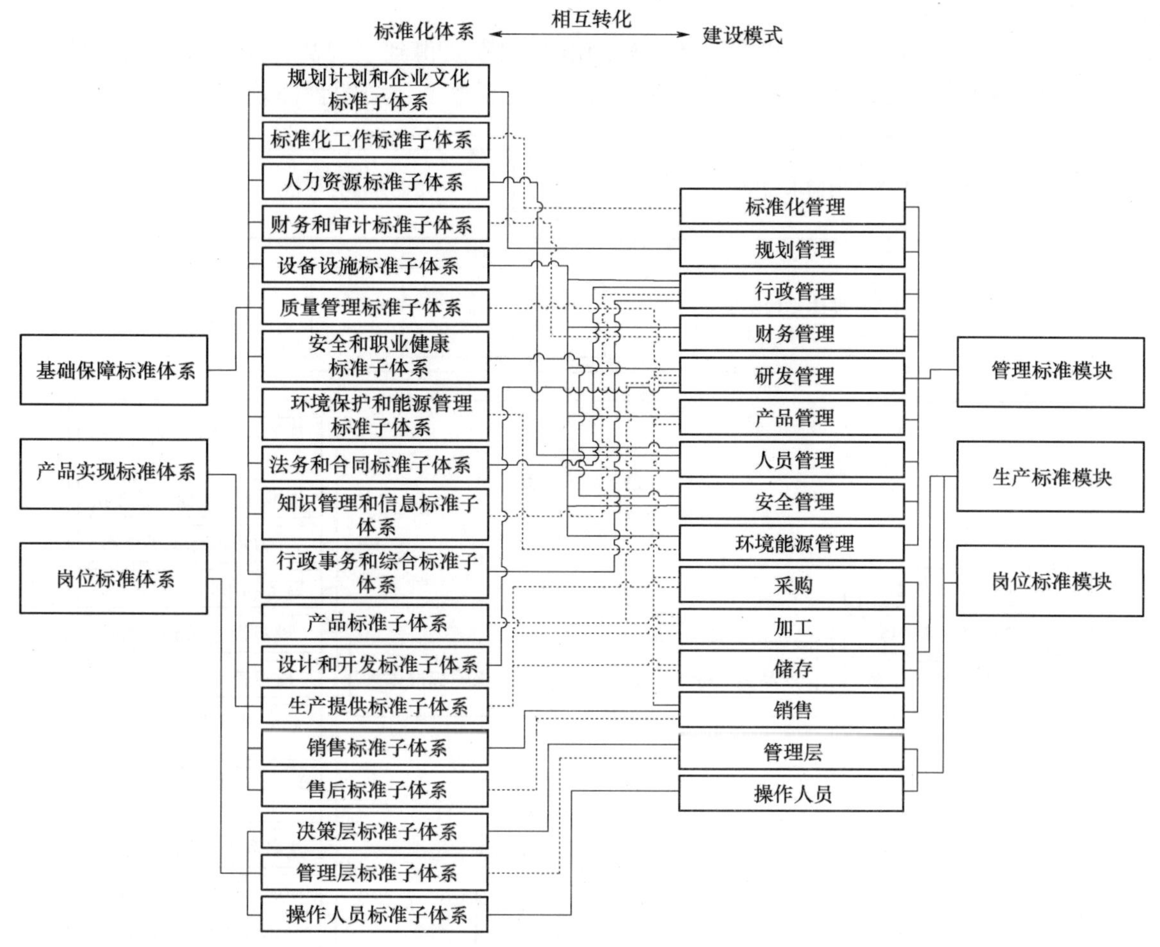

图 4　制造企业标准化构建模式导流图

与直接建设标准体系结构相比，以生产标准为主体的标准化构建模式，更能突出制造企业产品为先、供应链为基础的特征；其分类更少，结构更为明确，产品的质量通过生产过程能有效回溯，保证产品的质量；该构建模式虽然通用性不足，但对制造企业而言，能有效地突出其特点。

4　应用效果

山东汉欧生物科技有限公司参照图 3 的建设模式推动了标准化建设工作，按照生产流程、管理与岗位三个标准模块进行标准的撰写与转化，并参照图 4 进行标准体系转化，形成了特色的标准体系。

转化后，标准体系按层次结构划分为相互关联的两层结构，见图 5。第一层为产品实现标准体系和基础保障标准体系。产品实现标准体系包含 99 项标准；基础保障标准体系包含 210 项标准。第二层为岗位标准体系，包括决策层标准子体系、管理层标准子体系、操作人员标准子体系，共 42 项标准。

经过标准化建设，企业取得了较好的效果，顺利通过了 AAAA 级标准化良好行为的评审，并取得了建设成效。

(1) 完善了生产加工基础设施配套建设，以智能化、自动化生产为目标，不断完善生产标准，产品质量显著提高，实现了营业额和利润的快速增长。

(2) 标准化建设优化了企业生产建设，系统提供了部门衔接的技术方法，助力公司内外获得了良好的社会效益。

（3）公司员工通过参与标准化建设，其自身的能力和素质得到了提高；通过简单明了的分类使员工能有条不紊地从事自己的工作，优化了管理体系，提高了整个公司的管理效益。

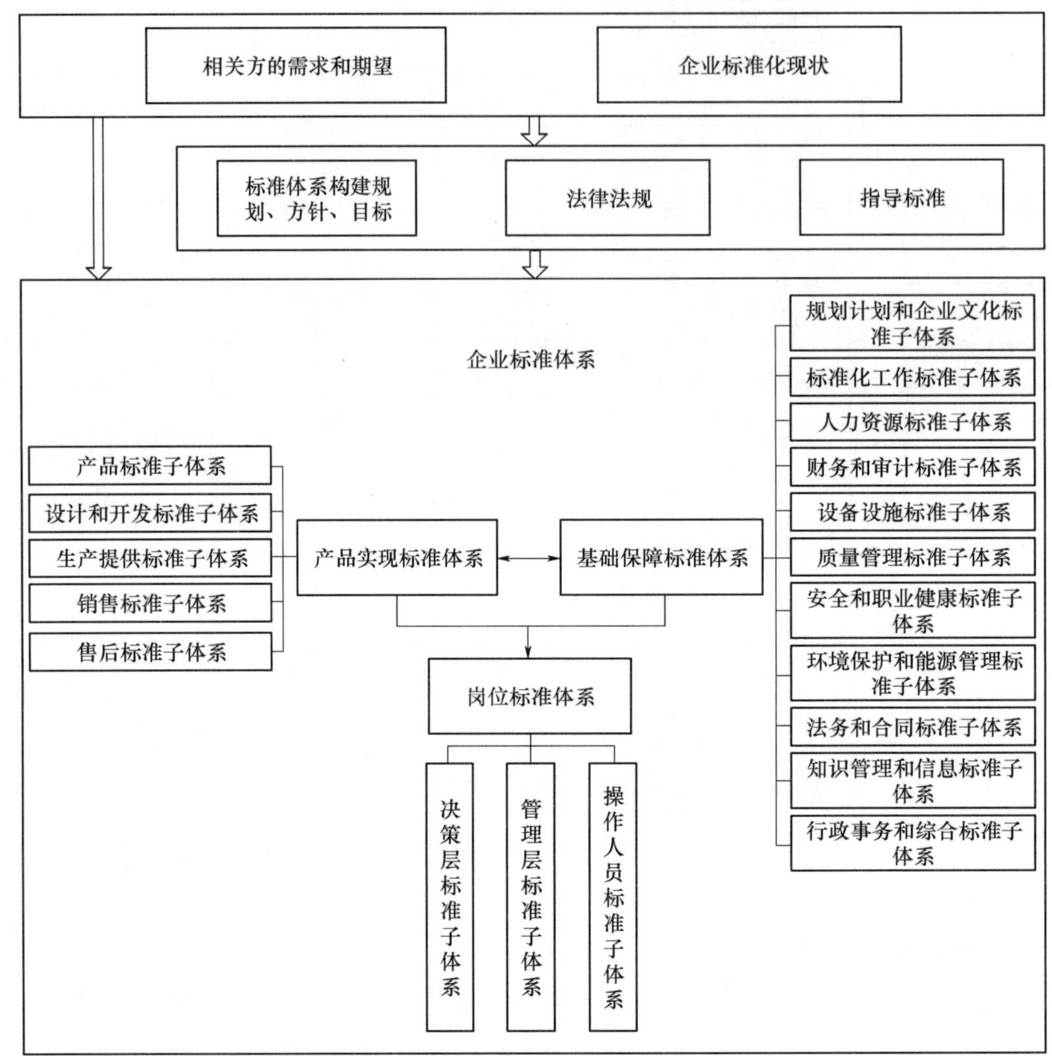

图5　企业标准体系结构图

5　结论

本文以山东汉欧生物科技有限公司标准化建设为研究对象，以标准为基础，依托于企业的实际情况提出了标准化良好行为的螺旋评价模型，并在此基础上提出了以生产为基础的制造企业构建模式。本文得到以下结论，供各位研究者补充指正。

（1）制造企业标准化良好行为应以标准为基础，并按照企业的情况展开建设，并遵循科学性、创新性、适用性的原则。

（2）企业标准化良好行为的构建过程是一个不断螺旋上升的动态过程，而企业的标准化自评是推动标准化水平不断提高的关键；其建设的重点为建立健全企业标准体系。

（3）以生产标准为主体的标准化构建模式，更能突出制造企业产品为先、供应链为基础的特征；其分类更少，结构更为明确，产品的质量通过生产过程能有效回溯，保证产品的质量。

参考文献

[1] 马百彦，黄青．新版企业标准体系对标准化良好行为企业创建活动的影响［J］．中国标准化，2020（04）：139-143，156.

[2] 甘江林．新旧版企业标准化体系融合下标准化良好行为构建［J］．中国标准化，2019（19）：89-93.

[3] 郑霞，鞠鹏．完善标准体系建设推进企业标准化落地的思考［C］//山东标准化协会．2012年度标准化学术研究论文集．山东省科学技术协会，2012：4.

[4] 应仁爱．中小企业创建标准化良好行为有关问题研究［J］．中国质量与标准导报，2021（02）：68-70.

[5] 冯曹冲，陈文君，吕胜男，等．标准化良好行为评价新模式的浅析［J］．中国标准化，2020（13）：47-50.

[6] 陈本峰，冯帝文．“标准化良好行为企业”的实践与创新［J］．石油工业技术监督，2019，35（06）：38-42，46.

[7] 李韶瑜．对创建标准化良好行为企业的思考［J］．中国标准化，2017（14）：35-36.

[8] 余爽．整合型标准化良好行为企业的创建设计与实践［J］．企业管理，2016（S1）：392-393.

[9] 杨赛青，赵中涛，邹妍．标准化改革助力惠民绳网产业释放发展新活力［C］//中国标准化协会，郑州市人民政府．第十六届中国标准化论坛论文集．中国标准化协会、郑州市人民政府，2019：5.

[10] 孟雪华，程鸣．养老服务业标准化体系发展分析及思考［J］．中国标准化，2021（11）：90-93.

[11] 范常荣．化工企业质量管理与标准化体系建设的协同发展［J］．化工管理，2021（11）：54-55.

[12] 王超．论城市轨道运营企业标准化体系建设［J］．企业科技与发展，2021（01）：182-184，187.

[13] 王矛，王洋，刘晶，等．制造业重点领域标准体系建设研究［J/OL］．中国工程科学：1-9［2021-06-16］．http：//kns. cnki. net/kcms/detail/11. 4421. G3. 20210615. 1142. 016. html.

[14] 肖永舒．浅析机械企业标准化体系建设研究［J］．机械工业标准化与质量，2020（09）：47-50.

[15] 朱斌，郑华婷，陈惠玲，等．装备制造业企业标准体系构建及标准化研究［J］．中国标准化，2020（02）：72-76.

[16] 丁锋．构建标准化格局是我国智造业发展的“引擎”［J］．中国质量技术监督，2019（03）：56-60.

强化水资源标准化措施，助力节水典范城市建设

——以济南市新旧动能转换起步区为例

邱振涛[1]　安丰柱[1]　邓　波[1]　马　莉[1]　陈丹月[1]

（1. 山东国家标准技术审评中心）

摘　要：水资源保护是我国环境保护的重要内容之一，关乎民生。水资源的粗放型利用滞后了城市的发展，城市节约用水标准化建设是山东省公共领域标准化工作重点之一。本文通过资料收集、电话访问、实地调研等方式，了解济南新旧动能转换起步区（以下简称“起步区”）水利保护开发及集约用水情况，研究分析了标准覆盖情况及节水标准化建设基本情况，深入剖析了节水标准实施中遇到的问题，提出了下一步加快标准化建设、推进节水领域标准化高质量发展的工作建议。

关键词：节水型标准化起步区实施效果评价

A Case Study on Water Resources Standardization Measures to Build a Model City of Water Saving

QIU Zhen-tao[1]　AN Feng-zhu[1]　DENG Bo[1]　MA Li[1]　CHEN Dan-yue[1]

(1. Shandong National Standards Technical Review and Assessment Center)

Abstract: Water resource protection is a significant component of environmental protection and is related to people's livelihood. Extensive utilization of water resources lags behind urban development. Standardization construction of urban water conservation is one of the key points of public domain standardization in Shandong Province. In this paper, by means of data collection, telephone interviews and field research, combined with the practice of water conserve protection and intensive water use in Jinan's starting area for the replacement of old growth drivers with new ones (hereinafter referred to as the "starting area"), the coverage of standards and the basic situation of water-saving standardization construction are studied and analyzed, and the problems encountered in the implementation of water-saving standards are deeply analyzed. We put forward suggestions for speeding up standardization construction and promote high-quality development of standardization in the field of water saving.

Key words: Water saving, Standardization, Starting area, Evaluation of water-saving standardization

济南泉水资源丰富，历史上围绕泉水产生了诸多典故，别名“泉城”。但济南的水资源并不乐观，人均水占有量远落后于国家平均线。随着国民经济的发展，济南高质量发展绕不开资源性缺水问题，打造节水友好型城市，发展新旧动能转换起步区，讲好节水故事是济南实现高质量发展面临的又一课题。

强化水资源标准化措施，有利于加快新旧动能转换起步区高质量发展[1]，有利于优化济南市内黄河流域生态环境。本文将对节水领域标准化工作进行深入研究和探讨。

1　节水领域标准化基本情况

山东省委省政府大力推广《国家节水行动方案》，积极开展水资源节约举措，倡导节水型城市发展理念。2018 年 2 月，山东省政府颁布《关于修改〈山东省节约用水办法〉等 33 件省政府规章的决定》，确定工业、农业、居民生活用水定额管理制度，严格追溯违约法律责任，从而有效提升水资源利用效能。2020 年 2 月，山东省工信厅及多家单位共同展开 2020 年重点用水企业水效领跑者遴选工作。2021 年 5 月，济南市政府已经出台《济南节水典范城市建设方案》，从顶层设计构建节水型社会，建设节水型国家新区。

1.1　国家层面标准化措施

为配合国家政策落地，全国节水标准化技术委员会（TC442）等机构先后出台《节水型企业评价导则》（GB/T 7119—2018）、《公共机构节水管理规范》（GB/T 37813—2019）、全国节约用水办公室起草《企业用水统计通则》（GB/T 26719—2011）等节约用水标准文件，国家标准《用水节水术语》（20192228-T-469）已进入审查阶段，以上文件为企事业单位节约用水提供了有力抓手，让全社会节水型城市建设的积极性、创造性有章可循。

1.2　山东省节水标准化工作

山东省始终重视水资源保护标准化工作，加快水利标准项目立项，通过标准化工具，为节水保护提供有力抓手。按照标准实施程序，加大节水监管，水资源开发先论证保护性措施及风险。2015 年山东省住建厅参与《城市节水评价标准》的标准编写工作。2020 年 2 月，山东省出台地方标准《山东省城市公共供水服务规范》（DB37/T 940—2020），将节约用水标准作为水利资源环境保护法规的通用工具，从供水质量、节约用水、供用水设施维护等角度详细阐述了城市供水相关服务要求。山东省市场监管局先后发布《水污染源在线监测系统运行维护技术规范》（DB37/T 4079—2020）、《水资源监控设施运行维护规范》（DB37/T 4356—2021），形成较为完善的节约用水的地方标准体系，充分发挥地方水利标准的有效性、先进性，成为国家节水标准体系的重要构成要素。

1.3　山东省节水标准化成效

水资源是山东省重要基础性、支撑性发展要素，实行总额控制、标准化管理，优化三级政府水文管理体系，加大标准实施力度，督导节水标准落地，通过标准工具使节水措施在提升浇灌效能、减少废水排放、降低居民用水损耗等领域取得显著成效。国家级节水型城市中，山东省有 22 个城市达标，总数居全国第一，全省 16 个设区市全部达到国家节水型城市标准[2]。

2　节水标准化推广实施难点

随着标准化项目的推广，禁止高耗水名录项目立项，施行水资源论证等措施。山东省在水资源保护性开发方面取得了一定成效，同时也发现一些环节存在阻碍。

2.1　节水标准发展不平衡

节水标准发展不平衡表现为区域差异、行业间节水能效差异明显。地区间标准执行力度存在差异，农田灌溉等水资源集约措施实施效果不明显，工业废水排放约束激励机制执行力度不足，区域间产业结构不同，化工、印染等行业耗水量、再生水利用、污水排放等环保压力大。

2.2 节水领域标准实施效果评价样本过少

标准追溯执行力度有待加强。节水领域标准化创新程度不足。标准意味着秩序、话语权，但企业参与制定节水降耗、生态环保领域团体标准和行业标准的意愿不高。

3 标准化助力起步区高质量发展的对策建议

3.1 加速水资源各级标准的融合，进一步提升起步区经济发展质量

立足于《济南新旧动能转换起步区建设实施方案》，依据山东省现有水利资源数据，节水与发展并重，将水资源保护性开发作为城市开发原则之一，进一步引导农业灌溉、钢铁业、造纸业等领域推广标准化理念。坚持结果导向，以标准化实施监控倒逼产业节水转型升级，不断健全标准化管理与服务机制，给节水领域各层级标准实施搭建舞台，助推起步区高质量发展。起步区建设，节水先行，标准化、规范化用水坚持“取、供、用、耗、排”全程监控，加大执法监督力度。

3.2 加快标准制修订流程，树立节水型导向先行区样板

在《2021年国家标准立项评估指南》（国标委发〔2021〕3号）标准体系建设指南框架下，水利科学研究院为山东节水标准提供技术支撑，与山东国家标准技术审评中心等单位协同一致，促进新型节能环保技术、产品的标准立项，缩减标准评估周期，加快标准的制修订。积极开展《山东省城市公共供水服务规范》（DB37/T 940—2020）、《小麦测墒补灌节水高产栽培技术规程》（DB37/T 3952—2020）、《畜禽节水饲养工艺技术规范》（DB37/T 3978—2020）等环保领域地方标准实施效果评价，汇集标准在经济、社会、生态层面创造的附加效益数据，以起步区节水标准化实践为样板，建设集约用水国家新区新典范，探究标准工具推动城市发展新模式。

3.3 实施环保领域标准化效果评价，形成起步区节水标准实践信息响应制度

积极推进起步区节水领域实施效果评估，形成实施效果评价报告，作为下一步标准制修订重要依据和参考，下一步将扩大生态环保标准实施效果评价范围，畅通标准实施信息反馈渠道，解决部分标准内容超期等问题，切实保障先进标准及时发布。起步区开发强化标准监管，坚持各生态要素统一管理、协调开发，通过标准实施论证生态环境承载能力。

3.4 积极推进节约用水市场化运营

推进合同节水管理，初期采取措施吸引外部资金，中期统一施行节水技术改造，后期共享节水收益，形成收益闭环。优化节水单位标杆企业评价标准，开发节水积极性，鼓励阶梯用水方案，通过财税减免、补贴等措施，探索节水激励政策，培育高标准节能环保企业[3]，充分调动市场各主体节约用水潜力。

4 创新保障集约挖潜，全面推进起步区高质量发展

创新是标准的内在要求，是节能降耗的重要驱动力，创新考评机制，加强节水降耗标准化建设。加大对节水标准化领域科研立项和评奖的支持力度。完善以标准成果为导向的审核、评估程序，提高节水创新成果的标准转化效率。制定水资源保护开发“十四五”规划，从桑梓店、太平等地雨洪资源利用、水资源调配项目等入手，倡导生态文明理念，推广节水型生活方式，讲好市内黄河流域保护开

发新故事，保护小清河等水系自然环境，创新水资源集约利用模式，高起点实现起步区人与自然相互依存、和谐发展。

参考文献

[1] 中华人民共和国国家发展和改革委员会．国家发展改革委关于印发《济南新旧动能转换起步区建设实施方案》的通知（发改地区〔2021〕645 号）[A]．

[2] 省节水办．山东省召开节约用水“十四五”规划编制工作座谈会报告 [R]．[2019-12-13]．

[3] 济南市政府．关于补充完善全市 2021 年工作部署若干措施的通知（济政字〔2021〕36 号）[A]．

落实“三重一大”决策制度的标准化实践

宋永泉[1]　王雪艳[1]　董　斌[1]

（1. 山东省粮油检测中心）

摘　要：中共中央关于加强对“一把手”和领导班子监督的意见，强调破解对“一把手”监督和同级监督难题，必须明确监督重点，压实监督责任，细化监督措施，健全制度机制。过去，一些单位在决策中往往存在盲目性和随意性的倾向，有些单位领导存在严重的自我意识，缺乏民主意识，不顾集体思想和团队意识，硬拍板，极易造成决策上的失误和方向上的偏差，不仅给单位造成经济损失，也让制度架空。领导权力没有监督和制约，就会滋生腐败。“三重一大”制度原有的严肃性和权威性我们如何去维护？“三重一大”制度的执行如何落实？“三重一大”制度如何实现时时生效，处处生威？首先要确保“三重一大”制度执行流程的标准化。标准就是目标，标准化就是给各单位领导班子“一把手”指明方向。将领导班子落实“三重一大”制度的标准化流程情况作为监督的切入点，非常可行。本文主要论述了“三重一大”的基本概念，“三重一大”所涉事项决策的形式、程序、方法及监督，“三重一大”决策制度的标准化流程等内容。

关键词：三重一大；标准化；决策制度；流程

1　引言

《中共中央关于加强对“一把手”和领导班子监督的意见》（2021 年 3 月 27 日）强调我们要彻底解决对“一把手”的政治监督和其对领导班子及其同级干部监督的两大难题，必须明确监督重点，压实监督责任，细化监督措施，健全制度机制。“纵有良法美意，非其人而行之，反成弊政。”虽然当前制定一个好的制度很重要，但更重要的一点是要把制度落实到位。如果我们不能抓好制度落实，只是把制度落实写在纸上，贴到墙上，锁在一个个抽屉里，制度将来就会慢慢变成“稻草人”“橡皮泥”。习近平总书记曾多次明确强调：“我们总体上已进入有规可依的阶段，目前的主要问题是有规不依、落实不力。”过去，由于体制和法律规章等方面不健全、不到位，一些企事业单位在其决策过程中普遍存在着随意性、盲目性的倾向，有些领导干部个人盲目地拍板，容易造成决策失误，给单位带来比较大的经济损失或不良影响，也容易导致权力失去制约和监督，进而产生腐败的问题。

如何坚持和维护制度的严肃性和权威性，推动制度的落实和执行到位，确保制度时时生威、处处有效？就是要确保制度执行流程的标准化。将领导班子落实“三重一大”制度的标准化流程情况作为监督的切入点，非常可行。

2　“三重一大”基本概念

“三重一大”一词最早源于 1996 年第十四届中央纪委六次全会公报。“三重一大”制度是中国共产党发展智慧的结晶，是立党为公、执政为民思想的具体体现，是民主集中制原则的升华，也是中国共产党全心全意为人民服务、维护绝大多数人民群众利益宗旨的践行。“三重一大”决策制度既有利于管理的规范，又有利于扩大基层的民主。发展社会主义民主的行使方式，是一项国家基础性的工作，同时也助力中国新时代的民主健康发展。

"三重一大"主要指重大事项的决策，重要干部职务的任免，重大项目的安排，大额资金的支出。

"三重一大制度"主要是指为了贯彻民主集中制的原则，凡涉及重大事项的决策、重要干部职务任免、重要工程项目的安排以及大额度资金的筹集和使用，必须由集体商议或者讨论后做出决定的制度。

3　"三重一大"所涉主要事项内容

3.1　重大事项决策包含的内容

（1）单位的发展战略、中长期发展规划等重大战略事项。

（2）单位年度计划、财务预算、固定资产购买处置等。

（3）单位半年、年度报告。

（4）薪酬、绩效、奖金分配以及职工福利的制定、调整、实施等制度和方案。

（5）重要改革方案、重要规章制度的制修订、发布。

（6）机构设置、调整等方案。

（7）党的建设和企业文化建设规划等。

（8）各级党政机关企事业单位领导班子成员的工作分工。

（9）其他重要事项决策。

3.2　重要干部任免包含的内容

（1）后备干部、党员发展对象的培养、确定。

（2）干部的选拔任免（招聘、解雇）、调动、奖罚以及对违纪行为的处理。

（3）技术职务的任免。

3.3　重要项目安排包含的主要内容

（1）投资、大额设备维修、房屋修缮等项目。

（2）工程项目招投标方案，重要经济合同审批。

3.4　大额度资金的使用包含的内容

（1）一定数额（如1万元）以上预算外资金的使用。

（2）单笔一定数额（如10万元）以上预算内资金的使用。

研究各种大额资金的使用时，应邀请财务负责人参加，以确保资金的使用合理合规。

4　"三重一大"决策的形式、程序、方法及监督

4.1　决策形式

落实"三重一大"工作制度，领导班子应根据相关的权限和职责，可以选择支委会、党政联席会或办公会等形式，进行集体讨论、研究和决定。

4.2　决策程序和方法

"三重一大"重点问题的研究解决，要始终坚持"集体领导、民主集中、个别酝酿、会议决定"的民主集中制的决策指导原则。首先由相关部门提出问题，经过单位相关职能部门的现场调查或者相关专家论证，形成具有科学性的意见，集体讨论后，形成决策意见。最后由职能部门按照决策意见负责

统筹协调，组织监督落实解决问题。任何部门绝不允许随意违反、变更、擅自停止决策意见的实施。

在组织开展集体讨论和决定“三重一大”事件相关问题之前，要明确规定好必须参加会议的人数、有效审查通过的人数、会议主持人及表决等各环节的具体要求。

4.3 监督方式和责任追究

对未经集体研究讨论，个人或者少数人擅自决定“三重一大”相关重大问题的；虽经集体讨论决策，但做出违反党和国家的路线方针政策以及上级部门要求的错误决定的；未经领导班子的集体复议，个人或者少数人擅自做出修改原来决定的；集体讨论决策出现的重大失误以及发现决策存在失误而又不有效地予以制止，造成严重的社会经济损失或者严重政治后果的，应当视其情节轻重，分别对责任人给予通报、批评、诫勉谈话、警告、撤销职务等党纪、政纪处分。对违反“三重一大”工作制度的党政组织，由其上级部门追究责任。

5 “三重一大”决策制度的标准化流程

标准化流程由11个步骤组成：议题登记—调查研究—评审论证—会前告知—集体决策—形成决议—决议落实—考核与评估—资料整理与归档—监督检查—责任追究。

5.1 议题登记

职能部门定期收集“三重一大”事项并建立台账。

5.2 调查研究

集体决策前，开展调查研究，形成备选方案。

5.3 评审论证

对备选方案进行研究论证，充分吸收各方面意见，进行评审论证登记。

5.4 会前告知

及时将所有的决策事项告诉全体参加决策的人员，并为他们提供相关材料。

5.5 集体决策

严格执行民主集中制原则，对决策全过程进行详细记录、录音录像并存档备查。

5.6 形成决议

把集体的决定形成一个决议，必要时由上级汇总。将该决议全面下达到各牵头单位，由各部门按职责分工组织实施。

5.7 决议落实

在规定时限完成决议内容并形成反馈意见。在执行过程中，若碰到问题应及时反馈。需要二次决策的，应尽快集体研究解决。

5.8 考核与评估

对决议实施过程和效果进行考核与评估。发现决策失误，要及时提出并纠正。

5.9 资料整理与归档

整理决策全过程的文字、音视频资料并归档备查。

5.10 监督检查

对贯彻落实“三重一大”决策体系的标准化工作流程进行监督和检查，并作为单位的民主生活会，组织生活会，述职述廉，人员考察、任免、经济责任审计评价等的重要内容。

5.11 责任追究

对已经造成经济损失或其他不良影响的决策，认真开展责任分析和责任追究。对严重违背“三重一大”决策标准化流程或严重不负责任的相关人员和组织给予相应的惩罚。

6 结束语

实践表明，推进集体决策“三重一大”体系的标准化流程是推进企事业单位改革发展长效机制的可靠保障。执行这一标准化流程，能让各级领导班子在充分发挥“三重一大”制度的民主化决策优势的同时，有效规范和约束他们的决策行为，增强他们认真落实民主集中制原则的意识和自觉性以及民主决策的责任感，确保企事业单位在激烈的市场竞争下，能健康平稳地发展。

通过贯彻实施“三重一大”集体决策制度的标准化工作流程，能够有效推动领导班子的政治思想道德纪律建设，增强他们的党性观念、纪律观念和民主观念，改进其工作作风和领导方式，提升其决策的科学化水平。

坚持集体决策“三重一大”的标准化流程，可以大大强化领导班子的自我监督、组织的监督和人民群众的监督，使监督具备可操作性，促进企事业单位的党风廉政建设，让广大党员干部习惯在受监督和约束的工作环境中学习生活。从源头上来预防和治理腐败，这是对各级领导干部最有力、最有效的监督与爱护。

浅谈装备制造业高质量发展的标准化问题及路径研究

唐　璐[1]　徐家莹[2]　张世娟[2]

（1. 潍坊市市场监管发展服务中心；2. 山东省标准化研究院）

摘　要：本文从山东省装备制造业的标准化实践出发，分析标准化在装备制造业中的重要作用、发展现状和存在的主要问题，提出加强装备制造业标准化规划、实施装备制造业标准化提升工程、深化标准化国际合作、加强装备制造业标准化人才队伍建设、促进技术创新与标准研制同步等建议和发展路径，为实现我国装备制造业高质量发展、打造“中国制造 2025”做出贡献。

关键词：标准化；装备制造业；高质量发展

高质量产品是建设制造强国的基础，而标准是生产高质量产品的必要支撑。推动中国经济实现高质量发展，产品和服务标准的提升是重中之重。《装备制造业标准化和质量提升规划》提出切实发挥标准的“引领和支撑作用”。山东省是我国装备制造业大省，本文围绕如何提升山东省装备制造业的标准化水平和管理创新能力，深入贯彻落实《中国制造 2025》和《装备制造业标准化和质量提升规划》要求，对山东省装备制造业标准化情况及发展中遇到的问题进行了调查研究，并进行了初步思考。

1　标准化在山东省装备制造业发展中的重要作用

山东省装备制造业共涉及 11 个大行业、40 个中行业和 104 个小行业，产品有 3 万多种。目前，山东省装备制造业基本实现标准化生产全覆盖，企业共执行产品标准 17172 项，出口的装备产品 100％使用国际标准或国外先进标准，全省共起草、制修订装备制造业国际标准 33 项、国家标准 1029 项、行业标准 2030 项，国家级标准化技术组织秘书处（TC）18 个，标准化在推动装备制造业发展中的支撑、引领作用越来越重要。

1.1　标准化已成为装备制造业转型升级的重要支撑

企业通过技术创新与标准研制同步，实现“技术创新—标准研制—再创新”的良性循环，推动产业转型升级。比如，济南二机床厂在加快技术研发的同时，加强技术标准研制，将 300 多项创新技术转化为国家、行业和企业技术标准，加快创新成果产业化进程，以标准体系引领产业发展方向，牢牢占据国内 80％的大型数控冲击机床市场。济南二机床厂与福特汽车等国际龙头企业联合制定技术标准 100 余项，吸收消化国际标准 60 余项，实现了从生产中低端产品为主向研制高端产品为主的转变，高端产品销售收入比重从原来的 30％提高到 60％以上，出口额大幅提高。

1.2　标准化已成为企业抢占市场话语权的重要途径

通过制定标准来抢占市场，已成为企业参与国内外竞争的新趋势。目前，以山东省为主制定的装备制造业国家标准和行业标准共 863 项，其中高端装备制造领域 77 项、新一代信息技术领域 64 项、汽车及零部件领域 83 项、工程机械领域 596 项、船舶领域 38 项、农业机械领域 8 项。通过制修订国家标准和行业标准，山东省企业的市场话语权得到大幅增强。比如，山东新华医疗器械股份有限公司通过制定国家标准《过氧化氢低温等离子体灭菌器》（GB/T 32309—2015），改写了由美国强生公司掌控了近 10 年的灭菌器关键指标，打破了美国强生公司对中国灭菌器市场的长期垄断，迫使强生公司生产的灭菌器单价从最高300万元降至50万元左右，国产灭菌器在国内市场的份额从10%提高到90%。

1.3 标准化已成为装备、技术“走出去”的重要载体

以标准“走出去”带动装备“走出去”是企业参与国际竞争的重要手段。目前，山东省装备制造企业共起草、制修订国际标准33项，并呈现稳步增长趋势，仅2014—2015年就新增国际标准立项18项。一些拥有自主知识产权的企业，将专利“写入”标准，再通过标准输出带动装备、技术输出，加快了国产装备出口步伐。比如，东营方圆铜业公司将专利技术“写入”标准，把核心技术标准及配套标准打包出售给智利等世界铜产业大国，有效带动了氧气底吹技术及底吹炉成套装备的输出，实现了从卖有色金属产品到卖熔炼装备再到卖技术标准的连续转变，实现营业收入2.1亿元。山东计保电气公司通过把高压电能计量设备研发成果转化为标准，不仅带动了高压电能计量设备的输出，还成为哈萨克斯坦等中东国家电气技术标准的制定者，巩固和强化了其装备和技术的国际竞争优势。

2 山东省装备制造业标准化存在的主要问题

虽然山东省装备制造业标准化工作取得了一定成效，但总体水平还比较低，与打造中国制造“山东版”的要求相比，还有许多短板需要补齐，主要有如下几个方面。

2.1 企业标准化意识不强，投入不足，人才匮乏

大多数企业标准化工作还处于被动跟随状态，标准受制于人的问题比较突出。在山东省17172项装备制造业产品标准中，有15328项是国家、行业和地方标准，企业自主制定的标准仅占10.7%。企业在开展技术研发的过程中，不重视技术标准的研制，专利技术转化为标准的比例较低，接受调查的310家企业共有各类专利11182件，但仅337件写入技术标准，转化率仅为3%，广东省有关领域转化率达到30%左右。企业在标准化方面的投入不足，2014—2015年主导或参与制定国际、国家、行业、地方标准的136家装备制造企业共投入标准化工作经费1130万元（含地方政府资助600万元），平均不到9万元，而佛山坚美铝业公司制定一项国际标准就投入1200万元。企业标准化人才储备少，尤其是既懂标准化规则又懂专业知识的综合性人才非常紧缺，接受调查的310家企业平均拥有标准化人员数量不到3人，其中工程机械、农机领域平均还不到2人，与中兴通讯公司的200余人、江苏法尔胜公司的120余人形成鲜明对比。

2.2 标准化整体水平不高，与装备制造大省的地位不符

从主导制定国家标准数量看，山东省重点发展的装备制造业领域中，共主导制定国家标准223项，仅占全国相关领域国家标准总数（4074项）的5.4%。在高档数控机床、轨道交通装备、海洋工程装备和高技术船舶、节能环保装备等高端装备领域，山东省仅主导制定15项，仅占全国相关领域总数（851项）的1.76%，农业机械领域仅占全国的0.2%。从国家级标准化技术组织秘书处（TC）的数量看，目前全国装备制造业领域共有国家级标准化技术组织247个（其中，技术委员会82个、分技术委员会161个、工作组4个），由山东省企业承担秘书处的仅有18个（其中，技术委员会5个、分技术委员会10个、工作组3个），仅占全国总数的7.2%（其中，技术委员会占6%、分技术委员会占6.2%、工作组占75%）。另外，在轨道交通装备、海洋工程装备和高技术船舶、节能环保装备、汽车及零部件、现代农业机械等领域，山东省目前还是空白。

2.3 标准化扶持政策亟待加强

虽然山东省各级政府针对标准化工做出台了一些政策措施，对参与国际国内标准制修订的企业给予了一定支持，但扶持力度弱、资金规模小，尚未形成完善的政策支撑体系，一些政策由于缺乏配套

措施没有真正落地。接受调查的310家企业中，有46%的企业表示获取国内外标准、技术法规、政策信息的渠道不通畅，对标准化工作规律、规则缺乏了解，难以深入到国际国内标准化活动中去，尤其是一些出口企业因为不能及时掌握国外标准信息，受到的影响很大，甚至造成严重损失。在经济下行大环境下，企业普遍感到参与制修订国际国家标准的成本较高，制定一项国际标准至少需要投入1000万元，制定一项国家标准至少需要投入100万元，亟须各级政府加大标准化投入力度，对企业开展的各类国际国内标准化活动给予适当的资助、奖励。

3　加强装备制造业标准化的思路与对策

加强装备制造业标准化建设是国务院做出的重要部署，也是山东省装备制造业转型发展的紧迫任务。下一步，应加强政府引导，强化措施，大力推进，充分发挥企业主体作用。

3.1　加强装备制造业标准化规划

认真贯彻落实国务院《装备制造业标准化和质量提升规划》，明确到2025年山东省装备制造业标准化工作的目标，提出十大装备制造业的标准化建设路线图。尽快出台《山东省人民政府关于全面深入实施标准化战略的若干意见》，建立完善配套的支持政策，提高企业参与标准化活动的积极性。

3.2　实施装备制造业标准化提升工程

加强对国际装备制造业标准的比对研判，鼓励装备制造企业积极采用较为先进的国际标准。建立实施装备制造业标准“领跑者”制度，引导企业、社会团体制定实施团体标准、联盟标准或企业标准，扩大先进标准供给。重点围绕十大装备制造业，推出一批技术领先的先进标准，培育一批技术创新与标准制修订同步的骨干企业，树立一批以标准“走出去”带动装备“走出去”的示范典型。

3.3　深化标准化国际合作，提升标准国际化水平

主动对接“中国制造2025”、中韩自贸区等国家重大战略，组织与有关国家或地区联合制定国际标准或双方共用标准。鼓励更多的企事业单位积极开展国际标准化合作交流。帮助越来越多的企业争取设立国际标准化技术组织秘书处。加强国外标准、技术法规信息的跟踪研究和预警通报，指导企业规避技术性贸易壁垒。

3.4　加强装备制造业标准化人才队伍建设

通过多种形式，组织开展标准化专业技术培训，为装备制造业企业培养一批标准化管理人才和技术人才。推送一批技术人员加入国际、国家标准化技术组织，不断壮大山东省装备制造业标准化专家队伍，有计划地培养和引进一批紧缺的国际型标准化战略专家和技术专家。

3.5　促进技术创新与标准研制同步

加快制定扶持政策，引导装备制造业企业将先进技术“写入”标准，加快创新成果产业转化。对具有发展前景的科技项目，在立项时同步提出技术标准研制要求。对具有重大创新的技术标准项目，在科技项目安排上给予优先支持。对具有重大经济社会效益的标准项目，纳入各级科技进步奖的评奖范围。

“标准化+”助推兰山区基层社会治理创新发展

王子超

（临沂市兰山区市场监督管理局）

摘　要：“标准决定质量，有什么样的标准就有什么样的质量，只有高标准才有高质量”。推动基层治理创新发展，要善于抓住关键处、找准突破口、化解疑难点。把标准化原理和方法引入基层社会治理，充分发挥标准化的基础性、战略性和引领性作用，对进一步提高兰山区基层社会治理水平和效率，推进兰山区基层社会治理体系和治理能力现代化具有重要意义，为创新打造“枫桥经验兰山红”的“兰山经验”提供智力支撑和实践指南，推动基层社会治理最新理论成果在兰山落地生根，开花结果。从这个意义上说，制定标准，推进标准化，完善标准体系，可能正是基层治理创新的关键处和突破口。

关键词：标准；基层社会；治理创新

标准化是保障基层社会治理工作质量，打造社会治理服务品牌的重要支撑。标准决定质量，有什么样的标准就有什么样的质量，只有高标准才能有高质量，要提升服务质量，打造品牌，必须依靠好的标准。标准化既是一种基层社会治理机制，也是一个治理过程的体现。基层社会治理各类标准的研制，让服务在各个岗位的工作人员对服务目标的设置、服务内容的挖掘、服务流程的把控、服务效果的评估都有不同程度的熟悉和了解，保证了兰山区社会治理服务的基础性、延续性和专业性，规范了兰山区社会治理工作服务的有序开展，为基层社会治理提质增效。

基层社会治理做得好不好，有没有可以量化的指标？村社区建设，有哪些要求和准则？为社区群众提供服务，有哪些流程、制度和规范？人民群众有哪些诉求？什么样的诉求？如何打通服务群众的“最后一公里”？如何化解矛盾纠纷“只进一扇门”“最多跑一地”？……把党员干部下访和群众上访结合起来，把群众生产生活中的操心事、烦心事、揪心事聚集起来，让群众遇到问题能有地方“找个说法”，切实把矛盾解决在初期的“萌芽”状态，化解在基层一线，要在基层社会治理的标准中找到“标准答案”，满足诉求。

标准化是提升兰山基层社会治理水平的重要举措，也是政府治理“更快更好更有效”的方法。基层社会治理标准体系的建设可以更加有效地满足社会需求，提升服务质量，把工作流程导入转化创新，把政府好的政策转化成让群众看得见、体会到的高质量服务，切实保障服务对象的基本权益，探索建立人人有责、人人尽责、人人享有的“兰山之治”基层社会治理共同体。

标准决定质量，有什么样的标准就有什么样的质量，高标准引领高质量发展，兰山区聚焦加强和创新基层社会治理，推动社会治理和服务重心向基层下移，创新搭建社会治理标准体系，横向上打通党、政、法、民、学、研、社、媒八大要素，统筹一切为民解忧资源的力量，为群众解难题、办实事，纵向上深化“平台指令、众人响应”社会治理工作机制，实现区、镇（街道）、村（社区）、网格四级联动，打通为民解忧“最后一公里”，形成“横向到边、纵向到底”的群众工作标准体系。

标准化是实现基层社会治理创新的重要方法。“有标可循”是“依法治国”的题中之义。标准具有规范性，标准更加具体细致。标准主要回答“如何为”的问题，包含许多定量要求，具有较强的可操作性。在基层社会治理规范体系中，标准更具有“人情味”。把群众高兴与不高兴、满意与不满意、答应与不答应作为检验工作成效的“根本标准”。这个“根本标准”就是要把群众的满意度作为质量工作的出发点和落脚点，要以高标准开展工作，高质量推进工作，始终坚持以“严”字为基准，防止降格以求。让人民群众真真切切体会到质量的获得感。

基层社会治理标准化，不仅是一个全新的社会治理理念，也是标准化的一个全新的工作领域。如何把标准化的理念和方法融入基层社会治理，实现社会风险的精准研判、社会需求的精准回应、社会矛盾的精准调控，进而推进基层社会治理体系和治理能力的创新？兰山区社会基层治理大力实施标准化战略，借助标准化的方法，围绕群众诉求的妥善解决和基层社会治理效能的提升，探索设立社会矛盾纠纷调处化解中心，实施制度创新、流程再造，构建了“一平台受理、一站式服务、一张网共治、一揽子解决”的“平台指令、众人响应”的多元化解模式。横向上，聚合全区解决问题的所有资源，设置10个常驻窗口、N个随驻窗口、1个综合窗口，实行常驻、随驻和轮驻三种模式，引入第三方社会组织参与矛盾纠纷调处。纵向上，区、镇、村、基础网格四级联动，健全矛盾纠纷常态、专线、专项排查化解机制，完善领导干部接访、下访、包案制度，使矛盾纠纷在最初环节、最早状态得到最快处理，获得最佳效果。工作流程上，“会诊式”处理、“流水线”操作，对初次诉求，导入“125”工作线；对重复诉求，导入专班化解工作线；对涉法涉诉问题，导入司法办案工作线；对重大矛盾纠纷，导入联席会议工作线，提高了化解时效，聚合了服务资源，聚焦社会治理政府“单打独斗”、部门之间“各自为战”等突出问题，着力推进体系重塑、实体运作、力量统筹，畅通和规范群众诉求表达、利益协调通道，实现了“事事有标准可依、岗岗有标准规范”。

把盆景发展成风景。兰山区在基层社会治理工作中坚持以“枫桥经验兰山红”为主题，以弘扬和践行“水乳交融、生死与共”沂蒙精神为主线，以网格化、信息化、标准化为支撑，突出政治引领、强化法治保障、坚持德治铸魂、夯实自治根基、完善智治支撑、共建共治格局，横向上打通党、政、警、民、学、研、社、媒八大要素，纵向上贯通区、镇、村、网格四级，集聚解决问题的所有资源，打造“群众公社”社会治理共同体，形成了一平台受理、一站式服务、一张网共治、一揽子解决的“平台指令、众人响应”社会治理工作机制。

会当凌绝顶，一览众山小。标准就是制高点，制定标准就意味着登上制高点。把“临沂模式”“兰山经验”以标准的形式固化下来，坚持以高标准引领基层社会治理，就是找到了推进基层社会治理现代化的关键处和突破口。让标准化贯穿于兰山基层社会治理的各个领域和各个环节，推动建立健全基层社会治理“标准化＋”体系，用标准固化创新成果，以标准化提升创新水平，将有助于提升基层社会治理的科学化、精细化、标准化和信息化水平，助推兰山基层社会治理创新发展，建设人人有责、人人尽责、人人享有的“兰山之治”基层社会治理共同体，实现“和美兰山”目标。

渤海黑牛实施标准化战略，推动高质量发展

吴子超[1]　田开丽[1]

（1. 山东省无棣县畜牧兽医管理服务中心）

摘　要： 渤海黑牛是我国八大地方黄牛品种之一，独特的雪花状大理石状花纹深受国内外市场欢迎。随着养殖成本的不断攀升，养殖效益每况愈下，现在分布范围逐年缩小，数量日益下降。本文试从标准化生产技术、标准化场内测定、标准化保护及选育方案、标准化服务体系建设等方面进行论述，通过实施渤海黑牛标准化战略，推动渤海黑牛产业高质量发展。

关键词： 渤海黑牛；标准化战略；保护及选育

渤海黑牛成为优良地方品种经过长时间的选育。它作为中国八大黄牛品种之一，世界三大黑色肉牛（安格斯、日本和牛、渤海黑牛）品种之一，具有被毛黑或黑褐色、蹄黑、角黑、鼻镜黑、舌面黑“五黑”的特点。其肌间脂肪丰富，呈雪花状大理石状花纹，肉嫩质细且口感好，凭借高蛋白、低脂、低胆固醇深受国内外市场欢迎。其主要分布在山东省滨州市的无棣、沾化、滨城、阳信及相邻东营市的垦利、广饶、利津等地区。由于当地濒临渤海，地势平坦，牧草和农副饲草丰富，使得渤海黑牛具有性情温顺，易调教、耐粗饲、遗传性能稳定、役肉兼用的特点。随着渤海黑牛养殖成本的不断攀升，养殖效益每况愈下，现在分布范围逐年缩小，养殖数量日益下降。为了加强渤海黑牛市场的竞争力，建立我国科学的渤海黑牛生产体系，推进渤海黑牛产业快速、稳步、健康地可持续发展，渤海黑牛标准化战略建设成为发展渤海黑牛产业的必然之路。

1　标准化生产技术

1.1　生产性能

1.1.1　肉用品质

渤海黑牛的肉质细腻，通过育肥期后，其大理石花纹丰富，脂白如瓷，肉色红艳，蛋白质中富含大量氨基酸，含量可达 95.11%，远远高于其他牛种。渤海黑牛具有高抗逆性、繁殖能力好、遗传稳定、耐粗饲强、性成熟早、育肥快、高屠宰率等特性，是良好的育种材料。由于牛角、牛蹄、被毛、鼻镜及舌面全部为黑色，而黑色物质对人有防衰老、抗氧化及抗癌的作用，因此渤海黑牛被开发成为“绿色食品”“黑色食品”，具有无限前景。

1.1.2　副产品开发

牛黄：性凉味苦。功能清心、化痰、利胆、镇惊。现代药理研究表明，牛黄有强心、解热、镇静、抗惊厥、降血压、降血脂、扩血管、抗炎、抗过敏、保肝利胆、抗菌、抗病毒、抗肿瘤等作用，近来用于治疗上呼吸道感染，新生儿及婴儿呼吸暂停症和慢性丙型肝炎等。目前市面上中成药含有牛黄成分的很多，譬如牛黄解毒丸、牛黄清心丸、安宫牛黄丸等。

牛角：解毒、凉血、清热。主治壮热神昏、热病头痛、吐衄、斑疹、喉痹、咽肿、小儿惊风。各种热性出血、赤秃发落、蜂螫人（牛角烧灰，苦酒和，涂之）。

1.1.3 外貌特征

全身被毛黑色或黑褐色，牛角、牛蹄、舌面及鼻镜全部为黑色。身体坚实，结构匀称紧凑，低身广躯，体躯形似长方体，后躯肌肉比较发达。头为矩形，与颈长大致相等。牛角小，且多为龙门角。胸廓深宽，腰背宽长、平直。四肢端正有力，蹄质细实。公牛的前额直平，双眼大如炬，肩部线条明显，但颈短小粗厚。母牛比较温柔清秀，面部长，前额平，四肢粗壮坚实。

1.1.4 品种性能

成年公牛平均体高、体长、胸围、腹围、管围和体重分别为：(131.8±4.0) cm，(157.8±5.8) cm，(198±6.3) cm，(229±6.1) cm，(22.2±1.0) cm，(594±43.8) kg。成年母牛的平均体高、体长、胸围、腹围、管围和体重分别为：(121.5±4.9) cm，(134±6.9) cm，(166±7.8) cm，(195±7.8) cm，(18±1.0) cm，(380±38.7) kg。公牛屠宰率为56.1%，净肉率为48.4%，胴体产肉率为88.18%，公牛10～12月龄性成熟，母牛8～10月龄性成熟。母牛多在1.5岁初配，一年一胎，初生公犊为31kg，母犊为29kg。成活率为98%。

1.2 饲养模式与环境

1.2.1 饲养模式

渤海黑牛饲养分为母牛舍、产房、公牛舍、犊牛舍、育肥舍，实行封闭式和半开放式建造牛舍，配有运动场地，地面式道槽一体牛食槽，实行机械TMR日粮搅拌供料，均实行自由采食。对面为水槽，有随时放水和自动饮水器两种。同时配备治疗室和隔离室；运输专用车和赶牛通道装（卸）牛台。

1.2.2 饲养环境

渤海黑牛养殖场要定期消毒，间隔时间为6～10d，消毒药品在两种以上，交替使用。牛舍实行前后窗通透和天窗通风，牛舍内人工、机械定期清粪，间隔时间为5～10d。

2 标准化场内测定

（1）实施全场测定，成年种牛每年测定一次，体格测量、配种、繁殖记录记入个体档案（图1）。

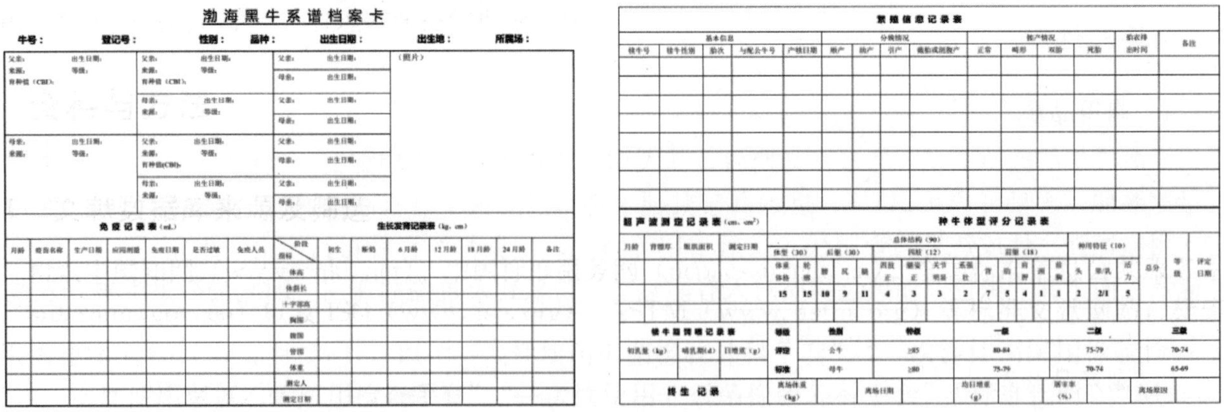

渤海黑牛系谱档案卡

牛号：　登记号：　性别：　品种：　出生日期：　出生地：　所属场：

父亲： 出生日期： 来源： 等级： 育种值（CBI）：	父亲： 出生日期： 来源： 等级： 育种值（CBI）：	父亲： 出生日期： 母亲： 出生日期：	（照片）
	母亲： 出生日期： 来源： 等级：	父亲： 出生日期： 母亲： 出生日期：	
母亲： 出生日期： 来源： 等级：	父亲： 出生日期： 来源： 等级： 育种值(CBI)：	父亲： 出生日期： 母亲： 出生日期：	
	母亲： 出生日期： 来源： 等级：	父亲： 出生日期： 母亲： 出生日期：	

免疫记录表（mL）

月龄	疫苗名称	生产日期	应用剂量	免疫日期	是否过敏	免疫人员

生长发育记录表（kg，cm）

指标＼阶段	初生	断奶	6月龄	12月龄	18月龄	24月龄	备注
体高							
体斜长							
十字部高							
胸围							
腹围							
管围							
体重							
测定人							
测定日期							

繁殖信息记录表

基本信息					分娩情况				接产情况				胎衣排出时间	备注
犊牛号	犊牛性别	胎次	与配公牛号	产犊日期	顺产	助产	引产	截胎或剖腹产	正常	畸形	双胎	死胎		

超声波测定记录表（cm，cm^2）

月龄	背膘厚	眼肌面积	测定日期

种牛体型评分记录表

总体结构（90）														种用特征（10）			总分	等级	评定日期
体型（30）		后躯（30）			四肢（12）				前躯（18）										
体重体格	轮廓	腰	尻	髋	四肢正	蹄姿正	关节明显	系强壮	背	[illegible]	前肢	[illegible]	[illegible]	头	[illegible]/乳	活力			
15	15	10	9	11	4	3	3	2	7	5	4	1	1	2	2/1	5			

犊牛哺乳记录表

初乳量（kg）	哺乳期(d)	日增重（g）

等级	性别	特级	一级	二级	三级
评定标准	公牛	≥85	80-84	75-79	70-74
	母牛	≥80	75-79	70-74	65-69

终生记录	离场体重（kg）		离场日期		均日增重（g）		屠宰率（%）		离场原因	

图1 渤海黑牛系谱档案卡及性能测定登记表

（2）新生产的牛犊要当机测定初生重、身高、体长、胸围、管围，建立犊牛档案。当6月龄时参加性能测定、品种登记。

（3）凡参加性能测定的牛，要跟踪测定和登记，详细记录出生、断奶、6月龄、12月龄、18月龄、24月龄各个阶段的成长数据。

（4）凡参加性能测定的牛，只要详细记录繁殖情况，完善系谱档案，明确血缘关系，有选择地利用品种，严格避免近交。

（5）凡参加性能测定的牛，只要详细记录用超声波仪器测定的背膘厚、眼肌面积的数据，为肉牛的活体培养提供有价值的参考数据。

3 标准化保护及选育方案

3.1 保护及选育目标

选育原则：依据渤海黑牛品种鉴定标准，坚持本品种选育。

保护目标：保持原有渤海黑牛对当地特定生态环境的适应能力及该品种的优良特性和基因。

选育目标：重点对产肉性能加强选育，特别是应提高对后躯的丰盈度这一指标的选择，通过对身体结构的改良，使其完成原来役用的体格到役肉兼得方向的过渡，升高净肉率与屠宰率。

选育育种目标性状：明确育种目标，才能完成全部育种工作。结合渤海黑牛的育种、生产及未来市场发展的需求，选育其目标性状。

生长发育性状：初生重、6 月龄重、周岁重、24 月龄重、成年母牛重、日增重。

肉质性状：胴体重、屠宰率、眼肌面积、大理石花纹。

繁殖性状：情期一次受胎率、初产年龄。

3.2 保种及选育方案

3.2.1 选育技术路线

建立健全育种档案，建立优秀种牛扩繁体系，在常规育种的基础上结合现代育种新技术，对现有的品系进一步提纯复壮，突出其优点。选育技术路线图见图 2。

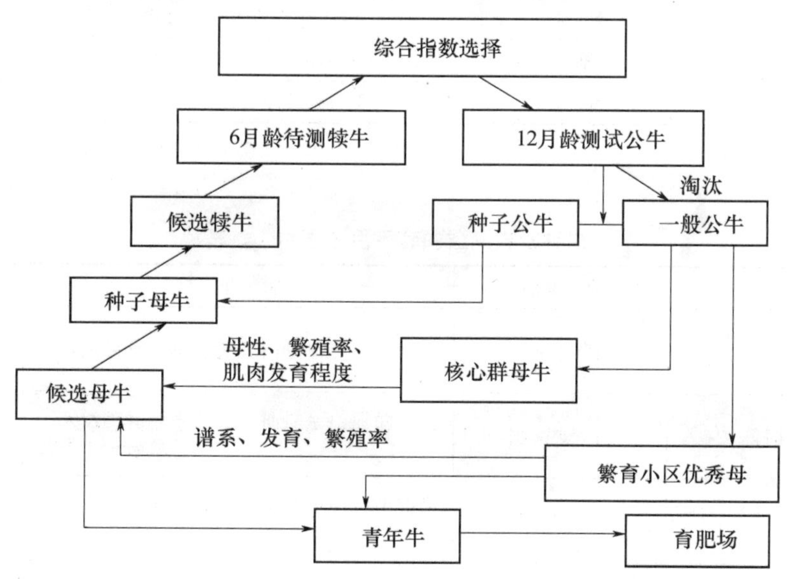

图 2　渤海黑牛选育技术路线图

3.2.2 新品种培育

3.2.2.1 杂交育种

品种改良原则：保持渤海黑牛的根本特征，提高肉用性能。导入品种：安格斯。杂交育种方案：根据导入品种的改良品种的血缘比例设定两种杂交方案（图 3、图 4）。

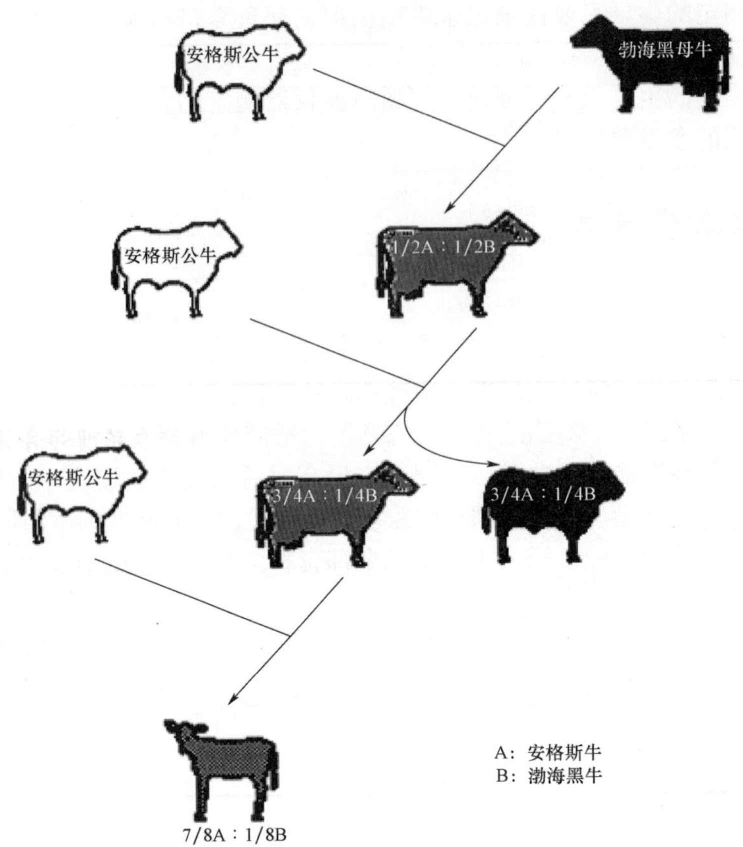

图 3　渤海黑牛改良杂交示意图一

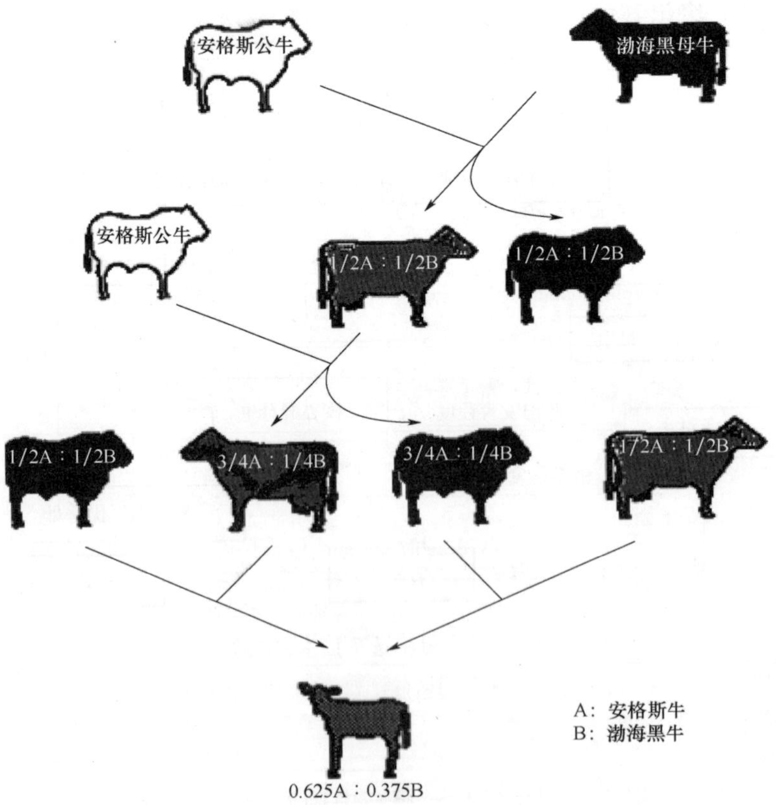

图 4　渤海黑牛改良杂交示意图二

3.2.2.2 横交固定后选育技术路线

建立健全育种档案，构建核心群，建立优秀种牛选育体系。在常规育种的基础上结合现代育种新技术，对改良牛群获得优秀特性进行横交固定，直到遗传稳定为止。选育技术路线图见图2。

4 标准化服务体系建设

4.1 实施品牌发展战略

渤海黑牛于2006年6月初，被列入国家级畜禽遗传资源保护名录（农业部第662号公告），农业部于2008年8月将其列入国家级品种资源保护名录，于2011年8月被授予农产品地理标志。

2020年12月，无棣县打造的无棣县肉牛（渤海黑牛）标准创新平台入选省级技术标准创新平台。该创新平台形成了渤海黑牛标准综合体系，最大限度地发挥了带动作用，以先进的标准为引领，助推渤海黑牛产业的标准化、规模化发展。

2012年8月，山东无棣华兴渤海黑牛种业有限公司的渤海黑牛活牛体和渤海黑牛牛肉产品已顺利通过有机认证，并顺利通过了农业部“无公害农产品认证”和山东省“无公害农产品产地认定”。公司生产的宏振牌高端牛肉，以其肉质细嫩、大理石花纹明显、色泽鲜红、营养丰富而获得“黑金刚”的美誉，广销上海、北京、天津、青岛、杭州、济南等20余个大城市，备受大众喜爱，被认定为“山东老字号”“山东名牌”产品，并在2020年首届中国牛优质牛肉品鉴大会上荣获一等奖。公司被誉为山东省食安山东“全省畜牧行业品牌引领企业”。

4.2 实施带动发展战略

山东无棣华兴渤海黑牛种业有限公司依靠“企业＋基地＋农户＋合作社”的经营运作模式，大力发展订单畜牧业，成功带领成员开展渤海黑牛的繁育与育肥行动，充分发挥企业的示范带动作用，并加强与农户的科技、信息共享，从母牛的受孕、饲养、防疫各个环节进行技术服务，制定详细的操作规程，建立系谱、产品追溯等技术档案，实现标准化操作、规范化管理。合作社成员现已发展到1000余户，每年可实现养牛户人均增收1500元，既促进了渤海黑牛种质资源的保护和繁育，又带动了养牛户增收致富奔小康。

4.3 实施科技创新发展战略

山东无棣华兴渤海黑牛种业有限公司秉持“科技兴企，以人为本”管理理念，坚持可持续发展、高效、生态和循环理念，以资金投入为保障，拉长、完善产业链条。2014年以来，公司与山东农科院、农科院兽医研究所、滨洲畜牧兽医研究院建立了长期技术合作关系，对渤海黑牛产业进行潜心研究，获山东省科技进步一等奖的《肉牛优质高效生产关键技术研究与产业化示范》为其研究成果之一，获得实用型专利21项和13项发明专利。

上述仅仅是我们作为相关工作者对中国渤海黑牛标准化建设事业做出的初步设想，很多内容还不全面，有待进一步填补。未来要形成一种新的理念，只有实施标准化战略，才能引导渤海黑牛走标准化生产之路，达到推动渤海黑牛产业高质量发展的效果，助推乡村振兴。

参考文献

[1] 付石军，沈志强，郭时金，等．黄河三角洲优良地方畜禽品种特性及其综合开发利用［J］．山东畜牧兽医，2012（12）：15-19.

[2] 覃兴合，黄伟，撒义东，等．昭通黄牛遗传资源调查报告［J］．中国牛业科学，2009（4）：69-74.

[3] 田静．中国西门塔尔牛生产性能测定及CS基因多态性与肉质性状的关联分析［J］．长春：吉林大学，2012.

[4] 王芳，杜高唐，田茂俊．优良地方肉牛品种——渤海黑牛［J］．农业知识，2006（3）：15.

[5] 孟维彬．山东优良地方畜种：渤海黑牛［J］．无棣县畜牧兽医局，2015（6）：8-11.

创新驱动企业发展，标准开创产业未来

尹丽华[1]　范海峰[2]　徐延璐[3]　薛　辉[1]　王秀环[4]

（1. 山东泉林集团有限公司；2. 聊城市产品质量监督检验所；
3. 山东省标准化研究院；4. 山东维克多利纸业有限责任公司）

摘　要：本文调查研究了中国造纸行业十强企业——山东泉林集团有限公司依靠“先进标准引导科技研发方向、用创新成果丰富标准体系建设”“标研”互动共进的“泉林模式”，在实施传统产业转型升级的过程中，依靠自主创新，通过实施标准化战略，抓住机遇，掌握了市场竞争的主动权，成为行业技术规则制定者和引领者，实现了跨越式发展，取得了令人瞩目的成绩，为我国传统行业中小企业的发展提供了很好的借鉴。

关键词：标准化；转型升级；技术创新

山东泉林集团有限公司始建于1976年，主要业务涵盖秸秆综合技术应用、秸秆产业化应用发展，以及秸秆本色浆与黄腐酸衍生产品的系列开发和生产销售环节，本质上是一家综合性发展的大集团。公司年可利用农作物秸秆200万吨，秸秆利用规模全球最大，拥有员工14000余人，总资产260亿元。行业的整体发展以较好的成绩获得了ISO 9001国际质量管理体系、ISO 14001环境管理体系、ISO 45001职业健康与安全管理体系以及国家AAAA级标准化良好行为企业等的官方权威认证。先后荣获“国家创新型示范企业”“国家级循环经济标准化试点单位”“中国工业大奖表彰奖”“中国造纸行业十强企业”“全国五一劳动奖章”“科学与技术创新奖”“何梁何利基金”“国家技术创新示范企业”“全国循环经济工作先进单位”等多项荣誉。

公司秉持“科技是第一生产力”的理念，注重高效研发，持续自主创新，力争行业领先，与中国制浆造纸研究院等众多国内知名顶级科研院及专业机构等都有合作项目和市场关系，同时还掌握着强大的技术后盾，分别在秸秆回收和储运、制浆、纸与纸制品制造、黄腐酸提取、肥料制造、热电氨法脱硫工艺、装备制造、水处理、生产安全、环境保护管理等多个领域深耕挖掘，以国家级企业技术中心为核心，构建了秸秆综合利用的专业化、系统化、规模化、集成化、标准化的技术研发体系；以先进纸浆设备和生产研发基地为支撑，创建国内本色纸系统；以国际领先的黄腐酸提取技术为依托，建立全球最大的黄腐酸肥料生产基地。截至目前，完成10项国家级科研课题，××项省级科研课题，此外还成功申请了246项专利，有197项被成功授权，还有5项专业技术获得了国际领先技术的高度认可，其中2个被国家重点新产品认可，荣获省级、部级以上技术产品5个。

主要的核心技术也就是新型秸秆清洁化制浆产业以及废液料的资源化利用程度，这两项技术的开发和应用助力我国造纸技术在国际上首次荣获国家技术发明奖项，同时在国内还荣获“国家技术发明二等奖”，后续还被列入《国家重点推广的低碳技术目录》之中，作为参考文献。

这些年公司依靠在实施传统产业转型升级过程中的自主创新，积极实施秸秆不同成分“原料化”“肥料化”综合利用技术开发，构建了以秸秆为原料，以秸秆为主导的生活产品。比如我们见到的本色生活卫生纸、食品的一些包装纸和学习工作中出现的纸制品等一系列的综合利用产业，被科技部授予“国家重点新产品”，同时，发展改革委、农业农村部、中国工程院以及生态环境部等部委机构统一意见，高度重视“泉林模式”的开发和运行。“泉林模式”是泉林集团三代人近50年艰苦卓绝的技术攻关的智慧结晶。在企业长期的探索发展过程中，泉林人逐步认识并发挥标准化工作的巨大作用，建立了“以先进标准引导科技研发方向、用创新成果丰富标准体系建设”的标研互动共进的工作模式。

1　以“四抓”为着力点，创新标准化工作模式

1.1　抓顶层设计，将标准纳入公司战略

泉林集团在规划集团战略时拟定了“以先进标准引导科技研发方向、用创新成果丰富标准体系建设”标准化战略，设立了“标准联动机构”，根据公司战略目标需要，成立泉林集团标准部，紧紧围绕泉林循环经济模式产业链，全面推进公司标准化战略，成为目前行业内少数专门设立标准化部门的集团企业。

1.2　抓对标管理，实施四步一体的标准化工作模式

采取“立标、对标、达标、创标”方式，积极采用国内国际先进标准，成为首批参与“企业标准信息公示服务平台”企业，同时制定国内领先企业标准256项，将“底线约束”转变为“先进带动”的管理模式经营。

1.3　抓标准转化，建立标准与技术创新活动的紧密结合机制

采取技术创新工作与标准研制同步融合机制，将生产管理各个环节技术创新及时完善到企业的标准化中，形成规范、标准的工作体系。与此同时，将创新成果向标准快速机制转换，可通过全国专业标准化技术委员会来申请立项、加大技术创新和转化、深度融合研制标准和产业化应用的高效配置，获得创新突出和产业化前景显著的成果。

1.4　抓各方联动，赢得鼎力相助

在制定标准的过程中，一方面坚持企业主体，主动与有关方面的专家、机构沟通协调，实地考察，现场学习，先后与国内外专家召开了26次标准工作会议，并多次承办国家标准审查会，积极努力地促成标准的立项、制定和发布实施；另一方面，在标准的立项、起草、审查、报批等各节点做好标准进度的汇报工作。获得国家标准委、山东省、聊城市市场监管局及有关政府部门的大力支持，在政策、技术、资金、专家等方面给予了有力的支持和有效的建议。

2　以技术创新为驱动，以专利为机制，以标准为基础和纽带，实现了标准引领

完善科技创新机制，建立以为创新研发平台为主体、以实际问题和技术突破为导向、从源头到终端全产业链深度融合的技术创新体系。不仅在2007年被确立为国家级的企业技术中心，在企业内还首先成立了属于自己的企业技术研发中心，培养了一支拥有70%以上高级技术职称的研发团队，围绕全产业链，注重实效，加大技术研发力度，增强自主创新能力，加强保护环境意识，在秸秆的制浆、纸制品、肥料和一些装备制造等全生命周期管理领域，制订产业共性基础技术、关键技术研发规划，逐一攻关突破，形成了专业化、系统化、规模化、集成化、标准化的技术创新体系和技术研发机制。

高度重视“技术、专利、标准”的协同发展，大力推动科研技术成果转化，将创新的科技研发成果及时转化为专利或企业标准。截至目前，公司已拥有授权专利197项，有256项企业标准。

技术专利标准化，收获丰硕成果。总结、评估创新技术、专利和企业标准，及时提升为国家或行业标准，使创新技术成果进一步发挥规范引领作用，持续提升企业的核心竞争力，不断完善企业整体

标准化体系水平。从2005年起，已有众多标准项目成功建立，其中涵盖全流程的国家行业标准项目48个，产业标准9项，集团标准4项，2013年获得“标准创新贡献奖”，2018年获得“全国黄腐酸钾标准化示范企业”称号，2020年获得“全国黄腐酸肥料标准化示范单位”称号。

3 布局标准主战场，主导关键标准组织，掌握标准话语权

3.1 首战告捷，奠定行业地位——制定《铜版纸》国家标准

1998年，泉林集团引进国内首条铜版纸生产线，产品技术含量高，质量稳定达标，该技术被评为“国家科技进步二等奖”。为实现技术和产品引领，泉林集团主导制定《铜版纸》国家标准，打破了外国企业在中国铜版纸市场上的技术垄断，将国内铜版纸企业的市场占有率由3%提高到10%左右。与此同时，泉林集团依托国家标准中的技术优势，与当时国内最具代表性的铜版纸企业联合向国家经济贸易委员会提出反倾销申诉，为国内铜版纸赢得了每年30多亿元的市场，年增加2.5亿至4亿元的净利润。泉林集团也由此完成了从中小企业到大型企业的华丽转身。

3.2 转型升级，导向“本色”市场

为推动造纸产业转型升级，泉林集团依靠自主创新技术，积极研发本色纸和纸制品，并于2010年携手中国制浆造纸研究院共同制定《纸和纸板 亮度（白度）最高限量》（GB/T 24999—2010）[现行为《纸和纸板 D65亮度最高限量》（GB/T 24999—2018）] 国家标准，将纸张白度由最初的“大于等于”调为“小于等于”，改变了造纸行业的发展方向，积极践行了造纸工业发展“十二五”和“十三五”规划中“推行节约用纸理念、倡导绿色低碳消费”“鼓励生产使用再生纸、未漂白纸和低白度纸”的精神和理念。

公司从2009年着手研发本色生活用纸，2013年主持起草《本色生活用纸》（QB/T 4509—2013）行业标准并发布实施。由于泉林集团率先制定《本色生活用纸》（QB/T 4509—2013）行业标准，抢占市场先机，提前调整了技术指标，严格执行标准化生产，生产全过程无添加，不进行氯漂（氯漂会产生二噁英，二噁英的毒性是砒霜的900倍）。目前，泉林集团本色生活用纸在生活用纸行业市场的占有率高达7%，在本色生活用纸行业牢牢占据市场第一的位置。

3.3 黄腐酸肥料——泉林从农田到农业的深度耕耘

“泉林模式”对农作物秸秆实施分类精加工利用，制造本色纸浆、纸制品和黄腐酸。用秸秆制造黄腐酸为泉林集团自有知识产权、全球首创技术，冠以“泉林”黄腐酸，以“泉林”黄腐酸为原料精制系列高端有机肥料。秸秆被充分资源化利用，减少了焚烧，同时，以黄腐酸肥料的形式实现工业化还田，构建了一二三产业联动发展现代工农复合型循环经济产业。经中国腐殖酸工业协会、太原师范学院、沈阳农业大学等权威机构检测分析，“泉林”黄腐酸和矿物源黄腐酸的分子结构是一样的，成分含量也大致相同。此外，我们还发现，在《中国高新技术产品目录》质量技术指标评比中，黄腐酸较符合标准要求，其原液成分中的黄腐酸整体含量已经达到22%，甚至更多。从2017年开始，在腐殖酸肥料技术委员会以及全国肥料的土壤调剂标准化的支撑下，泉林先后主持制定国家与行业的标准，比如《黄腐酸钾》（HG/T 5334—2018）等，从立项到完成报批，进行了近百次的讨论、修改、完善。这些标准的制定奠定了泉林集团在腐植酸肥料行业的地位，在国家大力发展新型农业的政策引导下，泉林集团依靠自主创新技术形成了“新农业模式”，秸秆黄腐酸也必将成为行业新宠。

3.4 制定系列绿色环保标准——打破污染魔咒，实现产业循环发展

习主席曾说“绿水青山就是金山银山”，具体明确了党和国家、政府对生态环境事业的坚定态度。

泉林集团始终将环保作为首要工作，加大资金投入，采取削弱源头、控制过程、强治末端、循环利用等措施，大力开展环境保护治理技术研发，并逐步形成系列绿色环保的工作标准体系，确保水处理效果高于国家标准，大大优于美国、欧盟等木浆生产的标准。凭借环保标准体系及技术创新能力，稳居造纸行业排头兵地位。

2016 年 7 月 25 日，泉林集团的《水污染物排放标准》成功入选山东省政府首次公布认定的企业标准。2017 年 12 月应邀参加环保部（现为生态环境部）《造纸行业排污许可证申报与核发技术规范》国家标准制定。

2017 年，泉林集团成功当选“造纸纤维原料分技术委员会”的全国造纸标准化技术委员会秘书处单位，TC141/SC8 秘书处设在泉林集团，负责全国造纸纤维原料相关的国家、行业标准的制修订工作。

4 相伴相生，标准催生泉林模式，泉林模式成就未来农业

ISO 前秘书长 Rob Steele 指出，“标准从不中立，它们反映了制定者的优势和创新点，标准的领头羊等于技术的领头羊，不参与标准意味着将决策权拱手让给竞争对手”。

泉林集团从实施标准化战略以来，领导层就认识到：标准竞争将成为当今世界经济竞争、企业竞争的主要形式，只有将技术创新和新产品开发紧密结合、协调好技术创新和产业之间的发展，使技术向专利、标准化方面迈进，随时根据企业和行业的标准，以及国际和国家的标准来制定方案，就可以将发展的主动权和话语权掌握在我们自己手里，才能促进产业转型升级，提高产业竞争力和经济实力。当前，全国上下坚持党的正确领导，以内循环为主导，构建国内外双循环，叠加碳达峰、碳中和，积极谋求科技创新，实施标准化战略，持续推动产业高质量发展，支撑经济全面发展，我们离不开基础性、战略性和引领性。

回顾泉林集团的发展历程，是标准化战略成就了现在的泉林集团，也是泉林集团的标准化创新工作模式促进了“泉林模式”的生根发芽、繁荣发展。我们相信泉林集团的标准化战略工作在促进“泉林模式”发展壮大的同时，必将引领秸秆综合利用领域的发展，从而对中国未来农业的可持续发展做出应有的贡献！

地勘行业个体防护装备“IHO一体化”设计研究

张 扬[1] 姜 圩[2] 王 璐[1] 姚晓杰[1] 任璐悦[1]
（1. 中国冶金地质总局山东正元地质勘查院 2. 中国冶金地质总局）

摘 要：为提高地勘行业个体防护装备标准化和一体化水平，本文分析了地勘单位个体防护装备配备中存在的主要问题，结合地质勘查专业特点和防护装备需求，确定了个体防护装备各级要素，基于神经元网络原理提出了一体化设计的思路和方法。

关键词：地勘行业；个体防护装备；IHO一体化；研究

Research on “IHO integration” design of personal protective equipment in geological prospecting industry

ZHANG Yang[1] JIANG Wei[2] WANG Lu[1] YAO Xiao-jie[1] REN Lu-yue[1]

Abstract: In order to improve the standardization and integration level of personal protective equipment in geological exploration industry, this paper analyzes the main problems existing in the personal protective equipment in geological exploration units, determines the elements at all levels of personal protective equipment combined with the characteristics of geological exploration and the requirements of protective equipment, and puts forward the idea and method of integrated design based on the principle of neural network.

Key words: Geological prospecting industry; Personal protective equipment; IHO integration; Research

0 引言

地勘单位属于高风险行业[1]，工作性质较为特殊，活动范围广、人员流动性强，工作地点多处于野外人烟稀少环境和艰险地区，潜在安全风险较大，安全防护装备配备质量要求高。安全防护装备作为保护作业人员的最后一道防线，在为使用者提供职业健康保护的同时也是一种企业形象的展示，而目前地勘单位个体防护装备配备缺乏适用性强的选配和质量标准[2]，个体防护装备配备的采购和配发多采用随机和零散的方式，缺乏系统性和整体性，为从业人员配备的装备普遍不配套，并且不支持装备的整体升级和更新，“一体化”程度差，因此，应当结合地勘单位工作环境、专业特点及从业人员需求调研结果对个体防护装备“一体化”进行设计研究。

1 地勘单位个体防护装备配备存在的主要问题分析

1.1 个体防护装备配备系统化程度低

虽然地勘单位对个体防护装备的重要性的认识程度正逐年提升，专项经费投入逐年增加，为从业人员配备的防护用品质量有所提升[3]，其中不乏一些高端户外品牌。但从总体上看，个体防护装备多采用零星、分散采购，缺少整体的装备配备方案和使用分类标准，各部位的防护装备之间缺少衔接和关联[4]，大部分单位在个体防护装备配备过程中随意性较强，依旧是缺什么买什么、用什么补什么，造成所配备的装备各式各样、五花八门、质量参差不齐，系统化程度低，不利于装备的整体升级和更新。

1.2 作业人员个体防护装备外观辨识度不高

目前地勘单位在人员个体防护装备配备上过于关注装备的防护功能[5]，忽略了个体防护装备展示企业形象、凝聚团队向心力、增强职工归属感的重要作用，没有根据单位文化特色和专业特点进行有针对性的外观设计，防护装备的面料颜色、剪裁等千篇一律，外观设计单调，普遍辨识度不高，无法充分展示企业形象和企业文化特色。

1.3 个体防护装备整体更新滞后

绝大部分地勘单位的个体防护装备存在超期使用的现象，如冲锋衣、登山鞋、安全帽等磨损较为严重[6]，在使用过程中缺乏对个体防护装备使用效果的监控和信息反馈，没有系统搜集装备功能、材质、面料等方面的反馈信息，无法对装备的适用性形成定期的评价结论，从而导致个体防护装备的种类、款式等长时间得不到更新、升级，严重影响了装备使用效果和整体防护功能的提升。

2 地勘行业个体防护装备“IHO一体化”设计思路

2.1 神经元网络的概念

神经元网络采用分层网络结构形式[7]，实现从输入层结点的状态空间到输出层状态空间的非线性映射，广泛应用于模式分类、特征抽取等方面。

2.2 “IHO一体化”设计思路

个体防护装备按照防护部位和使用功能的不同可分为若干类型[8]，各类型的防护装备又通过材料的组合和设计实现不同功能，从而满足防护装备在使用中的特殊要求，类似于神经元网络各层存在的递进关系。因此，针对地勘单位个体防护装备配备存在的系统化程度低、外观辨识度不高、整体更新滞后等突出问题，综合考虑装备功能、适用性要求以及面料、材质特点和防护部位，参照神经元网络原理同样可将整个设计过程划分为输入层（input layer）、隐含层（hidden layer）和输出层（output layer）三个层面，简称“IHO”。首先结合地勘单位实际需求确定各基本功能要素，进而明确输入层各要素和隐含层各构成基本项的输出组合方式，最终通过各基本功能要素之间的连接形成功能、材料要求明确，功能要素、构成基本项、各种防护装备重要程度清晰的个体防护装备“一体化”解决方案。

3 个体防护装备“IHO一体化”设计

“IHO一体化”设计充分借鉴了神经元网络的概念和原理[9]，将防风沙、防水（雨）、防潮等15项防护装备的功能界定为输入层，将材质、面料等5项装备的基本构成界定为隐含层，各项功能通过基本项进行组合后输出为7大类14种个体防护装备。

3.1 “IHO一体化”设计输入层

野外工作环境恶劣，对防护装备功能的要求较高[10]，结合地勘单位生产经营实际，输入层作为

“IHO 一体化”设计的基本要素层共有 16 项功能要素，用符号“I”表示，包括防风沙（I1）、防水（雨）（I2）、防潮（I3）、防砸（I4）、防刺（I5）、防割（I6）、防滑（I7）、防蛇咬（I8）、耐磨（I9）、耐冲击（I10）、保温（I11）、隔热（I12）、便携（I13）、透气（I14）、轻量（I15）、醒目（I16）16 个要素，见表 1。

表 1 “IHO 一体化”设计输入层功能要素分析表

序号	要素	功能设计依据	影响部位
1	防风沙（I1）	沙漠、戈壁等地区自然环境恶劣、植被覆盖率低，风沙较大，经常发生沙尘暴等自然灾害	眼面部
2	防水（雨）（I2）	①森林、湖沼等地区雨水较多，雨量大；②野外地质调查人员需要经常徒步涉溪、穿越河流	头部、足部、躯干、腿部
3	防潮（I3）	①森林、湖沼等地区雨水较多，雨量大；②野外地质调查人员需要经常徒步涉溪、穿越河流	足部、躯干、腿部
4	防砸（I4）	山区踏勘中周围岩石不稳定，易发生岩石掉块或剥落	头部
5	防刺（I5）	①山区岩石较为尖锐；②林区树木茂密，硬木植被较多	手部、足部
6	防割（I6）	①山区岩石较为尖锐；②林区树木茂密，硬木植被较多	手部、足部
7	防滑（I7）	①草原、林地植物茂盛，比较湿滑；②雨后道路湿滑；③寒冷季节高海拔地区冰雪较多	手部、足部
8	防蛇咬（I8）	丛林、沼泽等地区植被茂密、毒蛇较多	足部、腿部
9	耐磨（I9）	在丛林、山区、草原等自然环境中装备磨损较严重	足部、手部、躯干、腿部
10	耐冲击（I10）	①山区岩石不稳定，易发生岩石掉块或剥落；②山区道路岩石坚硬	头部、足部
11	保温（I11）	工作的自然环境中昼夜温差大，早晚温度较低	躯干、腿部、足部、手部
12	隔热（I12）	野外工作环境日照时间长，热辐射较强	头部、躯干、腿部
13	便携（I13）	野外踏勘时行进路线较长，作业人员需要携带较多工具或装备	躯干、腿部、足部、
14	透气（I14）	工作中活动量大，体力消耗多，易出汗	躯干、腿部、足部
15	轻量（I15）	野外踏勘时行进路线较长，人员装备、物资携带质量有限	躯干、腿部
16	醒目（I16）	工作区域多处于人烟稀少的空旷地区，人员辨识度不高	躯干、腿部

3.2 “IHO 一体化”设计隐含层

隐含层起到连接输入层和输出层的作用，要素通过自由组合经隐含层转化为各种类型的防护装备。隐含层作为“IHO 一体化”设计的中转层共有 5 项要素，用符号“H”表示，主要包括材质（H1）、面料（H2）、里料（H3）、外观（H4）、五金件（H5）5 个防护装备基本项。材质指装备的材料、质感、表面色彩、纹理、光滑度、透明度、反射率、折射率、发光度等可视属性的结合；面料指用来制作装备的材料，如使用棉布、麻布、皮革、化纤、混纺、莫代尔等；里料是相对于面料的材料，主要用于减少面料与内衣之间的摩擦，起保护面料的作用，增加服装的厚度，起保暖的作用；外观指装备的颜色、剪裁、造型、标志等；五金件指装备上的金属部件，如纽扣、拉锁、标牌、带扣等。

3.3 “IHO 一体化”设计输出层

输出层是“IHO 一体化”设计的最终产品层，用符号“O”表示。共分为头部防护装备（O1）、足部防护装备（O2）、坠落防护及防滑装备（O3）、眼面部防护装备（O4）、躯干防护装备（O5）、腿部防护装备（O6）、手部防护装备（O7）7类装备，见表2。

表2 “IHO一体化”防护装备明细

序号	类型	装备名称	基本要求
1	头部防护装备（O1）	安全帽（O1-1）	防水（雨）（I2）；防砸（I4）；耐冲击（I10）；隔热（I12）
2		遮阳帽（O1-2）	防水（雨）（I2）；防砸（I4）；耐冲击（I10）；隔热（I12）
3	足部防护装备（O2）	登山鞋（O2-1）	防水（雨）（I2）；防潮（I3）；防刺（I5）；防割（I6）；防滑（I7）；防蛇咬（I8）；耐冲击（I10）；保温（I11）；便携（I13）；透气（I14）
4		户外袜（O2-2）	防潮（I3）；保温（I11）；透气（I14）
5	坠落防护及防滑装备（O3）	安全绳（O3-1）	便携（I13）
6		安全带（O3-2）	便携（I13）
7	眼面部防护装备（O4）	遮阳/防风镜（O4-1）	防风沙（I1）
8		面罩（O4-2）	防风沙（I1）
9	躯干防护装备（O5）	秋冬工作服（O5-1）	防水（雨）（I2）；防潮（I3）；耐磨（I9）；保温（I11）；隔热（I12）；便携（I13）；透气（I14）；轻量（I15）；醒目（I16）
10		夏季工作服（O5-2）	耐磨（I9）；隔热（I12）；便携（I13）；透气（I14）；轻量（I15）；醒目（I16）
11		背包（O5-3）	防水（雨）（I2）；防潮（I3）；耐磨（I9）；便携（I13）；透气（I14）；轻量（I15）；醒目（I16）
12	腿部防护装备（O6）	工作裤（O6-1）	防水（雨）（I2）；防潮（I3）；防蛇咬（I8）；耐磨（I9）；保温（I11）；隔热（I12）；便携（I13）；透气（I14）；轻量（I15）；醒目（I16）
13		护腿（O6-2）	防蛇咬（I8）；耐磨（I9）；便携（I13）；透气（I14）；轻量（I15）
14	手部防护装备（O7）	防护手套（O7）	防刺（I5）；防割（I6）；防滑（I7）

4 结论

（1）地勘行业个体防护装备配备系统化程度低、作业人员个体防护装备外观辨识度不高、个体防护装备整体更新滞后的根本原因是缺乏统一、系统的一体化配备标准和解决方案。

（2）“IHO一体化”设计的输入层、隐含层和输出层之间存在必然的联系，应进一步加强各层级间的研究论证，优化各层级要素内容。

（3）“IHO一体化”设计首次引入神经元网络的概念，有助于明确个体防护装备功能设计依据，提高个体防护装备的适用性和全面性。

参考文献

[1] 张扬，张建波．地勘单位野外消防安全管理对策研究［J］．安全与环境工程，2014，26（1）：197-199.

[2] 张扬．地勘单位“0-65432”安全管理模式研究［J］．安全与环境工程，2014，3（21）：136-143.

[3] 张扬，刘升台，唐安业，等．地勘单位“Four Full”安全文化建设体系研究［J］．安全与环境工程，2016，7（23）：160-163.

[4] 张扬，刘升台，唐安业，等．艰险地区地质调查作业人员安全装备保障体系的构建［J］．安全与环境工程，2017，24（6）：107-112.

[5] 张扬，华北，王璐，等．地勘单位IACA事故隐患排查治理模型研究［J］．安全与环境工程，2018，25（2）：139-142.

[6] 张扬，车明德，张保涛，等．地质灾害治理施工项目风险分级管理研究［J］．建筑安全，2018（6）：35-39.

[7] 张扬，张建波，车明德，等．高等职业学校安全教育课程体系研究［J］．安全，2018（7）：77-79.
[8] 张扬，车明德，张保涛，等．基于风险点辨识的岩芯钻探安全管理模块设计［J］．建筑安全，2018（9）：32-37.
[9] 张扬，车明德，刘升台，等．地勘单位“4＋2”安全标准化应用模式研究［J］．安全，2018（10）：45-48.
[10] 张扬，刘升台，车明德，等．岩芯钻探施工现场3T7A安全标准化应用模式研究［J］．西部探矿工程，2018，30（10）：103-110.

创新引领奋力打造基层标准化综合改革的"邹城样板"工程

栾　峰[1]　赵燕军[1]　徐　俊[1]　韩址楠[2]

（1. 邹城市市场监督管理局；2. 山东众成标准信息科技有限公司）

摘　要：邹城市深入贯彻落实山东省标准化综合改革试点任务部署要求，实施标准创新引领工程。通过创新标准化工作机制，营造浓厚标准化工作政策环境。通过打造邹城新型城镇化示范标杆，全力创建标准化邹城品牌。通过食用菌产业、农村产权交易服务、公共机构节能、医疗保障服务、农村社区治理与服务等标准化试点建设以点带面，全面拓展邹城市标准化工作广度与深度，为全省乃至全国提供更多的"邹城经验"，奋力打造了基层标准化综合改革的"邹城样板"工程。

关键词：标准化；综合改革；示范样板

习近平总书记指出，"标准助推创新发展，标准引领时代进步"。近年来，邹城市深入贯彻落实山东省标准化综合改革试点任务部署要求，紧密围绕市委、市政府确定的打造"新旧动能转换先行区、乡村振兴样板市、文化建设示范区、创新创业新高地、生态优美宜居城"五大目标，实施标准创新引领工程，以国家新型城镇化标准化试点建设为契机，全力打造以标准化示范为引领，以多领域标准化试点为重点，标准化工作氛围浓、意识高、效果实的基层标准化"邹城样板"工程。标准化在优化营商环境、提升社会治理和公共服务水平，促进产业高质量发展等方面的作用充分显现。

截至2021年中，全市已经完成和正在创建的国家级标准化试点项目4个，省级标准化试点（示范）项目11个，牵头或参与制定国家标准26项，行业标准47项，山东省地方标准21项，已有230家企业通过企业标准信息公共服务平台上报2188项标准，涵盖4523种产品。

1　创新工作机制，营造浓厚标准化工作政策环境

做好标准化工作顶层设计，成立由邹城市委副书记、市长任组长，市委常委、副市长任副组长，发改、市场监管、住建、农业、环保等32个部门为成员的邹城市质量强市和标准品牌带动战略领导小组，先后印发《关于全面推进标准化战略的实施意见》《关于深入实施质量强市和标准品牌带动战略的意见》《关于贯彻落实山东省人民政府开展国家标准化综合改革试点工作的实施方案的实施意见》等多个标准化文件、实施方案和责任分解表，营造了浓厚标准化政策环境。

2　打造示范标杆，全力创建邹城新型城镇化标准化品牌

以邹城市国家级新型城镇化标准化试点创建为契机，明确以"实施特色引领标准，推进城乡一体化发展，助力打造国家新型城镇化综合试点"为创建目标，在邹城市人民政府的统一领导下，全市上下"一盘棋"，各司其职，各尽其责，在近三年的时间里，构建起包含基础通用、基础公共服务和社会治理、基础设施、文化建设与传承、资源环境、现代农业等子体系组成的邹城新型城镇化标准体系。通过标准引领，2019年以来，新完成13个试点村庄规划编制，城镇化率达到63.5%，同比提高1.35个百分点，城镇人口增加1.59万人，达到73.34万人，新型城镇化建设取得显著成效。2019年6月25日，发展改革委下发《国家发展改革委办公厅关于推广第二批国家新型城镇化综合试点等地区经验的通知》（发改办规划〔2019〕727号），将邹城市国家新型城镇化建设经验向全国推广；同年12月20

日，在北京召开的全国新型城镇化标准化试点工作总结会上做典型发言。2020 年 4 月 24 日，山东省市场监督管理局批准建设“邹城市新型城镇化标准化示范”项目，该项目为山东省唯一立项的新型城镇化标准化领域的示范项目。

2021 年，邹城新筹建的邹城市标准化信息服务平台（国家级食用菌产业标准化服务与推广平台）网站，为邹城市提供最新标准化资讯，新建“新型城镇化”“食用菌”2 大标准数据库，提供 2000 余项相关标准免费下载服务，提供 30 部标准化基础知识、标准文本编写、关键标准解读等视频课程，开辟标准化专家线上实时服务渠道，为邹城市各类标准化试点示范提供宣传专栏。

3 坚持以点带面，全面拓展邹城市标准化工作广度与深度

（1）发挥标准化技术优势，助力打造“邹城蘑菇”知名品牌。邹城市先后创建完成食用菌省级标准化试点和示范项目，建成面向华北地区食用菌产业标准化服务与推广平台，在区域内开展食用菌标准化服务和推广工作。通过建立由 228 项标准组成的食用菌产业标准体系，先后牵头参与编制山东省地方标准 12 项，为食用菌生产提供了技术保障，邀请省食用菌首席专家农科院万鲁长研究员进行培训和实地指导，推广主栽食用菌菌种技术及标准化高效生产体系创建、珍稀食用菌精准化生产及菌渣循环利用关键技术研究集成与示范推广等 2 项成果，全市食用菌种植总面积 2230 万 m^2，年产鲜菇 35 万 t，产值 33 亿元，产品涉及金针菇、杏鲍菇、香菇、黑皮鸡枞、玉木耳等 20 多个名优品种，已建成食用菌骨干龙头企业 31 家。“邹城蘑菇”成功入选国家农产品区域公用品牌。积极推进“邹城蘑菇”区域知名食用菌品牌建设，形成了独特的“质量标准化、生产工厂化、品种多样化、品牌高端化、生态循环化”的“邹城模式”。

以创建国家级食用菌产业标准化服务与推广平台为契机，助力邹城市蘑菇小镇建设开发物联网信息平台，提供标准化信息服务，对各项生产数据自动采集，实现生产、技术、采购信息互通，提升食用菌产业的智能化、信息化水平。2021 年 4 月 29 日，中国食用菌行业大会暨邹城蘑菇发展峰会召开，大会以“质量标准化”主题，以标准化助推邹城成为全国食用菌第一县，助力食用菌产业高质量发展。

（2）抢占农村产权流转交易领域标准话语权。邹城市通过建设具有邹城特色的农村产权交易服务标准体系，研制邹城农村产权领域交易服务、抵押登记、土地收储等特色标准 62 项，创造性地促进了标准化与农村产权制度改革的深度融合，推动农村产权交易服务协调性、规范化和统一性，保障农民和农村集体经济组织的权益，更好支撑经济社会发展，服务农业供给侧结构性改革。截至 2020 年年底，已完成农村土地承包经营权流转 747 笔，流转面积 15.9 万亩，流转金额 13.6 亿元。林权流转 4 笔，流转面积 1211 亩，流转金额 1108 万元。根据水随地走的原则，已完成水权流转 747 笔，流转水量 4134 万 m^3。通过标准化创建吸引了肥城市、莒县、沂水等多个农村集体产权制度改革试点县（市、区）到邹城市学习先进做法，同时被农业农村部列为第二批全国农村集体产权制度改革经验交流典型单位。邹城市参与中国标准化研究院牵头起草的《农村产权流转交易服务术语和服务分类》《农村产权流转交易市场建设与管理规范》等 2 项国家标准，作为牵头单位申报《农业社会化服务农产产权抵（质）押登记服务规范》1 项山东省地方标准，积极将“邹城标准”向“山东标准”乃至“国家标准”转化，填补标准空白。

（3）推进邹城市公共机构节能标准化与信息化“两化融合”。邹城市以节能监控系统平台为突破口，实现以标准化规范信息化，研制邹城节能领域《节能监控系统建设与维护技术规程》等特色标准 23 项，以信息化手段将具体标准转化为数字化、结构化、可视化的形式。2020 年，邹城市为民服务中心集中办公区单位面积能耗 11.79kg 标准煤/m^2，人均综合能耗 231.3kg 标准煤/人，人均用水 20.06m^3/人，较 2015 年分别下降 19.12％、20.3％、21.5％，超额完成“十三五”能源资源节约目标，先后创建获得“国家级、省级节约型公共机构示范单位”“省级公共机构节能标准化试点”“市级节水型单位”等荣誉称号。2020 年 12 月 16 日，国家节能中心以“山东邹城：标准化建设助推公共机

构节能增效”为题进行了专题报道。同时中心还积极参与《公共机构生活垃圾分类工作评价规范》《节约型机关创建规范》等2项山东地方标准的制定工作。2021年4月27日，中心由省机关事务管理局立项为省级公共机构节能标准化示范单位。

（4）创新打造医疗保障服务标准化邹城模式。邹城市打造了“互联网＋标准化＋医保”服务模式，以推进医保经办服务“六统一”、探索“智慧医保”标准化、建设“医保服务站”、实现医保业务闭环管理为重点，研制医保领域特色标准54项，做到医保服务线上线下一体化，全面提升医保经办服务信息化、标准化、专业化水平。通过标准实施，医保办事网点由原来城区1个增加到22个，办理窗口由原来4个增加到38个，提升医保经办服务效率，强化基层经办服务能力。通过推进医保经办业务线上线下标准化、融合式办理，其中“线上办”占比80%，“线下办”占比20%；打通医保服务“最后一公里”。2020年10月，市医保局积极申报《医保服务站管理规范》《医保服务站服务规范》2项济宁市地方标准。2020年11月16日，山东电视台以“邹城：推行医保服务标准化实现报销时限全省最短”为题进行专题报道。2020年12月，省医保局张宁波局长对邹城医保局标准化工作做出批示，在全省范围内推广学习。2021年3月12日，邹城市“山东邹城医疗保障服务标准化试点”成功立项为“国家级社会管理和公共服务标准化试点”。

（5）打造具有邹城特色的农村社区治理和服务标准模式。邹城市结合民政部批准开展的全国农村社区治理试验区创建，用标准化手段系统总结试验区建设成果，在“阳光村务、村级事务小微权力清单、公共服务事项、民事民议民办”等方面建立系统性、配套性的标准体系，研制特色标准40余项，通过标准化建设，民生代办年均为村民代办解决各类民生保障事项3万余件次，办结率98.8%，通过协商活动共调处各类矛盾纠纷600余起，收集关于村庄发展的意见建议1.4万余条，全市858个村的村民代表共向村“两委”提交合理化意见和建议1738条，其中有1461条被采纳，进一步优化基层工作服务流程，提升工作形象，全力创建政府服务机构品牌。通过标准化助推全国农村社区治理试验区创建工作创特色、出亮点、树品牌，让村庄成为村民夏天的“阴凉地”、冬天的“暖墙根”。

今后，邹城市将持续推进标准化工作，不断拓展标准化专项试点领域，深入发掘邹城特色的标准化成功经验，推动标准层级向地方标准、国家标准的高度提升，充分发挥标准化的引领和技术支撑作用，为全省乃至全国提供更多的“邹城经验”，奋力打造基层标准化综合改革的“邹城样板”工程。

基于国内外医用手套标准比对分析的医用手套应用研究

杨　锐[1]　邹丽娜[1]　熊绍东[1]

（1. 山东省标准化研究院）

摘　要： 目的：通过对中国、美国、欧盟、日本、马来西亚等国家和地区的主要医用手套标准的比对分析，总结影响医用手套质效的主要指标，为一线医护人员、医疗器械采购人员、医疗器械生产及院内感染控制人员等在医用手套选择使用、生产、管理方面提供理论依据。方法：检索中国、美国、欧盟、日本、马来西亚等国家和地区的主要医用手套标准，对其进行比对分析。结果：比对医用手套中国标准、欧盟标准、美国标准及ISO标准可以看到，中国对表面残余粉末和水抽提蛋白质都做了强制性限量，更加明确清晰。中国、欧盟及美国对内毒素指标规定不超过20EU，都体现了对使用者及消费者负责的态度，与李景等结论一致。在粉末含量方面，比对标准指标一致，但是，美国发布禁用指令，中国发布不良反应通报。在环氧乙烷灭菌残留量方面，中国标准、欧盟标准、美国标准及ISO标准对环氧乙烷（EO）残留限量提供了确认的方法，部分中文文献中提到小于10μg/g的限量值。结论：医务人员应遵照手套金字塔图片，决策戴（或不戴）手套。应在侵入性操作（例如：临床手术）中慎用有粉医用手套。关于新冠肺炎疫情防控场景下医用手套的选择，基于拉伸强度、抗穿刺、不透水性等技术指标，建议优先选用丁腈橡胶医用检查手套，其次选用天然橡胶手套。慎用PVC材质手套。

关键词： 医用手套；标准文献；标准比对；院内感染控制

在进行治疗诊断、检查等与患者进行互动的场景，医护人员依靠医用手套作为传染病和污染物传播的屏障。例如在当前新冠肺炎疫情下，医用手套就是重要的个人防护用品（personal protective equipment，PPE）之一。但是由于各个国家及地区的标准不统一，往往会给使用者带来困惑。本文搜集比对了中国、美国、欧盟、日本、马来西亚等国家和地区的主要医用手套标准，通过分析比对医用手套的主要质效指标，为一线医护人员、医疗器械采购人员、医疗器械生产及院内感染控制人员等在医用手套选择使用、生产、管理方面提供理论依据。

1　资料与方法

1.1　文献数据库来源及筛选

检索中国知网（www. cnki. net）、中国标准服务网（ncp. cssn. net. cn）、全国标准信息公共服务平台（std. samr. gov. cn）以及ISO（www. iso. org）、ASTM（www. astm. org）等标准文献网站，检索时限为建库至2021年2月23日。以“一次性使用灭菌橡胶外科手套”“一次性使用医用橡胶检查手套”“一次性使用聚氯乙烯医用检查手套”“一次性使用非灭菌橡胶外科手套”“标准比对”“Medical Gloves”等为关键词进行检索。

1.2　提取技术指标

对各标准中影响医用手套质效的主要指标内容进行分析。主要技术指标为标准文献中所涉及的规格尺寸、拉伸性能、不透水性等技术性能要求；粉末量、水抽提蛋白质限量、环氧乙烷灭菌残留量、内毒素留量等生物安全指标。

2 结果

2.1 国内外医用手套标准计量学分析结果

2.1.1 关于医用手套的定义及分类

根据我国 2018 年 8 月实施的《医疗器械分类目录》，医用手套的定义是用于戴在医护手上对患者进行外科手术或检查、触检患者病情，一次性使用的手部防护用品。从预期用途上可以分为外科手术用、检查用及不限定用途 3 种类型。根据现行 GB/T 7543、GB 10213、GB 24786、GB 24787 等国家标准，医用手套从构成材质上可以分为聚氯乙烯（PVC）材料、橡胶类别 1 的天然橡胶胶乳（NRL）材料、橡胶类别 2 的丁腈（nitrile）橡胶胶乳、氯丁橡胶（CR）胶乳、丁苯橡胶乳液或热塑性弹性体溶液等其他合成橡胶材料制造的手套。按产品内表面附着形式分类，可以分为有粉表面（P 型）、无粉表面（F 型）、涂层（C 型）3 种类型。

2.1.2 我国医用手套的标准

我国医用手套主要的标准化技术归口组织有两个，一个是全国橡胶与橡胶制品标准化技术委员会胶乳制品分技术委员会（SAC/TC35/SC4）、一个是山东省医疗器械产品质量检验中心（全国医用卫生材料及敷料标准化技术委员会）。我国的医用手套标准体系主要由医用手套产品标准、医用手套检测方法标准组成。其中医用手套产品标准现有 4 项国家标准，见表 1。关于医用手套的检测方法标准，主要是已发布的 10 项标准，见表 2。关于医用手套的其他标准还有 GB 24788—2009。

表 1 中国医用手套产品标准

标准编号	标准名称	标准类别	采标关系
GB/T 7543—2020[1]	一次性使用灭菌橡胶外科手套	推荐性	等同 ISO 10282：2014
GB 10213—2006	一次性使用橡胶检查手套	强制性	等同 ISO 11193-1：2002
GB 24786—2009	一次性使用聚氯乙烯医用检查手套	强制性	修改 ISO 11193-2：2006
GB 24787—2009[2]	一次性使用非灭菌橡胶外科手套	强制性	—

1 新修订，2020 年 12 月发布，2021 年 7 月实施。

2 原强制性标准自 2017 年 3 月 23 日起转化为推荐性标准。

表 2 中国医用手套的检测方法标准

标准编号	标准名称	标准类别	采标关系
GB/T 21869—2008	医用手套表面残余粉末的测定	国家推荐性	等同 ISO 21171：2006（以 ASTM D 6124：2001 为基础制定）
GB/T 21870—2008	天然胶乳医用手套水抽提蛋白质的测定 改进 Lowry 法	国家推荐性	等同 ISO 12243：2003
YY/T 0616.1—2016	一次性使用医用手套 第 1 部分：生物学评价要求与试验	行业推荐性	—
YY/T 0616.2—2016	一次性使用医用手套 第 2 部分：测定货架寿命的要求和试验	行业推荐性	—
YY/T 0616.3—2018	一次性使用医用手套 第 3 部分：用仓贮中的成品手套确定实际时间失效日期的方法	行业推荐性	—
YY/T 0616.4—2018	一次性使用医用手套 第 4 部分：抗穿刺试验方法	行业推荐性	—

续表

标准编号	标准名称	标准类别	采标关系
YY/T 0616.5—2019	一次性使用医用手套 第5部分：抗化学品渗透持续接触试验方法	行业推荐性	—
YY/T 0616.6—2021	一次性使用医用手套 第6部分：抗化疗药物渗透性能评定试验方法	行业推荐性	—
YY/T 0616.7—2020	一次性使用医用手套 第7部分：抗原性蛋白质含量免疫学测定方法	行业推荐性	—
T/CRIA 19001—2020	橡胶手套气密性自动充气检测方法	团体标准	—

2.1.3 国外或国际医用手套相关标准

2.1.3.1 美国

美国医用手套的主要归口标准化技术组织是ASTM的D11橡胶及类似橡胶材料委员会。医用手套产品标准主要有ASTM D3577—2019、ASTM D3578—2019、ASTM D5250—2019、ASTM D6319—2019、ASTM D6977—2019；检验检测方法标准主要有：ASTM D5151—2019、ASTM D5712—15（2020）、ASTM D6124—2006（2017）、ASTM D6978—2005（2019）、ASTM D7102—2017、ASTM D7103—2019、ASTM D7160—2016、ASTM D7161—2016、ASTM D7907—2014（2019），详见表3。

表3 美国医用手套相关标准

标准编号	标准名称	标准类别
ASTM D3577—2019	橡胶外科手套标准规范 Standard Specification for Rubber Surgical Gloves	产品标准
ASTM D3578—2019	橡胶检查手套标准规范 Standard Specification for Rubber Examination Gloves	产品标准
ASTM D5250—2019	医用聚氯乙烯手套标准规范 Standard Specification for Poly（vinyl chloride）Gloves for Medical Application	产品标准
ASTM D6319—2019	医用丁腈检验手套标准规范 Standard Specification for Nitrile Examination Gloves for Medical Application	产品标准
ASTM D6977—2019	医用氯丁橡胶（聚氯丁二烯）检验手套标准规范 Standard Specification for Polychloroprene Examination Gloves for Medical Application	产品标准
ASTM D5151—2019	检测医用手套漏孔的标准试验方法 Standard Test Method for Detection of Holes in Medical Gloves	检验检测标准
ASTM D5712—15（2020）	使用改良的Lowry方法分析乳胶、天然橡胶和弹性产品中水提取蛋白的标准测试方法 Standard Test Method for Analysis of Aqueous Extractable Protein in Natural Rubber and Its Products Using the Modified Lowry Method	检验检测标准
ASTM D6124—2006（2017）	医用手套残余粉末的标准试验方法 Standard Test Method for Residual Powder on Medical Gloves	检验检测标准
ASTM D6978—2005（2019）	医用手套对化疗药物渗透阻力评价的标准操作规程 Standard Practice for Assessment of Resistance of Medical Gloves to Permeation by Chemotherapy Drugs	检验检测标准
ASTM D7102—2017	测定无菌医用手套上的内毒素的标准指南 Standard Guide for Determination of Endotoxin on Sterile Medical Gloves	检验检测标准

续表

标准编号	标准名称	标准类别
ASTM D7103—2019	医用手套评定的标准指南 Standard Guide for Assessment of Medical Gloves	检验检测标准
ASTM D7160—2016	医用手套有效期测定的标准实施规程 Standard Practice for Determination of Expiration Dating for Medical Gloves	检验检测标准
ASTM D7161—2016	测定典型仓库条件下存放的成熟医用手套实时有效期的标准实施规程 Standard Practice for Determination of Real Time Expiration Dating of Mature Medical Gloves Stored Under Typical Warehouse Conditions	检验检测标准
ASTM D7907—2014（2019）	测定医用检查手套表面杀菌作用的标准试验方法 Standard Test Methods for Determination of Bactericidal Efficacy on the Surface of Medical Examination Gloves	检验检测标准

2.1.3.2 欧盟

欧盟医用手套对应的标准主要是 EN 455 系列检测方法标准。

2.1.3.3 日本

日本医用手套产品标准主要有 JIS T 9107—2018（ISO 10282：2014 MOD）、JIS T 9115：2018（ISO 11193-1：2008 MOD）、JIS T 9116：2018（ISO 11193-2：2006 MOD）。

2.1.3.4 马来西亚

马来西亚医用手套有 MS 1291：2003、MS 1155：2003 产品标准，还有 MS 1549 ：2002（ASTM D 6124）、MS 1550：2002、MS 2061：2008、MS 2299－1：2015（EN 455-1：2000）、MS 2299-2：2010、MS 2299-3：2010（EN 455-3：2006）检测方法标准。

2.1.3.5 ISO 标准

ISO 医用手套标准主要有 ISO/TC45 橡胶及橡胶制品委员会在归口管理。截至 2021 年 2 月，ISO 医用手套标准中的产品标准有 ISO 10282：2014、ISO 11193-1：2020（2020.8）、ISO 11193-2：2006。检测方法标准有 ISO 21171：2006、ISO 12243：2003。

2.2 国内外医用手套质效主要评价指标分析结果

对医用手套的规格尺寸、拉伸性能、不透水性等技术性能要求，邓一志等比对医用手套的中国标准、欧盟标准、美国标准及 ISO 标准，已得出技术性能要求基本相同的结论。然而，近年来，由于戴医用手套引起的不良反应也在科学文献中有所描述，具体表现有天然橡胶胶乳手套引起的速发型过敏反应、灭菌残留物（环氧乙烷）、致热物产生的不良反应，北京市食品药品监督管理局发布的《医用手套产品技术审评规范（征求意见稿）》中将环氧乙烷残留量要求、内毒素要求也列入产品技术要求应包括的主要性能指标。2017 年 1 月开始，美国 FDA 对有粉外科手套等三类产品实施了使用禁令。2018 年 1 月、2019 年 6 月，国家药品监督管理局先后两次发出有粉医用手套风险的医疗器械不良事件通报。因此，我们从保障医护人员健康安全的角度出发，有必要对粉末量、水抽提蛋白质限量、环氧乙烷灭菌残留量、内毒素留量技术指标进行国内外情况比对。具体的指标说明如下：

（1）粉末（powder）：在试验条件下，医用手套表面上能用水清洗去除的所有水不溶性附着物。

（2）水抽提蛋白质（water-extractable protein）：存在于天然胶乳制品中并可用水进行抽提的蛋白质与蛋白质类似物质（如多肽）。

（3）环氧乙烷（ethylene oxide，EO）：环氧乙烷是一种可刺激体表并引起强烈反应的易燃性气体，是一种中枢神经抑制剂。1994 年，国际癌症研究机构（IARC）依据 EO 的作用机理，重新将其划分为人类致癌物质（一类），被认为会导致一系列生物学反应。其特点是对灭菌物品穿透微孔达到物品的深部，经济性显著。《医疗器械生物学评价 第 7 部分：环氧乙烷灭菌残留量》（GB/T 16886.7—2015）等同采用 ISO 10993-7：2008，对医疗器械的环氧乙烷灭菌残留限量提供确认的方法。

（4）内毒素（endotoxin）来源于革兰氏阴性菌细胞膜外层结构的脂多糖。内毒素是一种致热原，可来源于手套原材料，特别是生产过程中的工艺用水和手工处置过程中的细菌污染。

各国或地区医用手套主要质效指标比对见表 4。

表 4 各国或地区医用手套主要质效指标比对

主要质效指标	中国	欧盟	美国	ISO
粉末含量	GB 24788—2009 有粉医用手套表面残余粉末含量≤10mg/dm^2 无粉医用手套表面残余粉末含量≤2mg/只	EN455-3：2015 无粉医用手套表面残余粉末含量≤2mg/只，任何粉末含量超过 2mg 的手套为有粉手套	FDA 发布禁止使用有粉外科手套、有粉检查手套、有粉外科润滑手套	ISO 11193：2020 有粉医用手套表面残余粉末含量≤10mg/dm^2 无粉医用手套表面残余粉末含量≤2mg/只
水抽提蛋白质限量	GB 24788—2009 由天然橡胶胶乳制造的医用手套水抽提蛋白质含量≤200μg/dm^2	无	ASTM D3577、ASTM D3578 水抽提蛋白质含量≤200μg/dm^2	ISO 11193：2020 未包含
环氧乙烷灭菌残留量	GB/T 16886.7—2015 对环氧乙烷（EO）残留限量提供确认的方法	按 EN ISO 11607 规定的灭菌方法进行	美国 FDA 要求环氧乙烷（EO）残留限量通过 510K 注册	ISO 10993-7 对环氧乙烷（EO）残留限量提供确认的方法
内毒素留量	YY/T 0616.1—2016 如果手套标示“低内毒素含量”，制造商应按该标准 5.1 规定的方法监测无菌手套内毒素污染，有这种标示的手套的内毒素含量不超过 20EU	EN455-3：2015 有“内毒素含量”标识的手套，每副手套的内毒素含量不超过 20EU	ASTM D7102—2017 医用手套未规定内毒素限值。在 9.2 条中，列出美国药典为接触循环血液的医疗器械设定了 20EU/台设备的限值	ISO11193：2020 未包含

比对医用手套中国标准、欧盟标准、美国标准及 ISO 标准可以看到，中国对表面残余粉末和水抽提蛋白质都做了强制性限量，更加明确清晰。中国、欧盟及美国对内毒素指标也规定了不超过 20EU，都体现了对使用者及消费者负责的态度，与李景等结论一致。粉末含量方面，比对标准指标一致，但是，美国发布禁用指令，中国发布不良反应通报。环氧乙烷灭菌残留量则是中国标准、欧盟标准、美国标准及 ISO 标准对环氧乙烷（EO）残留限量提供了确认的方法，部分中文文献中提到小于 10μg/g 的限量值。

3 讨论

3.1 我国已制定多项关于医用手套的标准，初步形成医用手套新型标准体系

针对医用手套制定和修订相关标准，可促进医用手套的合理使用，降低其使用风险，是一项极为重要的工作。目前我国医用手套已初步建成包括国家标准、行业标准、团体标准在内的新型标准体系，对医用手套的分类、材料、要求等进行了规定，为我国医用手套的规范生产及使用做出了重要的指导作用。其中 2021 年 7 月实施的《一次性使用灭菌橡胶外科手套》（GB/T 7543—2020）规定了一次性使用灭菌橡胶外科手套在外科操作中防止病人和使用者交叉感染、无菌包装的橡胶手套的技术要求。新标准的实施，进一步完善了医用手套标准体系，保障了患者及医务人员的安全。

3.2 医疗机构及医务人员医用手套的应用建议

建议依从世卫组织（WHO）发布的 *WHO guidelines on hand hygiene in health care* 手卫生的 5 个时刻及手卫生与医用手套使用的 5 项原则。特别要注意根据标准预防的接触防护措施，遵照手套金字塔图片，决策戴（或不戴）手套。关于有粉手套和无粉手套，建议依从国家食药局医疗器械不良事件信息通报（2019-06-13）等的建议，针对临床手术、侵入性操作以及过敏体质者，改用无粉手套。关于不同名称医用手套选择，通过分析我国医用手套标准可知，医用无菌外科手套分为天然橡胶与合成橡胶 2 种，多用于外科手术及侵入性无菌操作；医用检查手套，多为丁腈橡胶、氯丁橡胶，有无菌与非灭菌之分，无菌的多用于诊断检查、诊断治疗等，非灭菌的多用于接触血液、体液等清洁使用。对天然橡胶手套蛋白过敏者，注意选择使用。关于新冠肺炎疫情防控场景下医用手套的选择，基于拉伸强度、抗穿刺、不透水性等技术指标，建议优先选用丁腈橡胶医用检查手套，其次是天然橡胶手套，慎用 PVC 材质手套。关于不同灭菌方式医用手套的选择，根据郭准、孙娜娜、冯丽琪、李双等研究及标准分析，建议优先选用辐照灭菌方式医用手套。

3.3 医疗机构及医务人员未见参与医用手套标准起草的工作

查看 4 项国家产品标准及 9 项检测方法标准，产品标准的起草单位主要来自医用器材设计、生产、检验、贸易公司；检测方法标准的起草单位主要来自医用器材设计、生产、产品质量检验中心、检验所、高校等。一线医疗机构及医护人员作为医用手套的主要使用者，未见参与标准编写活动。

3.4 加强标准跟踪评价工作

对现行有效的医用手套标准，开展标准实施效果评价工作，以了解标准应用情况及其应用过程中存在的问题。国家层面、质控部门、医疗机构等部门也应重视医用手套标准相关内容的宣贯，采取方便、快捷的方式使医务人员可以随时随地学习医用手套标准。

参考文献

[1] 孙娜娜．无菌医疗器械中环氧乙烷的残留问题分析［J］．科学技术创新，2020（16）：189-190.

[2] 冯丽琪，邹志飞．环氧乙烷消毒后的残留与影响解吸因素［J］．护理学报，2006（11）：18-20.

[3] 李双，李竹，姜帆，等．浅析无菌医疗器械中环氧乙烷的残留问题［J］．中国医疗器械信息，2016，22（23）：78-80.

[4] 王艳丽．浅析医用手套在临床护理人员中的使用现状［J］．中国全科医学，2010，13（S1）：136-137.

[5] 郭准，毛省侠．关于环氧乙烷灭菌残留风险控制的探讨［J］．中国医疗器械信息，2011，17（11）：27-31.

[6] 李景，汪滨，甘克勤，等．国内外医用手套标准综述［J］．标准科学，2020，550（3）：25-29.

[7] 孙岩，高斌．医用手套临床应用存在的问题与对策［J］．中国感染控制杂志，2018，17（10）：940-944.

[8] 关雪．医用手套使用中存在的问题与分析［J］．解放军护理杂志，2005（3）：43-45.

[9] 唐雪林，张艳，黄迎春，等．新型冠状病毒肺炎疫情下个人防护用品的使用现状及改良［J］．医疗装备，2020，33（23）：54-57.

[10] 邓一志，王金英，郭识君．医用手套国内标准现状及中欧中美标准比对分析［J］．中国标准化，2020（S1）：39-45.

[11] 张秀丽，薛玲，王晨．医用手套产品技术审查关注点探讨［J］．首都食品与医药，2016，23（10）：4.

[12] 沈崇文，孙宇宁．一次性使用医用手套标准解读［J］．标准科学，2020，551（4）：60-64.

[13] 国家食品药品监督管理总局．一次性使用医用手套 第 1 部分：生物学评价要求与试验：YY/T 0616.1—2016［S］. 北京：中国标准出版社，2017.

[14] 《医用手套产品技术审评规范（征求意见稿）》［OL］．http：//yjj.beijing.gov.cn/yjj/resource/cms/2016/07/2016071817591349258.doc.

[15] Banned Devices；Powdered Surgeon's Gloves，Powdered Patient Examination Gloves，and Absorbable Powder for Lubricating a Surgeon's Glove［OL］. https：//www. federalregister. gov/documents/2016/12/19/2016-30382/banned-devices-powdered-surgeons-gloves-powdered-patient-examination-gloves-and-absorbable-powder.
[16] 医疗器械不良事件信息通报（2018 年第 2 期）关注有粉医用手套风险［OL］. https：//www. nmpa. gov. cn/xxgk/yjjsh/ylqxblshjtb/20180118194501331. html
[17] 医疗器械不良事件信息通报关注有粉医用手套风险（2019-06-13）［OL］. https：//www. nmpa. gov. cn/xxgk/yjjsh/ylqxblshjtb/20190613153701642. html
[18] WHO. WHO Guidelines on Hand Hygiene in Health Care［EB/OL］（2009-1）. https：//apps. who. int/iris/bitstream/handle/10665/44102/9789241597906_eng. pdf? sequence=1&isAllowed=y（2021-2-23）.
[19] 陈利琴，陈肖敏．医用手套的研究进展［C］//中华护理学会．创建患者安全文化——中华护理学会第 15 届全国手术室护理学术交流会议论文汇编（中册）．中华护理学会，2011：4.

“数字山东”标准体系建设研究

桓德铭[1]　熊绍东[2]　王　准[3]

（1. 山东省大数据中心；2. 山东省标准化研究院；3. 山东省大数据中心）

摘　要：随着大数据技术的快速发展，数据作为生产要素深刻影响着社会经济各个领域的变革。为推动数字化转型建设，各地纷纷制定有关数字化发展规划并建设实施，但在实际开展过程中发现，仍存在业务不协同、数据规范不一致、数据共享开放不顺畅、工作流程烦琐等制约政府数字化发展的因素，亟须借助标准化方法予以解决。本研究以“数字山东”建设为例，分析了当前工作背景，通过调研分析了山东省数字化转型建设过程中标准化建设的现状和有关需求，总结了山东省数字化转型有关标准体系建设内容，并探索提出了标准化推进“数字山东”建设有关建议，以进一步提升“数字山东”建设质量。

关键词：数字化；标准化；数字山东

1　背景

近年来，随着大数据技术的发展，数据作为资产要素渗透到经济社会各个领域，让数字化转型推动经济社会发展已成为各级政府的重要抓手。习近平同志在主持中共中央政治局第二次集体学习时指出：“大数据是信息化发展的新阶段。”党的十九届四中全会明确提出“推进国家治理体系和治理能力现代化”的总体要求和改革目标。实施国家大数据战略，加快建设数字中国，是以习近平同志为核心的党中央做出的重大决策部署。党的十九届五中全会进一步提出，要在“十四五”期间全面加快经济社会数字化发展。可以说，数字技术重构着政府、企业和群众的生产生活方式，已成为经济社会发展的基础要素。

在此工作背景下，山东省先后制定出台了《数字山东发展规划（2018—2022 年）》《山东省数字政府建设实施方案（2019—2022）》《山东省支持数字经济发展的意见》《山东省新型智慧城市试点示范建设工作方案》等文件，立足数字政府、数字经济和数字社会领域，全面推动“数字山东”建设。其中，数字政府从政府机关内部管理和对外公众服务两个方面，重点提出了推进政府机关内部“一次办好”，面向公众的政务服务“一网通办”“一次办好”等方面的建设任务。在数字经济方面，提出了以“数字产业化、产业数字化”发展为主线，重点发展数字化新业态、加快智能制造升级、打造数字经济园区、加快推动数字农业等任务。在数字社会方面，以新型智慧城市建设试点为抓手，提出推动文化教育、智慧养老、医疗服务、数字社区、交通出行等数字便民任务。

2　“数字山东”建设标准化现状需求

近年来，为指导全省开展数字化转型相关工作，广东、贵州、浙江等省以标准化思维作为支撑引领，先后制定了有关数字转型标准化规划，如广东省制定印发《广东省大数据标准体系规划与路线图》，浙江省制定印发《浙江省数字化转型标准化建设方案（2018—2020 年）》，贵州省制定印发《贵州省大数据标准化体系建设规划（2020—2022 年）》，其他省市也相继启动有关数字化标准体系的编制工作。从这些省市的实践经验来看，通过研制有关数字化转型标准体系，可以有效地梳理数字化工作边界，利于在整体上预先确定数字化标准制修订方向，极大地为各省市数字化发展工作提供强有力的引导和规范。

山东省在开展标准化工作方面始终走在前列。从标准制修订数量上看，山东省相继制定数字化相关地方标准 200 余项，与兄弟省市相比走在前列。但从行业领域上，山东省数字化标准主要集中在农村农业与政务服务两方面。与先行省份相比，山东省在数字化领域的范围广度和行业精细化方面较为不足。比如，在大数据治理方面，贵州省无论在广度还是精细化方面，都较为突出和全面。而广东省的数字标准化工作，则是全面与数字政府建设相结合，在电子政务、数据治理、综合社会治理应用等领域有较为均衡的发展。

所以，山东省需立足“数字山东”建设任务，需统筹数字化标准体系的顶层设计和规划，重点在体系的覆盖度、关键技术以及山东省重点领域开展有关标准化工作。

3 “数字山东”标准体系建设

3.1 工作目标

为推动数字山东建设，以标准化支撑、促进山东省数字化转型，山东省坚持标准先行，组织制定了《数字山东标准体系建设指南》。按照“整体布局、重点突出、需求导向、分工协作”原则，构建起结构清晰、科学合理的数字山东标准体系。其主要有以下工作目标：

（1）形成数字山东标准体系框架，构建涵盖基础共性、关键技术、数字基础设施、数据资源、行业应用、安全保障的标准体系。

（2）研制一批支撑数字山东建设急需的基础通用、关键技术、行业应用的重点标准，完善标准体系，搭建数字山东标准共享平台，建立标准数据库。

（3）完成百项支撑数字山东高水准、全链条建设的重点标准，围绕新型智慧城市建设不同应用场景开展标准试点示范，积极主导或参与国际、国家和行业标准的制修订，将山东省内成效显著的标准推广成为国家标准或国际标准，开展标准实施效果评估，实现数字山东相关标准全面完善并有效实施。

（4）“十四五”期间，建成推进体制更加完善、供给结构更加合理、标准质量更加优质的数字山东标准体系。标准化在推动数字山东建设中的基础性、战略性和引领性作用更加突出。

3.2 总体框架

数字山东标准体系由基础共性标准、关键技术标准、基础设施标准、数据资源标准、行业应用标准和安全保障标准六部分组成，每部分下设若干子体系，如图 1 所示。

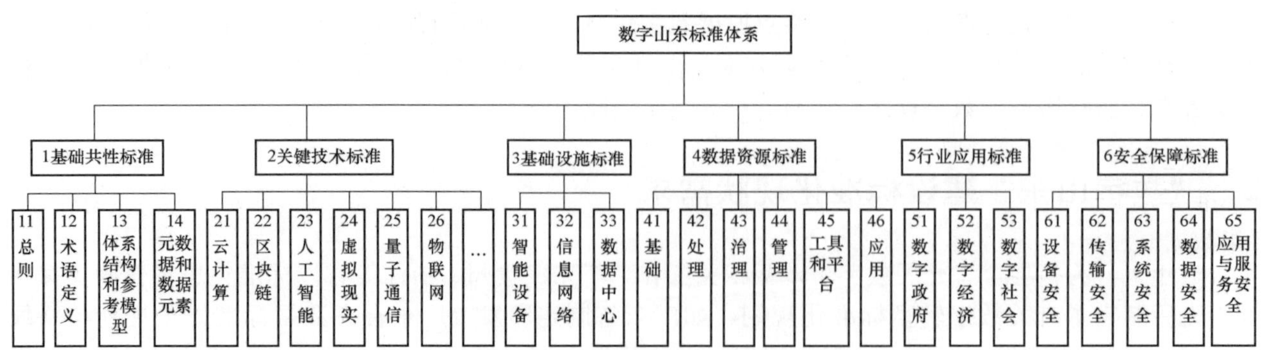

图 1　数字山东标准体系结构

3.3 主要内容

（1）基础共性标准。

基础共性标准主要包括“数字山东”建设过程所需的总则标准、有关术语与定义、体系结构和参考模型、元数据和数据元素等。其中，总则标准是对数字山东建设的总体要求；术语与定义标准用来统一规范“数字山东”建设过程中涉及的有关概念，为所有标准的制定提供基础规范；体系结构和参考模型识别标准化对象，界定各项工作任务边界以及各部分间的相互逻辑关系；元数据和数据元素则用于统一规范“数字山东”建设中的数据描述信息。

（2）关键技术标准。

关键技术标准包括云计算、区块链、人工智能、虚拟现实、量子通信、物联网等数字山东建设过程中已经使用或者未来需要用到的技术标准。

（3）基础设施标准。

基础设施标准包括智能设备标准、信息网络标准和数据中心标准。其中，智能设备标准主要指的是物联网的设施设备标准，可以分为感知设备标准、控制平台标准和融合设备标准等；信息网络标准主要指高速信息网络相关标准，包括5G标准、接入网标准、骨干网标准等；数据中心标准主要包括节能建设标准和运营管理标准等。基础设施标准子体系框架见图2。

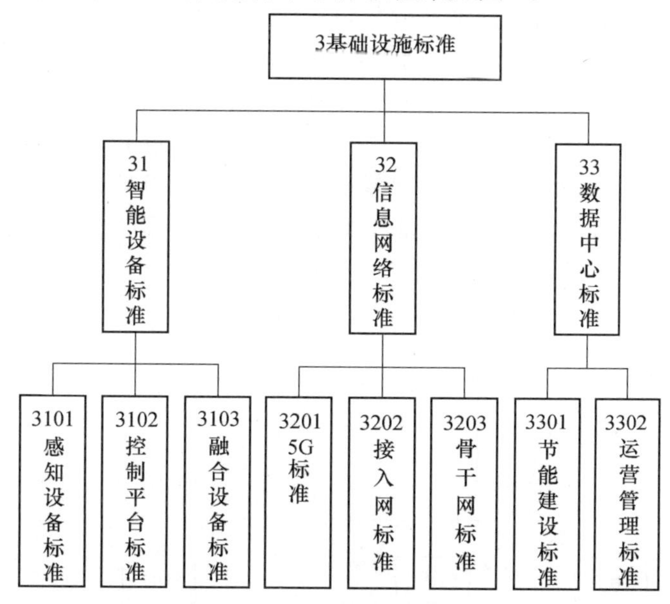

图2 基础设施标准子体系框架

（4）数据资源标准。

数据资源标准包括数据资源的基础标准、处理标准、治理标准、管理标准、工具和平台标准以及应用标准。其中，基础标准主要指数据资源目录标准；处理标准主要从数据的处理过程进行划分，包括数据采集标准、数据预处理标准、数据存储标准、数据分析与挖掘标准，以及数据展现标准等；治理标准包含数据资源相关管控活动标准以及风险管理标准等；管理标准主要指数据管理标准和运维管理标准等；工具和平台标准主要指数据资源相关工具、系统平台方面的建设和运维标准；应用标准主要指数据开放标准、数据交换共享标准和数据授权标准等。数据资源标准子体系框架见图3。

（5）行业应用标准。

行业应用标准依据《数字山东发展规划（2018—2022年）》分为数字政府标准、数字经济标准和数字社会标准。其中，数字政府标准包括政务协同、政务服务、管理标准和政府治理4部分；数字经济标准按产业数字化与数字产业化的划分思路划分；数字社会标准分为文化教育、卫生健康、养老救助、交通出行、智慧社区等。

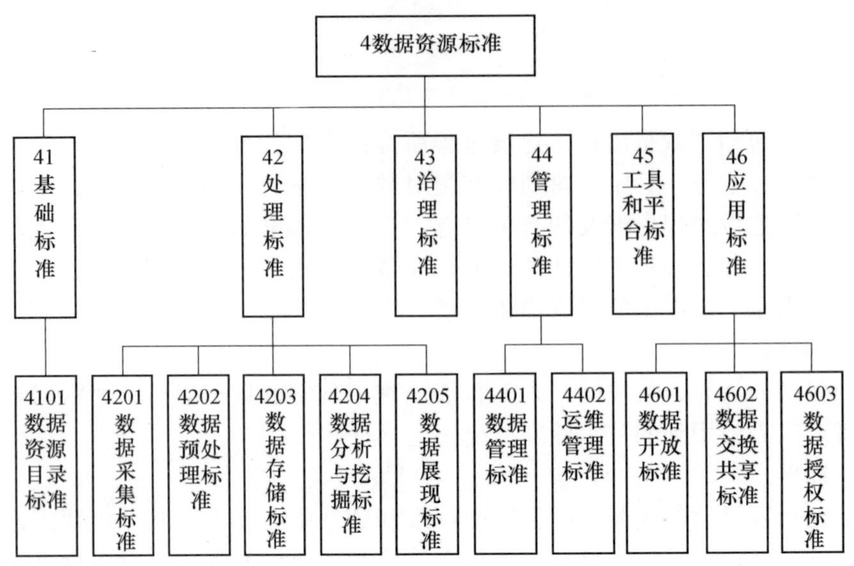

图3 数据资源子体系框架

① 数字政府标准子体系。

数字政府标准子体系包括政务协同标准、政务服务标准、管理标准和政府治理标准四部分。政务协同标准是规范政府内部工作流程和业务系统的标准；政务服务标准包括服务基础性标准和行业应用标准，其中，服务基础性标准主要规范了统一用户管理、电子印章、电子签名、电子证照、电子公文等内容；管理标准主要包括政务服务有关系统平台的运维管理和测评规范，用于规范、保障系统平台的稳定运行；政府治理标准包括政府为实现对应急指挥、防灾减灾、智慧交通、互联网＋监管、信用治理方面等进行大数据监管过程中的各项平台技术、管理和建设等规范。数字政府标准子体系框架见图4。

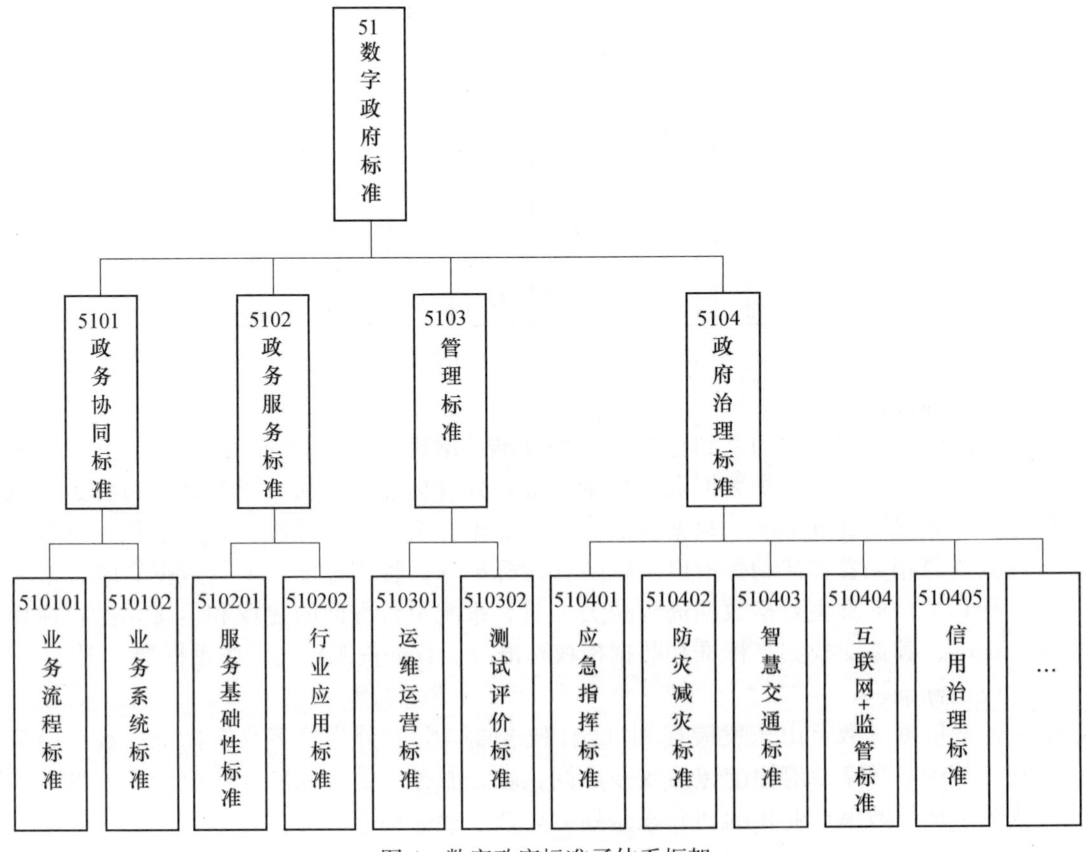

图4 数字政府标准子体系框架

② 数字经济标准子体系。

数字经济标准子体系包括智慧农业标准、智能制造标准、智慧服务标准和数字产业标准 4 部分。智慧农业标准主要指农业大数据、智慧农业应用、智慧营销、农产品物流中心建设等方面的标准；智能制造标准包含数字装备、智慧服务、工业网络以及智能赋能技术等方面的标准；智慧服务标准包括智慧物流标准、互联网金融标准等；数字产业标准包括电信、软件和信息技术服务、数字经济园区等方面的标准。数字经济标准子体系框架见图 5。

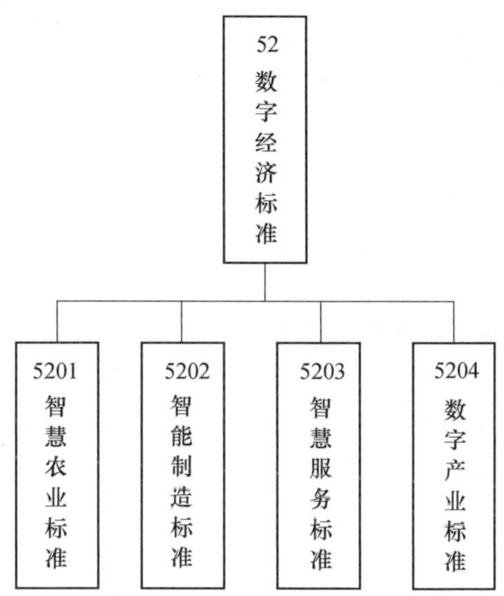

图 5　数字经济标准子体系框架

③ 数字社会标准子体系。

数字社会标准子体系包括文化教育标准、卫生健康标准、养老标准、托育标准、家政标准、文化和旅游标准、体育标准、精准扶贫标准、社区救助标准等社会治理领域的标准。数字社会标准子体系框架见图 6。

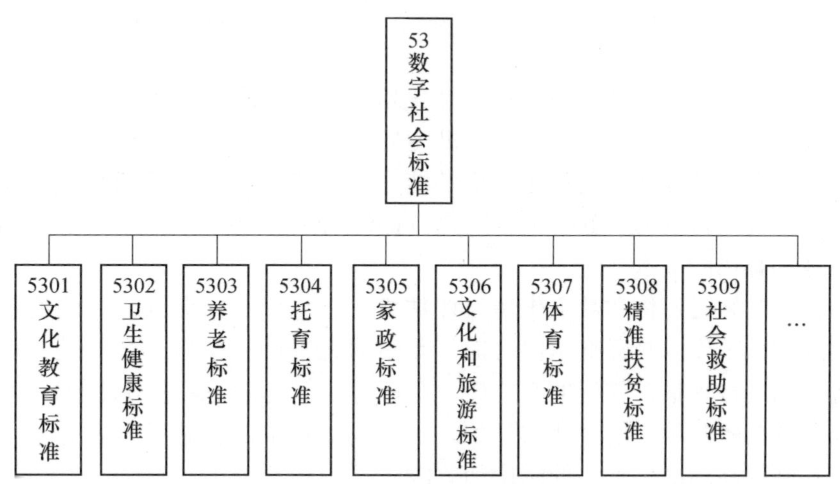

图 6　数字社会标准子体系框架

（6）安全保障标准。

安全保障标准按安全保护对象划分为设备安全标准、传输安全标准、信息系统安全标准、数据安全标准、应用与服务安全标准。其中，设备安全标准是指设备设施方面的安全标准；传输安全标准指数据传输方面的安全标准；信息系统安全标准是指信息系统方面的安全标准；数据安全标准是指数据资源方面的标准；应用与服务安全标准是指在数字化应用和开展服务方面的安全标准。安全保障标准子体系框架图见图 7。

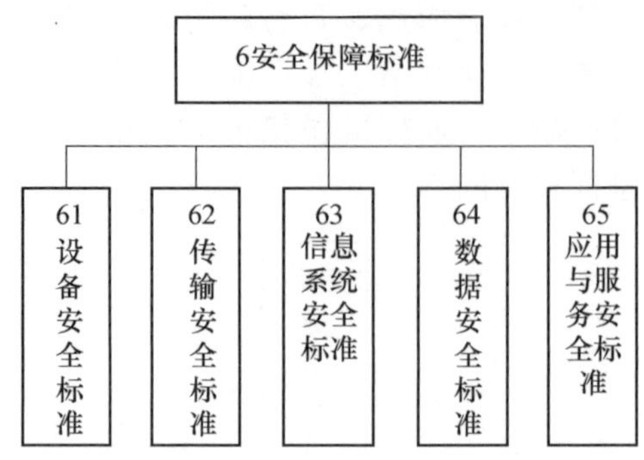

图 7　安全保障标准子体系框架

4　标准化推进“数字山东”建设建议

一是统筹开展数字标准化顶层设计，构建“数字山东”标准体系。结合山东省数字强省“十四五”规划有关建设方向，不断建立健全“数字山东”标准体系的涵盖范围和具体研究内容，按照全省一盘棋的思路，不断丰富“数字山东”标准体系的总体架构，从行业领域上不断细分行业领域分类，重点在关键领域进行深耕细作，跟踪国内外标准化动态情况，及时掌握有关数字标准化的现状和未来走向。不断深化健全“数字山东”标准体系的范围，为全面开展经济社会数字化转型提供发展蓝图。

二是依据“急用先上、分步推进”的思路，分步开展标准制定。按照数字强省“十四五”规划内容，坚持问题需求和发展导向，针对“数字山东”建设过程中有关政务云网设施、数据资源体系、行业应用以及信息化运维和安全保障等各环节的标准化需求，按照轻重缓急编制关键标准制定清单。如数据资源体系中人口信息、法人单位、电子证照等数据库，市场经济、信用监管等主题库建设规范，应用体系中“互联网＋政务服务”、数字机关建设、跨部门跨层级的业务协同以及数据开放应用等。

三是开展标准化赋能数字化转型行动。把标准化培训和标准宣贯列入常态化工作，不断强化从业人员的标准化知识和意识，建立“数字山东”标准专题数据库，向各建设单位提供便捷的在线标准服务系统，形成全员主动利用标准开展规范化建设的能力。在实践工作中不断总结经验、形成最佳化实践，持续推动标准制修订，持续为“数字山东”建设提供高质量的指引和支撑，避免建设过程走弯路，进一步减少后续改造和容错的成本。

四是建立健全标准制修订评估和数字化建设评估机制。为提升标准制修订的质量和采用标准的有效性，开展标准实施评估工作。在标准制修订时，重点对标准的科学性、合规性、可操作性以及与其他标准的协调性等方面进行评估；在标准实施后，重点对标准应用效果进行评价，如工作效能的提升，标准实施后的经济和社会效益等。通过评估评价，综合判断标准的实施效力，为下一步标准规范的提升提供优化依据，不断提高标准化工作的质量和效能。

5　小结

标准体系是数字系统互联互通、信息共享、业务协同的基础，是“数字山东”建设重要的基础性研究和战略性研究。标准体系对进一步完善数字山东整体发展框架，落实数字政府、数字经济和数字社会具体任务具有重要支撑作用。构建结构清晰、协调配套、具有山东特色的标准体系为建设标准化的“数字山东”提供了总体框架和发展蓝图，有效提升了“数字山东”建设过程的质量和效能。

参考文献

[1] 山东省人民政府．数字山东发展规划（2018—2022 年）[EB/OL]．http：//www. shandong. gov. cn/art/2019/2/27/art _ 2259 _ 30882. html，2019-02-27.

[2] 山东省人民政府．山东省数字政府建设实施方案（2019—2022）[EB/OL]．http：//www. shandong. gov. cn/art/2019/4/2/art _ 2259 _ 31298. html，2019-04-02.

[3] 中国信息通信研究院．中国大数据与实体经济融合发展白皮书 2019 [EB/OL]．http：//www. caict. ac. cn/kxyj/qwfb/bps/201905/t20190506 _ 199054. htm，2019-05-06.

[4] 陈潭，庞凯．大数据战略实施的支撑系统与保障体系 [J]．治理现代化研究，2019（4）：82-90.

[5] 张群，吴东亚，赵菁华．大数据标准体系 [J]．大数据，2017（4）：11-19.

[6] 河南省人民政府．河南省推进国家大数据综合试验区建设实施方案 [EB/OL]．http：//www. henan. gov. cn/2017/04-25/239713. html，2017-04-08.

[7] 刘亮．大数据时代数字资源整合技术标准研究 [J]．河南图书馆学刊，2015（8）：3.

[8] 桓德铭，王春燕，张新亮，等．标准化引领地方政府数字化建设路径研究 [J]．中国标准化，2020（9）：75-80.

[9] 孟天广．政府数字化转型的要素、机制与路径——兼论“技术赋能”与“技术赋权”的双向驱动 [J]．治理研究，2021（01）：5-14.

基于标准大数据的 NQI 服务模式创新研究

刘洪钢[1]　王　剑[1]　法文鹏[1]　任海玲[1]　孟凡斌[1]

［1. 高质标准化研究院（山东）有限公司］

0　引言

0.1　NQI 的概念

NQI 指的是国家质量基础设施，包含计量、标准化、合格评定（主要包含认证认可、检验检测）三个方面。这三个方面相辅相成，为保证企业高质量发展、保护生态环境、维护消费者合法权益提供了有效的手段，同时也是我国的国际贸易和经济可持续发展的重要支撑（图 1）。

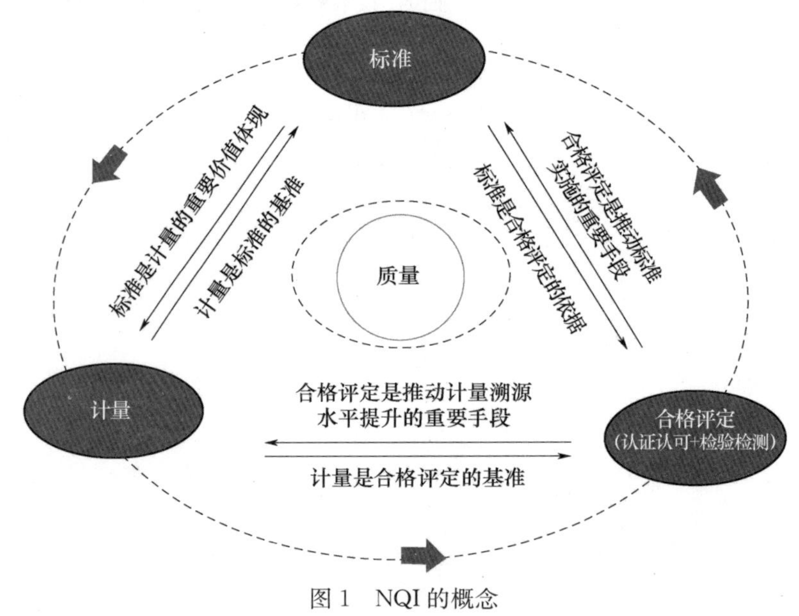

图 1　NQI 的概念

0.2　NQI 的重要性

当前，NQI 作为规范经济和社会核心综合竞争力的根本要求，对规范我国经济和社会发展具有重大战略性支撑和推动作用，已经完全融入我国经济社会现代化发展的各个领域，成为规范我国治理结构体系的重要组成部分和质量管理能力现代化的重要中坚力量。无论出于保持产品质量的需求，还是打破贸易壁垒的需求，NQI 都很重要。国务院及质检总局等部门先后印发了《国务院关于深化标准化工作改革方案的通知》《国家质检总局、国家标准委关于改进和加强地方标准化工作的意见》，对基础性质量公共服务建设提出了明确的要求。

1　NQI 信息平台建设现状

当前，我国 NQI 信息化平台建设工作正在进行中，这是一个由数量积累转变为质量提高的关键阶段，虽然我们已经充分认识到NQI的重要性，但仍存在一些突出问题。

1.1 偏重硬件投入，轻视软件建设

各地在进行国家质量基础设施的建设时，往往偏重于硬件的投入，认为NQI建设即硬件建设，因此各地纷纷上马国家、省级检测中心，采购高新精密检测仪器设备，对各类检验基地环境设施进行改扩建等。固然NQI建设离不开硬件建设，但信息化平台的建设同样重要。缺少高水平的NQI信息化平台的支撑，甚至会造成硬件投入的事倍功半。

1.2 偏重单一化平台，缺乏一站式服务

即便有些地区已经开始NQI相关的信息化平台建设，且项目数量逐年增加，但普遍的问题是大多偏重于解决某一方面的问题，只以自身工作内容为关注点，目的只是方便自身工作的开展，没有全局性的统筹思维，无法形成方便用户的一站式服务。因关注点分散，造成各条线互不相通，制约了平台应用的广度和深度，受众面比较狭窄。

1.3 偏重传统功能，疏于应对变化

现存的NQI信息化平台大多只注重传统的信息宣传、工作流程推进等功能，并没有将平台的实用性、交互性和用户体验放在首位，更没有考虑到随着业务的发展，需要更多的服务场景及产品支撑不断变化的需求，用户是被动接收和使用，且无法应对新需求。

因此，建设一个功能性、实用性、交互性并具有扩展性的NQI信息化平台就成为质量标准化工作者需要探索和研究的方向。基于上述问题，本文选择国内高质量服务模式的创新和实践典范之一——高质标准化研究院为例，探索在新形势下打造资源共享型、科技创新型、用户交互型兼具的NQI信息化平台的解决措施。

2 高质标准与质量公共服务平台概述

作为济南市2019年“双招双引”重点工程项目，中国标准化研究院与济南市政府合作，共同创建了高质量与绿色产业融合创新研发基地，高质标准化研究院即为该基地的运营主体。

高质标准化研究院围绕新旧动能转换十强产业，打造了“1＋Q＋N”架构的高质标准与质量公共服务平台，力求以标准链接质量，为产业上下游提供NQI一站式公共服务，赋能中国企业高质量发展。

2.1 总体架构

高质标准与质量公共服务平台采用“1＋Q＋N”的架构（图2）。“1”指的是基础大数据设施；“Q”指的是以国家质量基础服务、生态产品价值服务、绿色低碳服务、智力资源服务为重点方向；“N”指的是用双轮驱动模式更快、更好、更强去创建、捕捉、链接场景及创新产品。

2.2 数据优势

高质标准与质量公共服务平台以标准数字化为核心，推动NQI的数字化转型。平台通过全方位的数据支持，建设了全国性、独有化的“标准化大数据平台”。目前平台储备应用超过百万级的标准大数据，全面对接制造企业、仪器设备、检测机构、计量机构的质量大数据，以及知识产权大数据和工商、消费、舆情数据的拓展数据源。通过大数据可以提高运行效率和决策能力，催生新的服务模式。

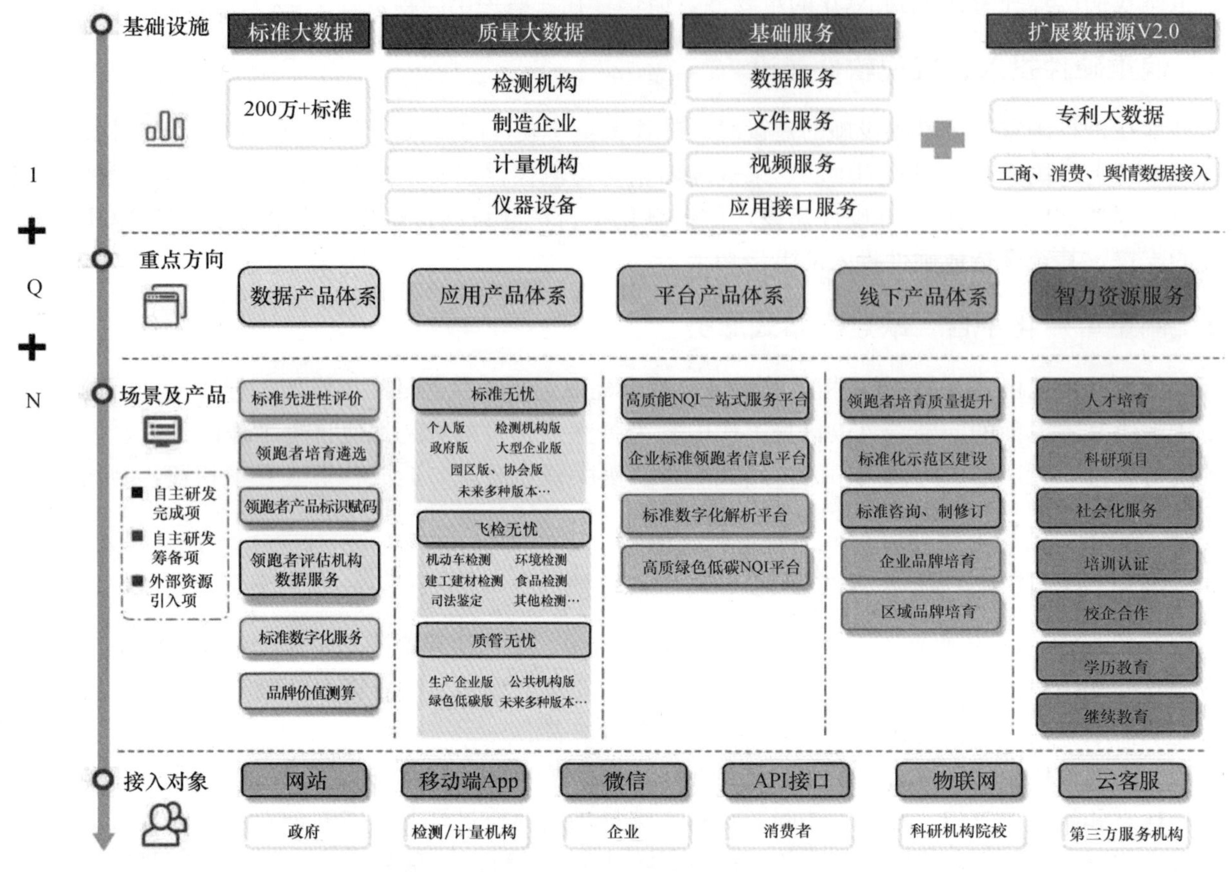

图2 “1+Q+N”架构

2.3 生态优势

基于“1+Q+N”的公司战略规划架构，高质标准与质量公共服务平台的业务发展呈现出一种生态化趋势，以“标准+质量”的大数据为核心，打造以大数据驱动“互联网+标准化+产业化”融合发展模式。以互联网思维，结合产业发展需求，打造数据驱动型质量提升综合服务能力是其领先的核心能力，所有产品及服务均可快速复制和全国覆盖。

2.4 智库优势

作为中国标准化研究院的下级机构，高质标准化研究院获得了中标院全方位支持。依托中标院强大的技术专家队伍及丰富的科研成果，对接了全国136个标准化技术委员会和30个国际标准化技术机构的专家资源，并与多所大专院校合作，共建了质量与标准化方向的专业学科，柔性引进行业内外高端人才、主导学科的建设。通过高校开设标准化课程，为我国培养标准化产业优秀人才。

3 高质标准与质量公共服务平台服务模式

3.1 标准化服务

高质标准与质量公共服务平台以标准大数据为驱动，提供标准咨询、制修订、标准化示范基地建设等服务，实现更低成本、更高质量、更多产出物的差异化服务模式。在日益激烈的国内外标准化市场竞争中，我国为了能够得到更快、更好地发展，加速迈进企业标准化管理的步伐，大力推动了标准化的进程。企业也积极响应国家号召，截至2021年5月，已有超过32万家企业公开186万余项企业标准。高质标准与质量公共服务平台以企业标准为切入点，通过企业标准可获得企业的产品信息、供应链信息、检验检测信息等，为企业构建精准画像，打通产业链各环节，为全面推动企业高质量发展做好服务。

3.2 NQI生态

高质标准与质量公共服务平台以标准大数据为核心，链接质量服务上下游，打造一个全方位的场景式云上服务平台，实现标准、计量、认证、检验检测、品牌培育、政策解读、数据分析等全业务的线上受理。

平台利用云计算、大数据、人工智能技术，达到简单查询、精准匹配的服务能力。通过一个标准号，可以向用户提供标准的相关信息、依据该标准生产的产品信息及对应的企业信息、依据该标准检测的检测能力及对应的检测机构信息、标准号相关的政策法规资讯等。通过一个产品名称，可以向用户提供该产品的执行标准、检测标准、核心指标、生产企业，可以检测该产品的检测机构等信息。通过一台设备的名称，可以向用户提供设备的相关生产厂家信息，拥有该设备的检测机构、计量机构及企业信息，可以对该设备进行计量的计量机构等信息。真正实现通过一个平台涵盖所有要素，为用户提供全方位质量服务的理念。

3.3 绿色低碳

我国明确提出“碳达峰、碳中和”的目标，为达成该目标，高质标准与质量公共服务平台依托中国标准化研究院资源与环境分院，打造全国首家绿色低碳领域NQI一站式公共服务平台。基于中国标准化研究资源与环境分院专家的科研成果，平台拥有国家级碳排放计算与方法学研究、绿色低碳政策及标准资源，以及国内稀有的“碳交易综合服务平台”开发优化资源。同时，对接山东产业技术研究院绿色与健康研究院能源互联网建设，实现节能数据上链，创新绿色金融模式。同时，高质标准化研究院已建立科研小组参与绿色技术银行的筹备工作，对接金融资源参与乡村振兴。

4 高质标准与质量公共服务平台的社会贡献

4.1 对中小企业

通过平台储备的海量标准信息、仪器设备信息、检测机构信息等，中小企业可快速精准地匹配自身需求，享受一站式服务模式带来的便捷，有效解决中小企业等NQI资源需求方因对供应方不熟悉造成的信息不对称等实际问题。此外，因平台可提供全方位的NQI服务，也可大大降低中小企业为开展质量服务所付出的金钱成本和时间成本，企业可将精力更多地集中在科研与创新方向。

4.2 对政府及市场监管机构

“碳达峰、碳中和”已经逐渐成为各级地方政府密切关注的焦点，高质标准与质量公共服务平台以其先天的优势助力了地方政府推动节能减排、产业调整，制定战略路线图。此外，因为平台能够为企业提供准确的服务，缩短了常规的服务周期，同时匹配各地政府补贴和奖励政策，可进一步调动企业对质量提升的热情，同时促进监管部门的服务质量提升。

4.3 对高校和科研单位

通过与高校和其他科研单位的合作，可以充分发挥自身的专家和技术人才的优势，将科研成果转化为实际的产品，满足市场真实的需求，这对于学界科研成果技术性和经济实用性的提升可以说是起到了促进作用。同时，通过该平台收集了市场最新需求，也为专家们创建研究课题提供了正确的发展方向，避免资源浪费。而与高校的专业学科进行共建，通过开发标准化相关课程，进而在一些试点院校增设标准化相关专业，也为培育我国标准化人才做出了贡献。

5 总结

通过深入了解国内 NQI 信息化平台的建设现状，剖析高质标准化研究院的高质标准与质量公共服务平台的整体架构、各个层面的优势、服务模式及对社会的贡献，可以预见我国 NQI 一站式公共服务平台在未来的应用中，应该始终保持战略性的思维指向，统筹和兼顾市场监督体制内外两股力量，进一步加强服务模式创新，实现技术进步与资源共享的相互推动，并进一步促使科技成果在全社会各地范围内实现共享和转换，助力产业聚集和规模经济增长，为推动区域创新型经济的发展增添动力。

信息化在标准化领域的发展方向探析

刘洪钢[1]　王　剑[1]　法文鹏[1]　任海玲[1]　孟凡斌[1]

[1. 高质标准化研究院（山东）有限公司]

摘　要：信息化建设是标准化领域发展的重要方向，虽然当前已经在标准文本电子化、标准制修订流程的自动化等方面做出了一些成果，但随着信息化技术的重大突破，原本无法解决的技术难题现在已可部分解决，标准化应用的范围和场景也大大拓宽。为应对标准文本的受众从“人”到“计算机”的转变，本文从现行标准文本的文本识别、知识重组、指标转化方向，以及今后编写标准文本的电子化、结构化方向进行探讨，以期从根本上解决海量标准文本的自动化对比、智能分析等需求，并从现有的电子化平台模式下探讨自动更新、追本溯源、丰富产出物、增加宣传渠道等方面提升其价值。

关键词：标准化；信息化

0　引言

随着科学技术的发展，数字经济在我国经济发展中所占比重越来越大。大数据分析技术、云端计算技术、物联网等新一代信息技术、5G高速通信网络等新科技成果，不断推进全球产业链分工细化和数字化转型。我国标准化制造事业从党的十八大以后就已经逐步进入了快速健康发展的重要阶段。2015年1月，国务院正式批准印发《深化标准化工作改革方案》，标准化的工作深化性和改革被再次提上了议事日程，技术标准体系的建设成为要求重点。2017年新标准化法修订案通过了全国人大的表决，“政府主导＋市场自主”的新的协调机制被明确。

两化融合成为标准化发展的重要方向，虽然目前已在标准文本的电子化、标准制修订流程的自动化等方面做出了一些成果，但随着信息化的发展，市场需求也在不断复杂化，为适应最新的市场需求，应更积极地将信息化领域的最新成果引入标准化领域。

1　标准化领域当前的信息化程度

2000年以来，我国的社会信息化建设已经取得了长足的发展，信息化已融入经济社会的各个行业之中。在标准化领域，信息化的作用同样非常重要，不但在流程自动化方面可以提供高效的解决方案，在信息共享等方面也能提供更便捷的服务，可以说标准化领域的各个方面都需要信息化的强力支撑。

标准化通常指一项活动或多项活动的组合。比如标准的制定、实施、监督、反馈以及修订等任何一项或多项活动的集成就是标准化。标准化活动的每个步骤都是针对标准信息的获取和传递，因此标准信息化在标准化工作中也发挥着重要作用。

前人已经在标准化领域的信息化方向做了以下探索及实践。

1.1　标准文本的电子化

越来越多的“标准资料数据库产品”正在替代很多企业仍在使用的纸质标准文件。将纸质标准文件电子化保存，并详细记录标准编号、标准名称、发布机构、当前状态、历史修订记录等信息，当企业员工需要了解有关标准时，可通过以上任意属性作为查询条件进行检索。因系统可动态跟踪所收录标准的状态变化，故当某标准被废除或被限制使用时，用户可以及时获知状态变化信息。

1.2 标准化流程的自动化

一个标准体系会涉及企业的所有部门，各部门的人员在其中承担不同的角色，如果没有分工合作的规划和标准化的流程指导，每个部门都自起炉灶，不仅无法避免重复造轮子，也很难做到汇总统一。为避免这种混乱的发生，“标准化体系流程审批系统”应运而生。通过该系统，可实现一项标准从提出需求、需求评审、立项，到计划、编制、征求意见、发布实施等全流程的在线审批与推动。

1.3 标准宣贯培训的在线化

传统的标准化宣贯培训模式一般由监管部门出面组织，先对标准化行业协会及专业技术委员会进行宣贯，讲解重要标准及管理政策，再由协会辐射宣贯到各个企业。这样的培训方式成本较高，无法保证高频次进行。利用当前互联网信息技术手段，创建在线培训平台，可实现远程在线培训模式。在线培训平台以创新的学习方式彻底改变了传统集中培训的弊端，学生随时随地都可以直接登录在线培训平台网络进行学习，突破了空间和学习时间的局限，大大提高了培训的自由度。另外，相对于传统线下培训固定的教学内容，在线培训平台可以提供更为丰富的教学内容，学生可自由选择课程搭配，根据自己的时间自由安排学习的时间，加强了学习的自主性。

2 信息化在标准化领域的发展方向

随着近年来信息化技术的发展，以及各行各业对标准化的重视，上述几种在标准化领域所做的信息化提升已经不足以满足新的需求和应用。例如，2018 年 6 月，经国务院批准，由市场监管总局、发展改革委、科技部等 8 个部门联合印发《关于实施企业标准“领跑者”制度的意见》，开始了推动创建企业标准“领跑者”制度。在我们进行企业标准“领跑者”评估时，评估机构需要对大量的标准进行查询、比对，仅凭人工处理不仅效率低下，而且出错概率较高。另外，在对同一个性能进行比对时，存在不同标准采用不同指标来描述的问题。以上种种，都急切要求标准化领域的信息化建设需要更加深入。本文尝试探讨几个可能的发展方向。

2.1 标准文本的大数据分析

当前各行各业正在使用的标准，用户获取的基本都是 PDF 格式，若要进行深入分析，首先要将其文本化。利用 OCR 文字识别技术，配合人工校验，基本可将标准文件成功文本化。因为标准文件皆为印刷字体而非手写字体，故可保证较高的正确识别率。

获得标准文本后，下一步需要将其进行结构化处理。因为编写标准时要遵循《标准化工作导则 第 1 部分：标准化文件的结构和起草规则》（GB/T 1.1—2020）的要求，按照一定的体例结构编写标准，故标准文本基本是规范的结构。在此前提下，即可构建起标准文本的资源描述框架 RDF（Resource Description Framework）。RDF 是一种可以被计算机解读的信息的表述方式，用“资源-属性-属性值”的形式来表述。在标准文本的 RDF 中，资源即标准文本中所描述的对象，属性即标准的结构与格式，属性值即该对象各种属性的指标内容。

将标准文本结构化后，既可基于 RDF 对两个标准进行对比，也可基于属性进行跨标准的对比。当然，由于编写标准时不能保证完全统一，还需要对同义词进行归一重组（如“范围”与“适用范围”，

“m^2”与“平方米”等）。

虽然在上述每一个步骤中还存在不少技术问题，但依此方向深入研究，必能强化标准的使用，大大降低人工成本，降低错误率，并衍生出基于标准文本的更多的应用。

2.2 标准文本的电子化、结构化

现行的所有标准，哪怕是遵循最新发布的《标准化工作导则 第1部分：标准化文件的结构和起草规则》（GB/T 1.1—2020）编写而成的，其目标阅读受众仍然是“人”。随着从政府到企业各个层面对标准化的重视程度的增加，基于标准文本的应用越来越广，标准文本的受众不再只是“人”，将越来越面对“计算机”的自动解析、寻根溯源及关联对比。基于这个发展方向，现行标准无论编写方式还是发布结果都不再适应新的需求。

应发展“标准文件在线编写平台”，实现标准文件的在线编写。当前虽然有SET、TCS等工具辅助编写标准文本，但毕竟是单机工具，也无法避免人工失误。通过平台化，不仅可以让编写者将精力集中在标准的内容而非格式上，而且可以进一步实现标准文本的结构化。通过提供结构化模板辅助录入功能，在编写标准文本时对结构化元素设定录入方式、取值有效范围、合法性校验规则等辅助功能，并最终在标准文本中保留结构化模板形成的结构，这样就可以从源头上为计算机提供结构化的数据模型，降低了传统的从“ORC文本识别”到“知识重组”再到“指标转化”的失误率。

同时，通过平台在线编写标准文本还能降低编写难度。在编写一份新的标准文本时，我们都会借鉴该领域正在执行的国家标准、行业标准、地方标准、团体标准等文本内容。通过人工查找、阅读的方式，不仅费时费力，也不能保证搜集资料的完整性。而基于互联网平台的集中化特性，当用户选定所编写的标准的领域分类后，平台可自动查询出该领域的现行标准，并在每个章节、指标层面上提示用户在该层级上其他标准文本的内容，以资参考。标准编写完毕后，不管是在线浏览还是打印备留，平台都可自动地完成各章节内容的组合，用户无须关注格式规范性的问题。

2.3 基于标准的多产出物平台

现有的标准化活动，一般都限定在一个企业的范围内，其最终产出物基本是一系列的标准文本，其受众有限，直接导致标准化活动带来的收益也受限。例如，发布一项团体标准后，如何让更多的人了解该团体标准？该团体标准与对应行业的国家标准、行业标准的差异是什么？通过互联网平台，既可在国家标准、行业标准、团体标准方向上纵向对比，也可在该行业各项团标间横向对比，甚至可以在每项标准后附带对该标准的解读视频课程，这样更有利于标准被采用，也有利于相关政策的宣贯。再如标准化示范项目，其本意是将探索成功的道路在同行业内推广，避免人们再走弯路，但往往因为产出物不够丰富、宣传渠道不够广泛，仅仅将文本材料交付客户，并不能真正获得示范效应，只不过形成一个个“信息孤岛”。通过互联网平台，可集中展示标准化示范项目的产出物，有利于畅通群众等利益相关方对标准化示范项目落实情况的监督和反馈渠道，通过群众监督倒逼标准的落地，进而形成闭环的标准化示范项目循环管理流程。

3 总结

标准化和信息化这两化融合将是今后发展的必然趋势，随着信息化技术在大数据、人工智能、云计算等领域的重大突破，标准领域的信息化也不应仅仅停留在电子化、流程化的初级阶段，应积极引入最新的科研成果，深化标准信息化工作，创新服务手段，强化标准化资源的建设工作，使标准化工作更为适应当今市场的需求。

参考文献

[1] 中华人民共和国国家质量监督检验检疫总局，中国国家标准化管理委员会．标准化工作指南 第1部分：标准化和相关活动的通用术语：GB/T 20000.1—2014［S］．北京：中国标准出版社，2014.

[2] 麦文锋．信息化技术在企业标准化管理中的应用［J］．建材与装饰，2018（19）：129-130.

[3] 王昕．标准指标比对的方法与实践［J］．中国科技资源导刊，2017，7，49（4）：83-92.

[4] 赵慧明．浅谈标准信息化在标准化工作中的作用［J］．中国管理信息化，2012，10，15（19）：69-70.

我国葡萄标准体系搭建的探索

刁明明[1]　赵中涛[1]

（1. 山东标准化协会）

摘　要： 葡萄是我国重要的水果，鲜食葡萄味道甘甜，深受广大消费者喜爱，经济效益高。葡萄现行相关标准数量大且分布不均衡，需加快葡萄标准的理论研究，加快推动葡萄标准体系建立，促进葡萄产业高质量发展。

关键词： 葡萄标准体系

1　葡萄标准的研究情况

鲜食葡萄味道甘甜，深受广大消费者喜爱，我国葡萄栽培面积和产量持续上升。抓好葡萄产业的重点工作，保障葡萄果品的有效供给和促进农民持续稳定增收，对实现全面小康具有重要的意义。以科学技术为理论指导，结合生产实践经验，将葡萄领域相关的科研成果、先进生产技术和优势实践经验转化成标准，在葡萄的种植、加工、经营、销售等活动中发挥了重要的作用。检索和梳理葡萄领域的相关标准，目前现行的标准约有 252 项，其中国家标准约有 31 项、行业标准约有 78 项、地方标准约有 76 项、团体标准有 67 项。我国葡萄现行的相关标准数量多且分布于不均衡，需加快葡萄标准的研究，完善葡萄标准体系[1]。

2　我国葡萄标准体系框架图及分类明细表

笔者根据葡萄全产业链的概念，把葡萄相关标准划分为生产标准子体系、加工和产品标准子体系、流通标准子体系、质量追溯标准子体系和农村社会化服务子体系，其标准体系框架如图 1 所示，并根据体系框架对现行标准进行分类，如表 1 所示。

表 1　我国葡萄现行标准及标准体系分类明细表

标准类别	序号	标准号	标准名称	标准体系分类
国家标准	1	GB/T 15037—2006	葡萄酒	加工和产品标准子体系-产品标准
	2	GB/T 15038—2006	葡萄酒、果酒通用分析方法	加工和产品标准子体系-检测方法标准
	3	GB/T 16862—2008	鲜食葡萄冷藏技术	流通标准子体系-安全储藏技术
	4	GB/T 17980.121—2004	农药田间药效试验准则（二）第 121 部分：杀菌剂防治葡萄白腐病药效试验	生产标准子体系-投入品农药
	5	GB/T 17980.122—2004	农药田间药效试验准则（二）第 122 部分：杀菌剂防治葡萄霜霉病药效试验	生产标准子体系-投入品农药
	6	GB/T 17980.123—2004	农药田间药效试验准则（二）第 123 部分：杀菌剂防治葡萄黑痘病药效试验	生产标准子体系-投入品农药

续表

标准类别	序号	标准号	标准名称	标准体系分类
国家标准	7	GB/T 17980.143—2004	农药田间药效试验准则（二）第143部分：葡萄生长调节剂药效试验	生产标准子体系-投入品农药
	8	GB/T 18525.4—2001	枸杞干、葡萄干辐照杀虫工艺	流通标准子体系-安全储藏技术
	9	GB/T 18966—2008	地理标志产品 烟台葡萄酒	加工和产品标准子体系-产品标准
	10	GB/T 19049—2008	地理标志产品 昌黎葡萄酒	加工和产品标准子体系-产品标准
	11	GB/T 19265—2008	地理标志产品 沙城葡萄酒	加工和产品标准子体系-产品标准
	12	GB/T 19504—2008	地理标志产品 贺兰山东麓葡萄酒	加工和产品标准子体系-产品标准
	13	GB/T 19585—2008	地理标志产品 吐鲁番葡萄	加工和产品标准子体系-产品标准
	14	GB/T 19586—2008	地理标志产品 吐鲁番葡萄干	加工和产品标准子体系-产品标准
	15	GB/T 19970—2005	无核白葡萄	加工和产品标准子体系-产品标准
	16	GB/T 20496—2006	进口葡萄苗木疫情监测规程	生产标准子体系-种子种苗标准
	17	GB/T 20820—2007	地理标志产品通化山葡萄酒	加工和产品标准子体系-产品标准
	18	GB/T 22478—2008	葡萄籽油	加工和产品标准子体系-产品标准
	19	GB/T 23543—2009	葡萄酒企业良好生产规范	加工和产品标准子体系-安全标准
	20	GB/T 23777—2009	葡萄酒储藏柜	流通标准子体系-仓储设施
	21	GB/T 25393—2010	葡萄栽培和葡萄酒酿制设备 葡萄收获机 试验方法	生产标准子体系-设施设备
	22	GB/T 25394—2010	葡萄栽培和葡萄酒酿制设备 果浆泵 试验方法	生产标准子体系-设施设备
	23	GB/T 25395—2010	葡萄栽培和葡萄酒酿制设备 葡萄压榨机 试验方法	生产标准子体系-设施设备
	24	GB/T 25504—2010	冰葡萄酒	加工和产品标准子体系-产品标准
	25	GB/T 27586—2011	山葡萄酒	加工和产品标准子体系-产品标准
	26	GB/T 33119—2016	葡萄藤猝倒病菌检疫鉴定方法	生产标准子体系-生产技术
	27	GB/T 35332—2017	葡萄A病毒检疫鉴定方法	生产标准子体系-生产技术
	28	GB/T 35337—2017	葡萄黄点类病毒检疫鉴定方法	生产标准子体系-生产技术
	29	GB/T 36759—2018	葡萄酒生产追溯实施指南	质量追溯标准子体系-技术
	30	GB/T 36770—2018	澳洲葡萄类病毒检疫鉴定方法	生产标准子体系—栽培技术
	31	GB/T 39377—2020	智能家用电器的智能化技术 葡萄酒储藏柜的特殊要求	流通标准子体系-仓储设施
行业标准	1	HJ 452—2008	清洁生产标准 葡萄酒制造业	加工和产品标准子体系-加工技术
	2	NY/T 274—2014	绿色食品 葡萄酒	加工和产品标准子体系-产品标准
	3	NY 469—2001	葡萄苗木	生产标准子体系-种子种苗
	4	NY/T 704—2003	无核白葡萄	加工和产品标准子体系-产品标准
	5	NY/T 705—2003	无核葡萄干	加工和产品标准子体系-产品标准
	6	NY/T 857—2004	葡萄产地环境技术条件	生产标准子体系-产地环境

续表

标准类别	序号	标准号	标准名称	标准体系分类
行业标准	7	NY/T 1322—2007	农作物种质资源鉴定技术规程 葡萄	生产标准子体系-种子种苗
	8	NY/T 1464.12—2007	农药田间药效试验准则 第12部分：杀菌剂防治葡萄白粉病	生产标准子体系-投入品农药
	9	NY/T 1464.13—2007	农药田间药效试验准则 第13部分：杀菌剂防治葡萄炭疽病	生产标准子体系-投入品农药
	10	NY/T 1508—2017	绿色食品果酒	加工和产品标准子体系-产品标准
	11	NY/T 1582—2007	油菜籽中硫代葡萄糖苷的测定高效液相色谱法	—
	12	NY/T 1843—2010	葡萄无病毒母本树和苗木	生产标准子体系-种子种苗
	13	NY/T 1986—2011	冷藏葡萄	加工和产品标准子体系-产品标准
	14	NY/T 1998—2011	水果套袋技术规程鲜食葡萄	流通标准子体系-包装技术
	15	NY/T 2023—2011	农作物优异种质资源评价规范葡萄	生产标准子体系-种子种苗
	16	NY/T 2377—2013	葡萄病毒检测技术规范	生产标准子体系-栽培技术
	17	NY/T 2378—2013	葡萄苗木脱毒技术规范	生产标准子体系-种子种苗
	18	NY/T 2379—2013	葡萄苗木繁育技术规程	生产标准子体系-种子种苗
	19	NY/T 2563—2014	植物新品种特异性、一致性和稳定性测试指南 葡萄	生产标准子体系-种子种苗
	20	NY/T 2682—2015	酿酒葡萄生产技术规程	生产标准子体系-栽培技术
	21	NY/T 2864—2015	葡萄溃疡病抗性鉴定技术规范	生产标准子体系-栽培技术
	22	NY/T 2904—2016	葡萄埋藤机质量评价技术规范	生产标准子体系-设备设施
	23	NY/T 2932—2016	葡萄种质资源描述规范	生产标准子体系-种子种苗
	24	NY/T 2951.2—2016	盲蝽综合防治技术规范 第2部分：果树	生产标准子体系-栽培技术
	25	NY/T 3103—2017	加工用葡萄	加工和产品标准子体系-产品标准
	26	NY/T 3303—2018	葡萄无病毒苗木繁育技术规程	生产标准子体系-种子种苗
	27	NY/T 3413—2019	葡萄病虫害防治技术规程	生产标准子体系-栽培技术
	28	NY/T 3628—2020	设施葡萄栽培技术规程	生产标准子体系-设施设备
	29	NY/T 3640—2020	葡萄品种鉴定 SSR 分子标记法	生产标准子体系-种子种苗
	30	NY/T 3656—2020	饲料原料葡萄糖胺盐酸盐	—
	31	NY/T 3785—2020	葡萄扇叶病毒的定性检测实时荧光PCR法	—
	32	NY/T 5088—2002	无公害食品 鲜食葡萄生产技术规程	生产标准子体系-栽培技术
	33	QB/T 1382—2014	葡萄罐头	加工和产品标准子体系-产品标准
	34	QB/T 1384—2017	果汁类罐头	加工和产品标准子体系-产品标准
	35	QB/T 1982—1994	山葡萄酒	加工和产品标准子体系-产品标准
	36	QX/T 557—2020	农产品气候品质 评价 酿酒葡萄	加工和产品标准子体系-产品标准
	37	RB/T 167—2018	有机葡萄酒加工技术规范	加工和产品标准子体系-加工技术

续表

标准类别	序号	标准号	标准名称	标准体系分类
行业标准	38	SB/T 10200—1993	葡萄浓缩汁	加工和产品标准子体系-产品标准
	39	SB/T 10711—2012	葡萄酒原酒流通技术规范	流通标准子体系
	40	SB/T 10712—2012	葡萄酒运输、贮存技术规范	流通标准子体系-仓储和运输
	41	SB/T 10894—2012	预包装鲜食葡萄流通规范	流通标准子体系
	42	SB/T 11026—2013	浆果类果品流通规范	流通标准子体系
	43	SB/T 11027—2013	干果类果品流通规范	流通标准子体系
	44	SB/T 11122—2015	进口葡萄酒相关术语翻译规范	加工和产品标准子体系-术语和分级
	45	SB/T 11196—2017	进口酒经营服务规范	流通标准子体系
	46	SN/T 1992—2007	进境葡萄繁殖材料植物检疫要求	生产标准子体系-投入品
	47	SN/T 2614—2010	葡萄苦腐病菌检疫鉴定方法	生产标准子体系-栽培技术
	48	SN/T 4523—2016	出口葡萄酒中多种非法色素的测定 液相色谱-质谱/质谱法	加工和产品标准子体系-检测方法
	49	SN/T 4675.1—2016	出口葡萄酒中甘油的测定 酶法	加工和产品标准子体系-检测方法
	50	SN/T 4675.2—2016	出口葡萄酒中2，3—丁二醇的测定 气相色谱法	加工和产品标准子体系-检测方法
	51	SN/T 4675.3—2016	出口葡萄酒中乙醇稳定碳同位素比值的测定	加工和产品标准子体系-检测方法
	52	SN/T 4675.4—2016	出口葡萄酒中乳酸的测定 酶法	加工和产品标准子体系-检测方法
	53	SN/T 4675.5—2016	出口葡萄酒中有机酸的测定 离子色谱法	加工和产品标准子体系-检测方法
	54	SN/T 4675.6—2016	出口葡萄酒中葡萄糖、果糖和蔗糖的测定	加工和产品标准子体系-检测方法
	55	SN/T 4675.7—2016	出口葡萄酒中乙醛的测定 气相色谱—质谱法	加工和产品标准子体系-检测方法
	56	SN/T 4675.8—2016	出口葡萄酒中5-羟甲基糠醛的测定 液相色谱法	加工和产品标准子体系-检测方法
	57	SN/T 4675.9—2016	出口葡萄酒中二甘醇的测定 气相色谱—质谱法	加工和产品标准子体系-检测方法
	58	SN/T 4675.10—2016	出口葡萄酒中赭曲霉毒素A的测定 液相色谱—质谱/质谱法	加工和产品标准子体系-检测方法
	59	SN/T 4675.11—2016	出口葡萄酒中7种花色苷的测定 超高效液相色谱法	加工和产品标准子体系-检测方法
	60	SN/T 4675.12—2016	出口葡萄酒中溶菌酶的测定 液相色谱法	加工和产品标准子体系-检测方法
	61	SN/T 4675.13—2016	出口葡萄酒中2，4，6-三氯苯甲醚残留量的测 气相色谱-质谱法	加工和产品标准子体系-检测方法
	62	SN/T 4675.14—2016	出口葡萄酒中纳他霉素的测定 液相色谱-质谱/质谱法	加工和产品标准子体系-检测方法

续表

标准类别	序号	标准号	标准名称	标准体系分类
行业标准	63	SN/T 4675.15—2016	出口葡萄酒中水杨酸、脱氢乙酸和对氯苯甲酸的测定液相色谱法	加工和产品标准子体系-检测方法
	64	SN/T 4675.16—2016	出口葡萄酒中富马酸的测定 液相色谱-质谱/质谱法	加工和产品标准子体系-检测方法
	65	SN/T 4675.17—2016	出口葡萄酒中丁基锡含量的测定 气相色谱-质谱/质谱法	加工和产品标准子体系-检测方法
	66	SN/T 4675.18—2016	出口葡萄酒中二硫代氨基甲酸酯残留量的测定 顶空气相色谱法	加工和产品标准子体系-检测方法
	67	SN/T 4675.19—2016	出口葡萄酒中钠、镁、钾、钙、铬、锰、铁、铜、锌、砷、硒、银、镉、铅的测定	加工和产品标准子体系-检测方法
	68	SN/T 4675.20—2016	出口葡萄酒中稀土元素的测定 电感耦合等离子体质谱法	加工和产品标准子体系-检测方法
	69	SN/T 4675.21—2016	出口葡萄酒中可溶性无机盐的测定 离子色谱法	加工和产品标准子体系-检测方法
	70	SN/T 4675.22—2016	出口葡萄酒中总二氧化硫的测定 比色法	加工和产品标准子体系-检测方法
	71	SN/T 4675.23—2016	出口葡萄酒及葡萄汁中氨氮的测定 连续流动分析仪法	加工和产品标准子体系-检测方法
	72	SN/T 4675.24—2016	出口葡萄酒福林-肖卡指数的测定 分光光度计法	加工和产品标准子体系-检测方法
	73	SN/T 4675.25—2016	出口葡萄酒颜色的测定 CIE 1976（L* a* b*）色空间法	加工和产品标准子体系-检测方法
	74	SN/T 4675.26—2016	出口葡萄酒浊度的测定 散射光法	加工和产品标准子体系-检测方法
	75	SN/T 4675.27—2016	出口葡萄酒碱性灰分的测定	加工和产品标准子体系-检测方法
	76	SN/T 4675.28—2016	出口葡萄酒中细菌、霉菌及酵母的计数	加工和产品标准子体系-检测方法
	77	SN/T 4675.29—2016	出口葡萄酒中酒香酵母检验 实时荧光PCR法	加工和产品标准子体系-检测方法
	78	SN/T 4675.30—2017	出口葡萄酒中拜氏接合酵母检验 SYBR Green Ⅰ荧光PCR法	加工和产品标准子体系-检测方法
地方标准	1	DB11/T 607—2008	葡萄育果纸袋	流通标准子体系-包装材料
	2	DB37/T 036—1989	主要水果苗木技术规程	生产标准子体系-栽培技术
	3	DB37/T 318—2016	水果有害生物综合防治技术规程 第1部分：葡萄	生产标准子体系-栽培技术
	4	DB37/T 1958—2011	良好农业规范 出口葡萄操作指南	流通标准子体系
	5	DB37/T 2198—2012	地理标志产品 长沟葡萄	加工和产品标准子体系-产品标准
	6	DB37/T 2199—2012	地理标志产品 长沟葡萄种植技术规程	生产标准子体系-栽培技术

续表

标准类别	序号	标准号	标准名称	标准体系分类
地方标准	7	DB37/T 2206—2012	葡萄酒庄园规范	生产标准子体系-设施设备
	8	DB37/T 2240—2012	葡萄园绿盲蝽综合防治技术规程	生产标准子体系-栽培技术
	9	DB37/T 2287—2013	葡萄霜霉病测报技术规范	生产标准子体系-栽培技术
	10	DB37/T 2806—2016	兽医病原菌琼脂稀释法药物敏感性试验规范	—
	11	DB37/T 3236—2018	果园肥水管理技术规程	生产标准子体系-投入品
	12	DB37/T 3238—2018	葡萄苗木繁育技术规程	生产标准子体系-种苗繁育
	13	DB37/T 3296—2018	葡萄酒制造行业企业安全生产风险分级管控体系实施指南	—
	14	DB37/T 3297—2018	葡萄酒制造行业企业生产安全事故隐患排查治理体系实施指南	—
	15	DB37/T 3314—2018	肥料中海藻酸含量测定 分光光度法	—
	16	DB37/T 3368—2018	葡萄抗霜霉病鉴定技术规程	生产标准子体系-栽培技术
	17	DB37/T 3420—2018	混合型饲料添加剂中雌二醇的测定 高效液相色谱法	—
	18	DB37/T 3421—2018	混合型饲料添加剂中氟喹诺酮类药物的测定 高效液相色谱法	—
	19	DB37/T 3422—2018	混合型饲料添加剂中硫酸粘杆菌素的测定 高效液相色谱法	—
	20	DB37/T 3482—2018	沼渣沼液在葡萄栽培上的应用技术规程	生产标准子体系-投入品
	21	DB37/T 3552—2019	利用绿盲蝽性信息素测报绿盲蝽技术规范	生产标准子体系-栽培技术
	22	DB37/T 3945—2020	葡萄水肥一体化滴灌栽培技术规程	生产标准子体系-栽培技术
	23	DB3706/T 004.5—2020	无公害农产品 鲜食葡萄生产技术操作规程	生产标准子体系-栽培技术
	24	DB62/T 1141—2018	绿色食品 河西地区露地红地球葡萄生产技术规程	生产标准子体系-栽培技术
	25	DB62/T 1565—2007	无公害农产品 酒泉葡萄日光温室生产技术规程	生产标准子体系-栽培技术
	26	DB62/T 1567—2007	无公害农产品 酒泉葡萄露地生产技术规程	生产标准子体系-栽培技术
	27	DB62/T 1826—2009	设施红地球葡萄延后生产技术规程	生产标准子体系-栽培技术
	28	DB62/T 1876—2009	绿色食品张掖市设施红地球葡萄生产技术规程	生产标准子体系-栽培技术
	29	DB62/T 1877—2009	有机农产品张掖市设施红地球葡萄生产技术规程	生产标准子体系-栽培技术
	30	DB62/T 1941—2010	兰州市农产品 富硒葡萄	加工和产品标准子体系-产品标准

续表

标准类别	序号	标准号	标准名称	标准体系分类
地方标准	31	DB62/T 2097—2011	绿色食品 武威市冷凉灌区保护地红提葡萄生产技术规程	生产标准子体系-栽培技术
	32	DB62/T 2274—2012	绿色农业“小麦-菇-肥-葡萄”大田设施配套循环型技术规范	生产标准子体系-栽培技术
	33	DB62/T 2276—2012	绿色农业 红提葡萄设施栽培用食用菌废基料技术规程	生产标准子体系-栽培技术
	34	DB62/T 2294—2012	地理标志产品 河西走廊葡萄酒	加工和产品标准子体系-产品标准
	35	DB62/T 2387—2013	地理标志产品 敦煌葡萄	加工和产品标准子体系-产品标准
	36	DB62/T 2846—2017	河西走廊酿酒葡萄越冬防寒技术规范	生产标准子体系-栽培技术
	37	DB62/T 2847—2017	酿酒葡萄苗木	生产标准子体系-种子种苗
	38	DB62/T 2859—2018	河西地区葡萄农业气象观测方法	生产标准子体系-产地环境
	39	DB62/T 4073—2019	葡萄 美红	加工和产品标准子体系-产品标准
	40	DB64/T 204—2016	宁夏酿酒葡萄栽培技术规程	生产标准子体系-栽培技术
	41	DB64/T 489—2007	日光温室设施葡萄栽培技术规程	生产标准子体系-栽培技术
	42	DB64/T 491—2007	绿色食品鲜食葡萄栽培技术规程	生产标准子体系-栽培技术
	43	DB64/T 609—2010	设施葡萄延后栽培技术规程	生产标准子体系-栽培技术
	44	DB64/T 623—2010	塑料大棚鲜食葡萄促早栽培技术规程	生产标准子体系-栽培技术
	45	DB64/T 668—2010	半冷式温棚葡萄促成栽培技术规程	生产标准子体系-栽培技术
	46	DB64/T 824—2012	发酵葡萄渣颗粒饲料加工技术规程	加工和产品标准子体系-加工技术
	47	DB64/T 829—2013	葡萄苗木病毒检测技术规程	生产标准子体系-种子种苗
	48	DB64/T 915—2013	葡萄埋藤机	生产标准子体系-设施设备
	49	DB64/T 955—2014	葡萄黄河水自流微灌技术及安装施工规范	生产标准子体系-栽培技术
	50	DB64/T 1076—2015	葡萄膜网覆盖促成栽培技术规程	生产标准子体系-栽培技术
	51	DB64/T 1077—2015	葡萄材料覆盖防寒越冬操作技术规程	生产标准子体系-栽培技术
	52	DB64/T 1081—2015	葡萄脱毒组培苗繁育技术规程	生产标准子体系-栽培技术
	53	DB64/T 1092—2015	酿酒葡萄“厂字形”整形技术规程	生产标准子体系-栽培技术
	54	DB64/T 1180—2016	酿酒葡萄“矮干单居约”整形技术规程	生产标准子体系-栽培技术
	55	DB64/T 1214—2016	酿酒葡萄干红原料适时采收技术规程	生产标准子体系-栽培技术
	56	DB64/T 1216—2016	贺兰山东麓葡萄酒 葡萄苗木质量规范	生产标准子体系-种子种苗
	57	DB64/T 1217—2016	红寺堡产区酿酒葡萄建园技术规程	生产标准子体系-栽培技术
	58	DB64/T 1218—2016	酿酒葡萄病虫害防治技术规程	生产标准子体系-栽培技术
	59	DB64/T 1289.3—2016	农机节水农艺一体化生产技术规程 第3部分：酿酒葡萄	生产标准子体系-栽培技术
	60	DB64/T 1293—2016	宁夏酿酒葡萄滴灌种植技术规程	生产标准子体系-栽培技术

续表

标准类别	序号	标准号	标准名称	标准体系分类
地方标准	61	DB64/T 1494—2017	葡萄酒、果酒中铅、铜、铁的测定 电感耦合等离子体发射光谱法	加工和产品标准子体系-检测方法
	62	DB64/T 1511—2017	葡萄及葡萄酒中花色苷的测定 高效液相色谱法	加工和产品标准子体系-检测方法
	63	DB64/T 1525—2017	酿酒葡萄农业气象服务技术规程	生产标准子体系-产地环境
	64	DB64/T 1540—2018	大青葡萄栽培技术规程	生产标准子体系-栽培技术
	65	DB64/T 1541—2018	盆栽葡萄栽培技术规程	生产标准子体系-栽培技术
	66	DB64/T 1542—2018	设施葡萄高干水平棚架栽培技术规程	生产标准子体系-栽培技术
	67	DB64/T 1543—2018	威代尔葡萄栽培技术规程	生产标准子体系-栽培技术
团体标准	1	T/BCNJX B15—2019	绿色食品宾川葡萄生产技术标准	生产标准子体系-栽培技术
	2	T/CAMA 28—2020	葡萄真空脉动干制技术规范	加工和产品标准子体系-加工技术
	3	T/CAMDA 10—2020	葡萄刷式清土机	—
	4	T/CBJ 4101—2019	酿酒葡萄	加工和产品标准子体系-产品标准
	5	T/CCAA 25—2016	食品安全管理体系 葡萄酒及果酒生产企业要求	—
	6	T/CCCMHPIE 1.19—2016	植物提取物 葡萄籽提取物（葡萄籽低聚原花青素）	加工和产品标准子体系-产品标准
	7	T/CCPITCSC 028—2019	葡萄酒储运管理技术规范	流通标准子体系-仓储运输
	8	T/CDNX 012—2019	葡萄富硒栽培技术规程	生产标准子体系-栽培技术
	9	T/DYPTOF 1—2019	“安仁葡萄”地理标志保护产品专用标志使用管理规范	质量追溯标准子体系-评价认定
	10	T/FSJZXH 001—2018	房山葡萄酒 建园规范	生产标准子体系-设备设施
	11	T/FSJZXH 002—2018	房山葡萄酒 葡萄苗木	生产标准子体系-种子种苗
	12	T/FSJZXH 003—2018	房山葡萄酒 葡萄生产技术规范	生产标准子体系-栽培技术
	13	T/FSJZXH 004—2018	房山葡萄酒 酿造技术规范	加工和产品标准子体系-加工技术
	14	T/FSJZXH 005—2019	房山葡萄酒 葡萄生产技术规范	生产标准子体系-栽培技术
	15	T/HBJL 001—2017	桓仁冰葡萄酒发酵贮存技术规程	加工和产品标准子体系-加工技术
	16	T/HBJL 002—2017	桓仁冰葡萄酒除菌过滤技术规程	加工和产品标准子体系-加工技术
	17	T/HBJL 003—2017	绿色农产品桓仁冰葡萄农药使用技术规程	生产标准子体系-投入品
	18	T/HBJL 004—2018	桓仁冰葡萄种苗繁育技术规程	生产标准子体系-种子种苗
	19	T/HBJL 005—2018	桓仁冰葡萄酒灌装技术规程	加工和产品标准子体系-加工技术
	20	T/HBJL 006—2018	桓仁冰葡萄压榨工艺技术规程	加工和产品标准子体系-加工技术
	21	T/LHNX 001—2020	大石葡萄质量要求	加工和产品标准子体系-产品标准
	22	T/LQGP 001—2020	龙泉驿区葡萄避雨栽培建园技术指南	生产标准子体系-设施设备
	23	T/LSSGB 001-013—2018	丽水山耕：红提葡萄保鲜技术贮运手册	流通标准子体系-仓储运输

续表

标准类别	序号	标准号	标准名称	标准体系分类
团体标准	24	T/LYLPT 001—2017	刘杖子乡葡萄标准化生产技术规程	生产标准子体系-栽培技术
	25	T/NTCP 1—2020	枣阳山葡萄	加工和产品标准子体系-产品标准
	26	T/NTJGXH 058—2019	葡萄脆粒压差组合干燥技术规程	—
	27	T/PNDTR 000101—2019	葡萄架下大球盖菇生产规程	—
	28	T/PNDTR 000102—2019	葡萄架下大球盖菇	—
	29	T/QDAS 051—2020	日光温室葡萄育苗技术规程	生产标准子体系-栽培技术
	30	T/QGCML 003—2020	葡萄酒储存运输管理规范	流通标准子体系-仓储运输
	31	T/QXBQ 0010—2020	玻璃醒酒器	—
	32	T/SDAS 34—2018	鲜食葡萄园水肥一体化生产技术规程	生产标准子体系-栽培技术
	33	T/SDAS 35—2018	盐碱地葡萄限根栽培技术规程	生产标准子体系-栽培技术
	34	T/SDAS 36—2018	夏黑葡萄避雨栽培技术规程	生产标准子体系-栽培技术
	35	T/SDAS 119—2020	葡萄园农药减量控害技术规程	生产标准子体系-栽培技术
	36	T/SDAS 135—2020	“阳光玫瑰”葡萄露地栽培生产技术规程	生产标准子体系-栽培技术
	37	T/SDAS 136—2020	“阳光玫瑰”葡萄塑料大棚促早栽培生产技术规程	生产标准子体系-栽培技术
	38	T/SDNJX 2—2020	“阳光玫瑰”葡萄露地栽培生产技术规程	生产标准子体系-栽培技术
	39	T/SDNJX 3—2020	“阳光玫瑰”葡萄塑料大棚促早栽培生产技术规程	生产标准子体系-栽培技术
	40	T/SDQE 017—2019	泰山品质 新酒莎当妮葡萄酒	加工和产品标准子体系-产品标准
	41	T/SNPC 004—2018	沈阳品牌农产品-无核白鸡心葡萄	加工和产品标准子体系-产品标准
	42	T/TEXCZX 27—2019	山葡萄采收、贮运技术规程	流通标准子体系
	43	T/TEXCZX 28—2019	山葡萄育苗技术规程	生产标准子体系-栽培技术
	44	T/TEXCZX 29—2019	山葡萄栽培技术规程	生产标准子体系-栽培技术
	45	T/TPCX 01—2020	吐鲁番葡萄干产品	加工和产品标准子体系-产品标准
	46	T/TPXT 0001—2017	脱醇山葡萄酒	加工和产品标准子体系-产品标准
	47	T/TPXT 0002—2017	低醇山葡萄酒	加工和产品标准子体系-产品标准
	48	T/TPXT 0003—2017	北冰红冰葡萄酒	加工和产品标准子体系-产品标准
	49	T/TSBL 001—2016	天山北麓葡萄酒	加工和产品标准子体系-产品标准
	50	T/TWCGGSG 002—2020	地理标志产品 胡柳子葡萄	加工和产品标准子体系-产品标准
	51	T/WHSPTYPTJCYXHWHPTCY0001—2018	乌海干白葡萄酒感官特征团体标准	加工和产品标准子体系-检测方法
	52	T/WHSPTYPTJCYXHWHPTCY0002—2018	乌海干红葡萄酒感官特征团体标准	加工和产品标准子体系-检测方法
	53	T/XCOAIA 6—2018	有机水果 葡萄	加工和产品标准子体系-产品标准

续表

标准类别	序号	标准号	标准名称	标准体系分类
团体标准	54	T/XCSPTXH 101—2020	西昌市克瑞森葡萄种植技术规程	生产标准子体系-栽培技术
	55	T/XCSPTXH 102—2020	西昌市阳光玫瑰葡萄种植技术规程	生产标准子体系-栽培技术
	56	T/YNX 001—2020	烟台产区优质酿酒葡萄生产技术规程	生产标准子体系-栽培技术
	57	T/YNX 002—2020	烟台葡萄酿酒技术规程	加工和产品标准子体系-加工技术
	58	T/YPX 001—2018	烟台产区葡萄酒庄园分级规范	生产标准子体系-产地环境
	59	T/ZNZ 003—2018	葡萄主要病虫防治用药指南	生产加工标准子体系-栽培技术

注："—"表示此标准不适用。

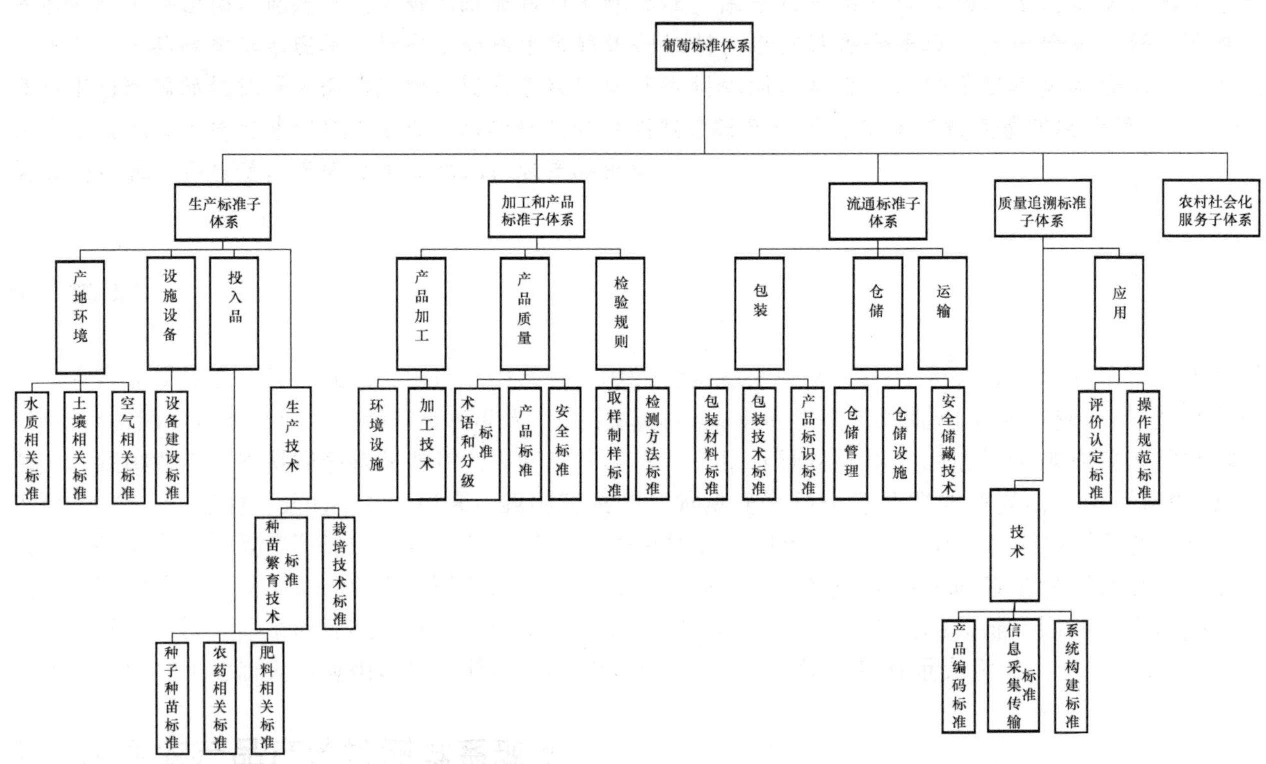

图 1　我国葡萄标准体系框架

3　葡萄标准体系的分析

现行葡萄标准缺失和分布不均衡，葡萄领域尚未形成覆盖全产业链的标准体系。现有标准多以单一的产品标准和栽培技术规程为主，产品流通、质量追溯和农村社会化服务相关的标准缺失均比较严重。标准化改革后，新兴的团体标准逐渐弥补国家标准、地方标准的不足，并开始有意识地覆盖葡萄全产业链，如房山葡萄酒相关团体标准包括建园规范、葡萄苗木、葡萄生产技术规范、酿造技术规范等。葡萄多为鲜食果品、保质周期短，流通环节标准是确保优质果品顺利到达餐桌的重要保障，葡萄现行流通标准极少细分包装、仓储、运输等技术标准，严重影响鲜食葡萄的果品销售和储藏，进而会影响葡萄产业的发展。葡萄相关技术推广服务工作是由传统简单粗放的农业管理迈向高质量发展的重要步骤，是推动葡萄产业由粗放管理到标准栽培、由增产转向提质的重要举措。但由于相关社会化服务人员专业素质参差不齐、经费严重不足等因素，现行的农业技术推广服务工作也存在部分问题，严重影响和制约着其职能的发挥。

葡萄是我国重要的果树，经济价值显著，应充分分析和研究葡萄现行相关标准，加快完善葡萄标准体系，促进葡萄产业高质量发展。

参考文献

周加加，梅英婷，任霞霞，等．我国葡萄标准体系现状与发展［J］．浙江农业大学，2020，61（5）：833-837.

浅谈客运索道运营服务国家（行业）标准制定的必要性

李芸珠[1]　赵　谦[1]　赵　亮[1]
（1. 泰安市泰山索道运营中心）

摘　要： 国内索道行业自20世纪80年代起步，发展迅速，至今已成为旅游业的重要组成部分。我国索道标准经过40年发展，国家标准已有19项，但缺少对索道运营服务质量的关注。随着时代的发展，游客需求提高，对服务质量也提出了更高要求。本文通过分析国内索道现状及索道运营服务亟待解决的问题，从国家政策、游客需求、标准供给、提升行业服务质量和行业特殊性5个层面分析客运索道运营服务行业标准制定的重要性。

关键词： 索道运营服务行业标准

1　国内客运索道发展现状

我国的客运索道起步于20世纪80年代，作为新兴服务业，客运索道在保持和促进旅游业健康快速发展，提升景区接待能力和服务水平等方面起着积极重要的作用，并受到政府的关注。

在政策激励及需求升级双重驱动下，我国客运索道的发展正处在上升阶段。索检中心数据显示，截至2020年年底，我国共有各类客运索道2000余条，占世界总量的5%，随着旅游业继续发展，索道行业发展潜力巨大。2018年国务院办公厅印发《国务院办公厅关于促进全域旅游发展的指导意见》（国发办〔2018〕15号），将索道缆车纳入国家鼓励类产业目录，促进客运索道的快速发展。

目前旅游索道对服务质量的管理发展层次较低，仍属于经验型管理，对服务质量的提高与考核更侧重于定性化，对员工的要求、基本技能、服务态度缺乏定量化的控制标准，从业人员素质差距较大，服务基本技能培训不够全面，提供的服务产品与游客需求存在较大差距，无法促进实际服务工作提升，所以行业内亟待出台旅游景区索道服务相关标准，细化服务工作要求，促进服务质量提升工作的开展。

2　我国客运索道标准化建设中存在的问题

当前我国客运索道行业存在标准供给不足、标准体系的结构不够合理的问题。在国内各景区旅游索道数量不断增长、客流量不断增加的同时，也出现了服务管理的不足，导致客运索道在服务管理中出现无法发挥正常运量、服务质量参差不齐、服务流程衔接差、优质化高效化程度不高、游客旅游体验差、满意度低等问题，容易造成负面舆情，带来不利影响，成为索道行业继续快速发展的阻碍。

我国索道管理标准经过40年的发展，截至2019年，已经颁布的国家、行业标准共计21项，其中1项基础标准、9项产品标准、5项安全标准、3项方法标准、1项管理标准、2项行业标准（表1），只有《客运索道安全服务质量》（GB/T 24728—2009）涉及部分索道服务内容，而更多的还是对索道安全工作的要求，对服务质量相关内容阐述较少，对索道服务具体工作或服务质量提升工作提供的指导范围较窄，无法解决游客日益增长的服务需求。

表1　我国索道管理标准

基础标准（1项）		
GB/T 12738—2006	《索道术语》	该标准规定了索道的主要类型、参数、装置、机构和零部件的术语及其定义
产品标准（9项）		
GB/T 24729—2009	《客运索道固定抱索器通用技术条件》	该标准规定了客运索道固定抱索器型式、型号、基本参数、技术要求、检验规则、标志、包装及运输
GB/T 24730—2009	《客运索道脱挂抱索器通用技术条件》	该标准规定了客运索道脱挂抱索器型式、型号、基本参数、技术要求、检验规则、标志、包装及运输
GB/T 24731—2009	《客运索道驱动装置通用技术条件》	该标准规定了客运索道驱动装置的形式、基本参数、技术要求、检验规则、标志、包装及运输
GB/T 24732—2009	《客运索道托（压）索轮通用技术条件》	该标准规定了客运索道的托（压）索轮形式、基本参数、技术要求、检验规则、标志、包装及运输
GB/T 26722—2011	《索道用钢丝绳》	该标准规定了索道及地面缆车用钢丝绳的分类、订货内容、材料、技术要求、检查与试验、验收、包装、标志及质量证明书
GB/T 34369—2017	《客运索道电气装置通用技术条件》	该标准规定了客运索道电气装置的术语和定义、一般要求、技术要求、试验方法、检验规则、标志、包装、运输与贮存
GB/T 34274—2017	《客运索道运载工具通用技术条件》	该标准规定了客运索道运载工具的主要技术参数、设计、制造、装配要求及型式试验、出厂检验、标记、包装运输和随机文件
GB/T 34227—2017	《客运索道用橡胶轮衬》	该标准规定了客运索道用橡胶轮衬的分类与标记，结构、要求、试验方法、检验规则和标志、包装、运输及贮存
GB/T 34062—2017	《客运索道张紧装置通用技术条件》	该标准规定了客运索道张紧装置的型式与主要技术参数、技术要求、检测方法、检验规则、标志、包装与运输
安全标准（5项）		
GB/T 19401—2008	《客运拖牵索道技术规范》	该标准规定了拖牵索道的设计、制造、检验、使用与管理等方面最基本的技术安全要求
GB/T 2352—2018	《客运架空索道安全规范》	该标准规定了客运架空索道的设计、制造、安装、检验、使用与管理等方面最基本的安全要求
GB/T 24913—2010	《非公用往复索道技术规范》	该标准确立了非公用往复索道设计、制造、安装、使用和维护的一般原则
GB 50127—2007	《架空索道工程技术规范》	该标准的制定目的是规范和指导架空索道工程设计、施工及验收工作，确保工程质量和安全运行
GB 19402—2012	《客运索道地面缆车安全要求》	该标准规定了客运地面缆车的设计、制造、安装、运行等方面的安全要求
方法标准（3项）		
GB/T 9075—2008	《索道用钢丝绳检验和报废规范》	该标准规定了索道用钢丝绳的安装检验、检查、维护保养和报废标准
GB/T 34024—2017	《客运架空索道风险评价方法》	该标准规定了客运架空索道风险评价的适用范围、基本原则、程序、文件等
GB/T 34368—2017	《客运索道重大修理的技术要求》	该标准规定了客运索道重大修理的一般规定、各部件重大修理技术要求、资质及行为、质量文件

续表

管理标准（1项）		
GB/T 24728—2009	《客运索道安全服务质量》	该标准规定了客运架空索道和客运地面缆车在安全管理、服务组织、服务卫生、服务环境、服务设施、设备保障、服务质量监督等方面的基本要求
行业标准（2项）		
TSG S7001—2013	《客运索道监督检验及定期检验规则》	
TSG Z6001—2019	《特种设备作业人员考核规则》	

3　制定客运索道运营服务国家（行业）标准的必要性

客运索道运营服务国家（行业）标准的制定，有助于大力推动客运索道与旅游业深度融合，促进行业规范、优质、高效且可持续发展，引导客运索道运营服务的专业化、品牌化和特色化创建，满足人民群众不断增长的对美好旅游体验和旅游品质的向往。

（1）从国家政策层面看，符合新发展理念。“十四五”规划中关于“加快旅游服务业供给，推进服务业标准化”指出，服务业标准化有助于提高服务业发展水平和国际竞争力，是衡量现代服务业发展水平的重要标志之一。

在疫情防控常态化背景下，客运索道作为景区内交通工具，人流量大，容易在节假日发生人员聚集情况，索道服务标准化有助于管理体系建设、运营流程完善，为合理控制人员聚集等疫情防控制度和措施提供实施平台，符合文化和旅游部关于旅游高峰期疫情防控工作的要求。

（2）从游客需求层面看，客运索道运营服务行业标准能有效提高客运索道运营管理和服务质量，满足游客个性化、多样性的需求，提高游客获得感、幸福感、安全感。

随着时代的发展，人民群众生活水平提高，游客对旅游内容的需要也逐渐发生改变，由从前最基础的旅游产品本身演变为如今对服务感受的需求，而且这种趋势日益增强，对服务内容要求更加细化，对服务质量要求更加严格。

游客在接受服务的过程中，一方面希望获得专业化的服务，即安全乘坐索道；另一方面也更加注重乘坐体验，希望得到极大的便利，减少排队等候时间，舒适的候车环境、完善的服务设施、良好的服务等。这就对索道行业从需求侧提出了要求，需要索道的运营服务国家（行业）标准做支撑，以提升服务质量作为工作重点，满足游客需要，提高游客满意度。

（3）从标准供给层面看，客运索道的运营服务国家（行业）标准在旅游标准领域长期缺失，导致索道服务类标准供给不足、业务创新不够、企业竞争能力不强、服务水平参差不齐的问题。制定客运索道运营服务国家（行业）标准也是目前国内旅游景区客运索道服务管理的迫切需求。

围绕客运索道运营服务内容制定，切合索道运营服务实际工作，对服务相关内容进行量化，为服务质量提升工作制定标准，也是对国家标准《客运索道安全服务质量》（GB/T 24728—2009）的有益补充和完善，为索道运营实现“安全+服务”的闭环管理。

（4）从提升行业服务质量层面看，客运索道运营服务国家（行业）标准能有效解决运营服务中的质量问题、效率问题、秩序问题，使运营服务从“无形”到“有形”，从经验型管理转入科学化、规范化管理，有利于实现社会效益和经济效益的“双赢”。

通过服务标准的制定和实施，以及对标准化原则和方法的运用，从不同的角度和侧面进行细化分析，可以实现服务质量目标化、服务方法规范化、服务过程程序化，从而获得优质服务。形成岗岗有标准、人人有规范、处处有监督、事事有考核的规范性管理，抓好工作的号召力、执行力、服从力和落实力。明确职责，让员工知道“做什么”；明确流程，让员工知道“怎么做”；明确指标，让员工知道“做到什么标准”。

把运营管理现有的服务礼仪、文明守则、服务岗位职责及标准服务流程有机地融合起来，构建流程顺畅、效率最优的全工作链，寻找流程中各部分的优化点，科学精简程序，精准提高效率，最大限度地消除工作链中的冗余。

（5）从行业特殊性层面看，索道服务业虽然具有一般服务业的性质和特点，但也有较大的特殊性，即便有游乐场等行业的服务标准，具有一定参考性，却无法直接执行，在内容方面，还需要制定本行业服务标准。

例如，站台服务岗在索道运营服务过程中涵盖内容比较全面、涉及责任较多，比较具有代表性。此岗位在服务过程中兼具安全与服务两个层面的内容。

① 在安全层面，主要为安全护送游客上下车，尤其是护送老人、残疾人等行动不便的游客进出站，监护车厢完成开关门，避免出现伤人事件，同时注意设备运行情况，发现异常及时上报，为游客安全乘坐索道做好保障。

② 在服务层面，按照服务技能要求，使用服务用语、手势，为游客提供乘车服务是基本要求，而为了游客获得更多便利，减少候车排队时间，保证车厢载客率，进而提高索道运营效率也是重要职责。

针对岗位特殊性，制定相关国家（行业）标准，从而提供全面、专业的岗位流程和规范，成为亟待解决的问题。通过标准实施，从制度层面明确岗位责任，提高工作环节运转效率，加强岗位人员技能培训，量化岗位工作技能，为岗位职业需求提供依据，确保游客乘坐索道的安全性、可靠性，提高服务质量的规范性和稳定性。

从行业细化到岗位，体现了目前索道运营服务业对标准化工作的实际需求，标准只有在一线岗位实际使用，才能完成持续改进，不断调整，继续为实践工作服务。

4 结语

目前国内索道行业仍处于上升发展期，自身快速发展的同时对景区发展起到积极作用，游客日益增长的服务需求让索道运营服务工作必须紧跟脚步，不断发展，而索道服务行业标准的制定就是必经之路，由行业标准规范服务，提供服务质量提升的具体方向，为索道行业发展提供积极助力。

参考文献

[1] 2020年中国索道缆车行业运行现状及相关产业分析［OL］. https：//www.chyxx.com/industry/202104/944565.html.

[2] 苟德田. 自主创新——中国客运索道发展的必由之路（峨嵋山万年索道）［D］. 北京：中国索道协会，2012.

[3] 张红战，浅谈客运索道服务质量标准化的必要性和实施（陕西华山三特索道有限公司）［D］. 北京：中国索道协会，2011.

[4] 中华人民共和国国家质量监督检验检疫总局，中国国家标准化管理委员会. 索道术语：GB/T 12738—2006［S］. 北京：中国标准出版社，2006.

[5] 中华人民共和国国家质量监督检验检疫总局，中国国家标准化管理委员会. 客运索道固定抱索器通用技术条件：GB/T 24729—2009［S］. 北京：中国标准出版社，2009.

[6] 中华人民共和国国家质量监督检验检疫总局，中国国家标准化管理委员会. 客运索道脱挂抱索器通用技术条件：GB/T 24730—2009［S］. 北京：中国标准出版社，2009.

[7] 中华人民共和国国家质量监督检验检疫总局，中国国家标准化管理委员会. 客运索道驱动装置通用技术条件：GB/T 24731—2009［S］. 北京：中国标准出版社，2009.

[8] 中华人民共和国国家质量监督检验检疫总局，中国国家标准化管理委员会. 客运索道托（压）索轮通用技术条件：GB/T 24732—2009［S］. 北京：中国标准出版社，2009.

[9] 中华人民共和国国家质量监督检验检疫总局，中国国家标准化管理委员会．索道用钢丝绳：GB/T 26722—2011 [S]．北京：中国标准出版社，2011.
[10] 中华人民共和国国家质量监督检验检疫总局，中国国家标准化管理委员会．客运索道电气装置通用技术条件：GB/T 34369—2017 [S]．北京：中国标准出版社，2017.
[11] 中华人民共和国国家质量监督检验检疫总局，中国国家标准化管理委员会．客运索道运载工具通用技术条件：GB/T 34274—2017 [S]．北京：中国标准出版社，2017.
[12] 中华人民共和国国家质量监督检验检疫总局，中国国家标准化管理委员会．客运索道用橡胶轮衬：GB/T 34227—2017 [S]．北京：中国标准出版社，2017.
[13] 中华人民共和国国家质量监督检验检疫总局，中国国家标准化管理委员会．客运索道张紧装置通用技术条件：GB/T 34026—2017 [S]．北京：中国标准出版社，2017.
[14] 中华人民共和国国家质量监督检验检疫总局．客运拖牵索道技术规范：GB/T 19401—2007 [S]．北京：中国标准出版社，2008.
[15] 中华人民共和国国家市场监督管理总局．客运架空索道安全规范：GB 12352—2017 [S]．北京：中国标准出版社，2018.
[16] 中华人民共和国国家质量监督检验检疫总局，中国国家标准化管理委员会．非公用往复索道技术规范：GB/T 24913—2010 [S]．北京：中国标准出版社，2010.
[17] 中华人民共和国住房和城乡建设部，国家市场监督管理总局．架空索道工程技术规范：GB 50127—2007 [S]．北京：中国标准出版社，2007.
[18] 中华人民共和国国家质量监督检验检疫总局，中国国家标准化管理委员会．客运索道地面缆车安全要求：GB 19402—2012 [S]．北京：中国标准出版社，2012.
[19] 中华人民共和国国家质量监督检验检疫总局，中国国家标准化管理委员会．索道用钢丝绳检验和报废规范：GB/T 9075—2007 [S]．北京：中国标准出版社，2008.
[20] 中华人民共和国国家质量监督检验检疫总局，中国国家标准化管理委员会．客运架空索道风险评价方法：GB/T 34024—2017 [S]．北京：中国标准出版社，2017.
[21] 中华人民共和国国家质量监督检验检疫总局，中国国家标准化管理委员会．客运索道重大修理的技术要求：GB/T 34368—2017 [S]．北京：中国标准出版社，2017.
[22] 中华人民共和国国家质量监督检验检疫总局，中国国家标准化管理委员会．客运索道安全服务质量：GB/T 24728—2009 [S]．北京：中国标准出版社，2009.
[23] 中华人民共和国国家质量监督检验检疫总局．客运索道监督检验及定期检验规则：TSG S7001—2013 [S]．北京：新华出版社，2013.
[24] 中华人民共和国国家市场监督管理总局．特种设备作业人员考核规则：TSG Z6001—2019 [S]．北京：新华出版社，2019.
[25] 中华人民共和国国家质量监督检验检疫总局，中华人民共和国国家标准化管理委员会．制造业信息化服务平台服务资源分类规范：GB/T 34045—2017 [S]．北京：中国标准出版社，2017.

发挥标准化引领作用，全面提升索道服务水平

仲崇丽

（泰安市泰山索道运营中心）

摘　要： 随着标准化工作的不断推进，现今各个行业的行业标准日趋完善，标准化成为一个行业的引领和导向，在实际工作中有着十分重要的作用。不同行业的服务标准有所不同，对索道服务行业来说，现行标准还需要进一步健全和完善，推进标准化就是我们的提升方向。积极推进服务标准化建设，是紧跟索道国际发展的步伐，推动国内索道服务质量快速发展的重要保障，是中国索道行业势在必行的一项重要工作。

关键词： 标准化；泰山索道；索道服务；服务水平

随着标准化工作的不断推进，现今各个行业的行业标准日趋完善，标准化成为一个行业的引领和导向，在实际工作中有着十分重要的作用。不同行业的服务标准有所不同，对索道服务行业来说，现行标准还需要进一步健全和完善，推进标准化就是我们的提升方向。积极推进服务标准化建设，是推动国内索道服务质量快速发展的重要保障，是中国索道行业势在必行的一项重要工作。

1　标准化对索道服务的影响

1.1　服务标准化有利于提升服务水平

服务标准化有利于提升索道服务的整体服务水平。只有服务水平提升到一定的高度，才能进一步向服务质量标准化发展。标准化的服务是统一的，是高质量的，在高标准下，我们的服务水平才能更高。索道服务的标准化是以安全运营、优质服务为前提的，与每个服务人员的服务工作密不可分。服务标准化适用于索道服务中的每一位员工，不只是一个科室和一个岗位的工作，需要全体人员共同努力去建立标准，遵守标准，执行标准。不论是管理者，还是基层的服务工作者；不论是机电技术人员，还是服务人员；不论是行政人员，还是一线工作人员，人人都要遵守。只有全员遵守，才更有利于提升服务水平，提高工作效率，提升队伍素质，提升索道服务的整体水平。

1.2　服务标准化有利于促进科学管理

科学管理就是依据生产技术的发展规律和客观经济规律对企业进行管理，而各种科学管理制度的形成，都以标准化为基础。服务标准化可以强化服务意识，进而有利于提高全体服务人员的素质。首先，员工对工作的重点和各项规章流程必须有一个思想上的认识，明确各司其职。其次，管理人员更要树立标准化的安全服务意识和安全运营意识，以身作则，树立标准，以优质服务作为我们的出发点和落脚点。服务不仅仅是停留在服务好自己眼前的游客，更应当有大格局，要顾全整个索道服务流程。最后，有利于人员的管理和各项工作的安排与推进。有了明确的标准就有了行动的方向和界限，这就是一把尺子。在从事索道服务工作中严格遵守制度，就能确保提供高质量的服务给游客。

1.3　服务标准化有利于提高游客满意度

游客的满意度是我们索道服务质量的标尺。我们服务到位真正的体现是游客顺心而来，满意而归，

所以我们优质的服务水平是游客满意的前提。服务标准化让我们对服务游客有了一个统一的标准。服务标准越高，游客满意度越高。在游客有不同诉求的情况下，我们的标准化流程会简化办理程序，提升服务效率，做好诉求处理。在标准化的服务下，我们会灵活处理现场的问题，以游客为本，满足游客的诉求，提升服务质量。

1.4 服务标准化有利于规范制度

服务标准贯穿于索道运营服务制度，标准化是制度化的重要组成。制度规范员工的服务行为，能使员工个人的服务科学合理进行。标准对服务工作起着监督作用，更加规范服务制度，也是维护员工共同利益的一种方法。合理有效的服务标准化制度能进一步规范员工服务行为，提高服务人员的工作效率和质量，进而提升管理效率和竞争能力，逐步形成一种良好的企业文化。因此，服务标准化制度，是索道运营进行正常管理所必需的强有力的保证。

2 索道服务行业标准化现状

目前由于各种原因，索道服务工作的标准化还不成熟，制定科学合理的服务标准对索道行业的发展至关重要。从国内外的索道行业来看，关于索道服务的标准，还没有详细的规定。各个不同地区的索道各有各的特色，各有各的服务方式，还没有形成统一的工作模式，建立科学高效的服务标准。但是服务的目标是一致的，都是为了使游客安全满意地乘坐索道，为他们提供优质的服务。泰山索道，自推进各项标准化工作以来，在服务方面进行了不断改进和提升。通过理论学习、岗位工作实践，依据游客需求，制定出了符合泰山索道实际情况的内部标准，这些都是由经验的积累和实际工作的实践总结而来的，能够帮助我们将索道服务做得更加标准和完善，让游客感受到我们服务的层次和温度。

3 索道服务标准化过程中出现的问题

3.1 对索道服务标准化重视度不高

在现阶段索道服务标准化的推广中，有很多人对标准不理解，认识不足，没有足够重视标准化。在索道服务中，很多服务人员执行的服务标准不一，服务质量参差不齐，没有严格遵守制度，执行泰山索道服务标准，带给游客的体验感和满意度也千差万别。

3.2 索道服务标准参差不齐

现阶段没有全面统一的索道服务标准，每个索道的制度不同，服务的标准要求不同，参差不齐。在实际工作中，同一个服务岗位之间的服务水平也存在着很大的差异。

3.3 索道服务经验有所欠缺

国内的索道服务行业起步较晚，与其他行业相比经验相对不足，此外因国情和服务地点的不同，缺少可复制的经验模式。随着索道服务行业的快速发展，我们还需要在工作中不断积累和总结经验。

3.4 索道服务标准不完善

在现行的与索道服务相关的标准和规范中，还存在很多不足和不完善的地方，兼顾的方面有限。标准中索道服务细节涉及较少，有效的监督受限。游客对服务要求的提高，需要索道服务标准不断提高。

4 对索道服务标准化的建议

4.1 加强对标准化的重视程度

服务标准化作为一项长期坚持的工作，首先就要从思想上重视。服务标准的制定是一个繁重的工作，需要长期经验的积累与总结，但是制定标准之后，能够有效加强服务管理，提升服务质量，对行业发展意义重大。所以要重视服务标准化，让标准化成为一个可以推进索道服务发展的有利的工具。通过一系列的宣传活动，让大家在思想上重视，逐步认识到服务标准化的重要意义，转变原有的思想，通过标准化的引领不断提高服务质量，提升服务水平。

4.2 在日常服务中树立标杆

服务标准化的标准来源于我们日常的工作中，是通过对榜样的学习，制定合理的标准。要评先树优，树立模范标杆，通过一系列的评选活动，选出大家心目中的标准。以泰山索道为例，运营科每月评选出心中的标杆，大家在评选中查找自身的不足，在以后的工作中向标杆学习，通过榜样的力量，激励自己提升自己的服务水平，进而从标杆和模范中提炼规范的服务方法，通过学习一些好的做法和经验，制定更贴合实际工作的标准，更符合实际工作，从而发挥标准化真正的作用。

4.3 向其他服务行业借鉴

要向其他服务行业借鉴好的经验和做法，借鉴可复制的规范，逐步完善我们的标准，提升我们的服务水平。可以向国外比较好的服务借鉴，例如欧洲旅游服务行业有很多旅游服务方面先进的经验，旅游景点有着完善的服务设施和严格的规章制度和管理机制，这些我们都需要学习和借鉴。同时，要学习借鉴国内优秀行业的标准，像国内的航空服务行业，就有很多值得我们学习的地方。虽然行业不同，但是相同的是服务，其服务理念、服务标准及整个系统的服务标准，都可以借鉴。通过学习借鉴，再与我们的实际工作相结合，制定出更加适合索道服务行业的标准。

4.4 不断更新标准

随着不断更新和完善现用的规章制度，对于不适用的制度条例应当及时更新，把符合新环境、新政策的要求增加到制度中，使我们的规章制度更加完善、规范。在现有的成绩面前，我们应当总结经验，根据新的标准不断调整。对当前服务中存在的失误，要认真总结研究，制定解决措施，建立标准。我们必须时刻保持创新精神，做好服务工作的每一个细节，细化到每一项内容，为游客提供更加安全、优质、高质量的服务。

标准的高度决定了一个企业的层次。标准的制定应用对索道服务事业有着重大的影响。索道服务标准化是索道行业的生命线，我们必须严格遵守，不断革新，提升服务水平，让我们的服务质量和服务效果使游客满意而归。

参考文献

[1] 马虹，樊静静，于文龙．标准化助力智慧景区高质量发展［J］．中国建设信息化，2021（01）：68-69.

[2] 谭乾宇．提升旅游品质 提升发展定位 提升基础服务能力 重庆市领导视察长江索道景区［J］．城市公共交通，2018（06）：56.

[3] 潘璇．企业管理标准化对于企业管理的重要意义［J］．中小企业管理与科技（上旬刊），2021（07）：1-2.

提升检验检测预警应对水平，助力对韩水产品出口高质量发展

齐　凯[1]　臧汝瑛[2]　林宇春[1]　王　鹏[3]　李　钰[4]

（1. 威海市产品质量标准计量检验研究院；2. 威海市食品药品检验检测研究院；3. 山东省标准化研究院；4. 威海市工业和信息化局执法监察支队）

摘要：为全面了解山东全省水产品出口企业的经营情况，掌握国外技术性贸易措施（以韩国为例）对水产品出口企业的影响，促进水产品外贸出口稳定持续发展，威海市产品质量标准计量检验研究院针对省内水产品出口企业数据进行了分析研判，对威海市对韩水产品出口企业进行了调研，并听取了相关出口企业的相关意见和建议，在分析了韩国2020年主要水产品通报修改项和韩国水产品进口监管机构及职能后，笔者认为政府机构和相关企业应当实施“标准化战略”，切实提高检验检测水平，提升预警研判能力，以有效避免因出口目标国实施技术性贸易措施后出现的受阻情况。

关键词：检验检测；对韩水产品；出口

1　基本情况

1.1　出口数据

海关统计数据显示，2019年，我国对韩出口额为7648.22亿元，同比增长6.6%，山东省对韩出口额1153.27亿元，同比增长9.8%。我国水海产品出口额为1401.37亿元，同比下降3.6%。其中，按主要贸易方式分类，一般贸易出口额为1007.05亿元，加工贸易出口额为376.38亿元，保税物流出口额为15.09亿元，其他贸易出口额为2.85亿元。山东省水海产品出口额为349.10亿元，同比增长3.6%。截至2020年7月，我国对韩出口额为4346.37亿元，同比下降1.1%；山东省对韩出口额为671.52亿元，同比增长3.5%。我国水海产品出口额为697.36亿元，同比下降11.4%。其中，按主要贸易方式分类，一般贸易出口额为506.15亿元，加工贸易出口额为178.91亿元，保税物流出口额为11.28亿元，其他贸易出口额为1.03亿元。

1.2　2020年部分不合格产品情况（山东省）

- 水产品

（1）冷冻贻贝肉（煮熟）。不合格原因：铅超标。

标准：2.0mg/kg以下。

检查结果：5.7mg/kg。

（2）章鱼（冷冻，章鱼须）。不合格原因：外观检查发现因人工注水混入异物。

- 其他水产加工品

（1）冷冻江珧贝。不合格原因：细菌数超标。

标准：$n=5$；$c=2$；$m=1000000$；$M=5000000$

检查结果：14000000；3300000；32000000；11000000；4700000。

（2）冷冻麻辣小龙虾。不合格原因：提交材料中发现不可用于食品的原材料（草豆蔻、白豆蔻）。

（3）冷冻白腿虾肉（煮熟，带尾）。不合格原因：二氧化硫超标。

标准：小于0.10g/kg。

检查结果：0.15g/kg。

（4）麻辣黄花鱼。不合格原因：酸价超标。

标准：5.0以下。

检查结果：10.7。

（5）五香黄花鱼罐头。不合格原因：酸价超标。

标准：5.0以下。

检查结果：12.4。

• 其他鱼肉加工品

鱼丸。不合格原因：

① 大肠菌群超标。

标准：n=5；c=1；m=0；M=10。

检查结果：380；30；25；360；130。

② 细菌数超标

标准：n=5；c=2；m=100000；M=500000。

检查结果：66000；98000；410000；140000；420000。

2　政策动态变化（2020年韩国食药处）

2.1　韩国食药处2020-3号修订内容

健忘性贝毒，修订前无相关要求，修订后为贝类和甲壳类标准为20mg/kg以下，生效日期为2020-07-15。

其他修订内容：

• 酸分解酱油及混合酱油中3-MCPD标准：0.3mg/kg以下改为0.02mg/kg以下（2020-07-15生效）。

• 糖果类中铅（mg/kg）标准：1.0以下（限软糖）、0.2以下（限砂糖）改为0.2以下（限糖果）（2020-07-15生效）。

• 新增含乳加工品类产品：含乳加工品是以原乳或乳加工品为主原料生产加工的食品类型（2022-01-01生效）。

• 农残标准：修改草甘膦等69种农药的残留限量标准（2020-04-01生效）。

2.2　韩国食药处2020-24号修订内容

水产品中重金属标准。修订前镉：2.0mg/kg以下（含内脏章鱼为3.0mg/kg以下）。修订后镉：2.0mg/kg以下（鱿鱼为1.5mg/kg以下，含内脏章鱼为3.0mg/kg以下），生效日期为2020-10-15。

保管及流通标准。修订前要求：解冻的冷冻产品不可再次冷冻。但是为了去除冷冻水产品内脏等不可食用部位，或者为了切开、去骨时允许解冻，完成操作后及时冷冻。修订后要求：解冻的冷冻产品不可再次冷冻。但是以下情况在完成操作后及时冷冻即可。①为了去除冷冻水产品内脏等不可食用部位以及混入的异物，或者为了筛分、切开、切分需要解冻时；②为了切开冷冻肉或去骨需要解冻时。生效日期为2020年4月14日。

其他修订内容：

- 食品辐照处理射线种类：γ射线、电子射线改为γ射线、电子射线、X 射线（2020-04-14 生效）。
- 食品原料目录：新增植物性原料［紫扁豆、蕹菜（空心菜）、芝麻菜等］（2020-04-14 生效）。
- 农残标准：修改草铵膦等 82 种农药的残留限量标准（2020-04-01 生效）。

2.3 韩国食药处 2020-55 号修订内容

水产品原料，修订前无相关要求，修订后要求新增 6 种水产品作为食品原料：拉泳褐虾（Argis lar）、Buccinum kushiroensis、Buccinum osagawai、中华管鞭虾（Solenocera Melantho）、大西洋庸鲽（Hippoglossus hippoglossus）、深海红鱼（Sebastes mentella）。生效日期为 2020-06-26。

其他修订内容：

- 转基因食品：新增转基因食品试验方法（2020-06-26 生效）。
- 一般试验方法：删除奶油面包黄色葡萄球菌试验中多余的操作；简化糖类仪器分析定量试验；新增人参・红参饮品成分分析试验方法等（2020-06-26 生效）。

2.4 韩国食药处 2020-70 号修订内容

农残标准：修改双胍辛胺等 117 种农药的残留限量标准（2020-08-04 生效）。

一般试验方法：新增 5 种农产品农药试验方法（2020-08-04 生效）。

2.5 韩国食药处 2020-98 号修订内容

水产品原料，修订前无相关要求，修订后要求新增 2 种水产品作为食品原料：萤火鱿（Watasenia scintillans）、日本海参 Japanese sea cucumber（Stichopus japonicus/ Apostichopus japonicus）。生效日期为 2020-08-04。

其他修订内容：

- 食品原料：即使规定在食品原料中不能使用种子，但新标准规定，食用时去除种子的话，可将含种子的果实用于食品制造；新增四氢大麻酚（δ-9-Tetrahydrocannabinol，THC）和大麻二酚（Cannabidiol，CBD）标准（2020-08-04 生效）。
- 农残标准：修改草铵膦等 128 种农药的残留限量标准（2020-08-04 生效）。
- 食品中兽药残留标准：修改林可霉素等 7 种兽药的残留限量标准（2021-01-01 生效）。
- 畜产品残留物质许可标准：修改草甘膦残留许可标准（2021-01-01 生效）。

3 韩国水产品进口的监管体系

3.1 韩国水产品进口监管机构及职能

韩国食品药品安全处（Korea Food and Drug Administration，KFDA），属于国务总理室下属中央行政机关，主要对农畜水产品、食品、医药品、化妆品、中草药以及医疗器械等进行安全管理，进行检验检疫标准和方法的制定等。机构下设评价院、分本部及 6 个地方分支机构这三个部分，其中地方分支机构均未设立进口食品的检验检疫所。

韩国海洋水产部（Ministry of Oceans and Fisheries），部门职能在 2008 年具体归属为国土海洋部以及农林食品水产部门，2013 年重新进行海洋水产部的设立，具体负责航运、水产品以及港口，海洋环境保护、海洋科学技术研发、海洋资源开发以及海难审判等业务的管理。

3.2 韩国食品进口监管流程

韩国食品进口监管流程：申请人提交进口申报材料、申报材料检查、现场检查、合格与否判定，详见图 1。

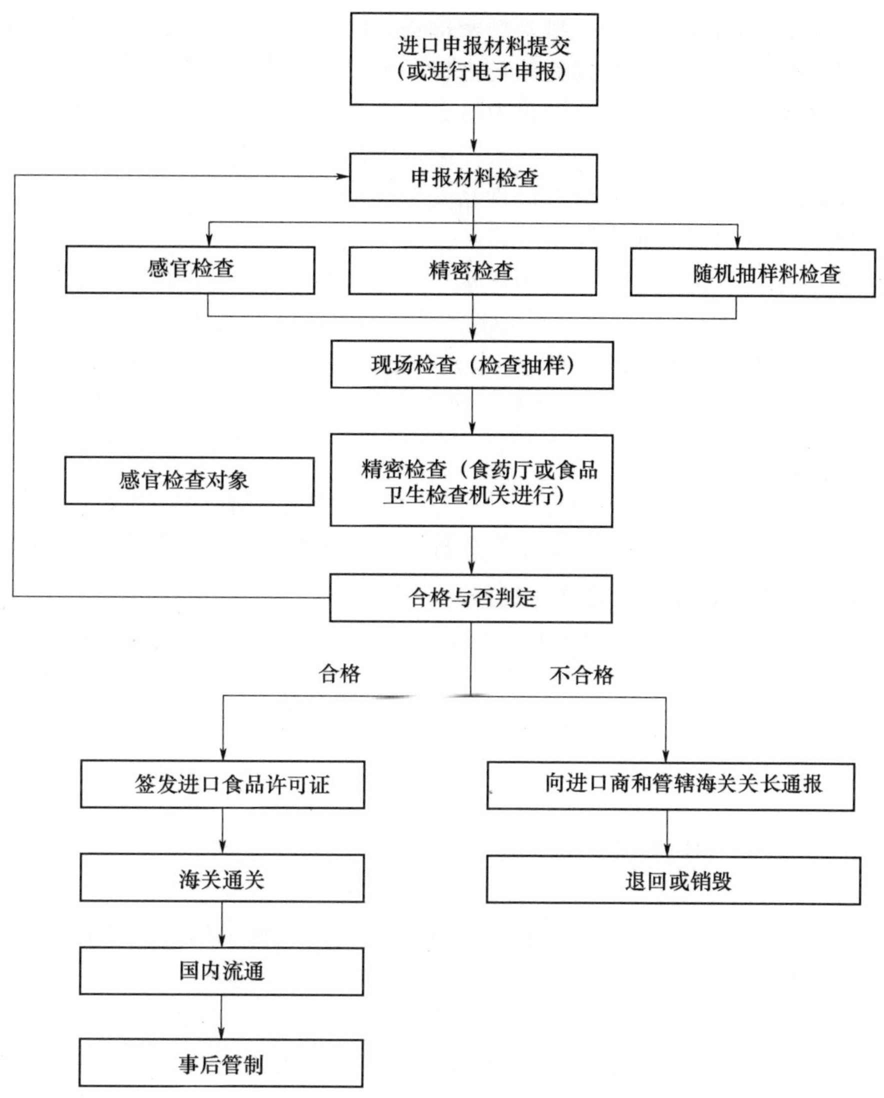

图 1　韩国食品进口监管流程

3.3　韩国对进口水产品的质量检查

3.3.1　文字材料检查

文字材料检查（Document Review）就是在检查申报文件内容的基础上判断其是否与进口条件相符。

3.3.2　现场检查标准及方法

现场检查（Field Test）是按照食品药品安全部的相关基准，基于产品的状态、性质、味道、颜色、气味、标识及包装和之前精密检查记录等内容进行检查。

3.3.3　精密检查标准及方法

精密检查（Laboratory Test）就是检验产品的物理、化学和微生物学特性，同时检查文字材料及功能。韩国食品药品安全处每一年会调整检测要求和实施措施。韩国把进口食品具体分成一级、二级、三级以及同一公司同一进口食品等 4 种。精密检查过程中主要针对前三种，此外，对代购食品中可能存在危害的情况，事前需有代购邀请人同意。

3.3.4 抽样检查

抽样检查（Random Sampling Test）排除精密检查外的产品，按照食品药品安全部选取样本要求，检验物理、化学及微生物学特性，以此判断其与进口条件是否符合。韩国食品药品安全处根据检查结果，做好“命令检查对象”指定，实施定期集中检查。

（1）精密检查（含抽样检查）不合格的次数在最近半年内（以每年5月末以及11月末为准），每国超过2次的产品，及按国内外信息确认进口食品安全性的产品，按照上述情况，食药处每6个月会专门指定重点管理对象，并对其实施抽样检查。

（2）检查结果假如未人为混入金属、人为注水、超标添加色素以及没有一氧化碳超标等情况，在同一产品进口时（不分产品类型）：从判定不合格之日起半年每批次做抽样检查。

（3）假如精密检查结果未达到合格标准，对其出口的同类产品，必须每批次都抽样检查。卫生协议已签订完成的国家：从判定不合格之日起要进行5次进口申报。卫生协议未签订的国家：进口申报1次。

3.3.5 标识规定

根据《中韩进出口水产品卫生管理协议》，出口水产品包装上应有进口国文字及英文标识，标识内容包括：品名、出口国家名称，注册登记加工厂名称及注册编号，所有标识内容应清晰、醒目、持久。

3.3.6 韩国频繁修订《进口食品安全管理特别法》

2020年6月3日，韩国再次修订《进口食品安全管理特别法》（以下简称《特别法》），这是4年来的第10次修订。该法于2016年2月正式实施，此后韩国食品药品安全处（MFDS）先后对该法进行了6次修改，现行的《特别法》（法律第16401号）为2019年4月23日发布实施的最新版，随后韩国不断对该法进行修订。

4 对韩出口水产品受阻情况

按照韩国食品药品安全处公布的相关信息统计，2017年出口韩国的冷冻章鱼产品不合格的共3批次，原因都是伪造卫生证明。截至2018年8月出口韩国的冷冻章鱼产品不合格的共20批次，其中8批次来自山东，6批次是因为人为注水，存在异物以及虚假标识生产日期各1批次。从2020年的情况看，山东省暂时无受阻情况。但是，去年我国输韩进入市场流通领域的调味贝酱、啤酒、方便面、饮料、魔芋丝等产品，因被检出A型乙肝病毒、标签不合格、超范围使用添加剂等原因被强制召回。

5 对韩出口水产品不合格原因分析

一是韩国加大了对境外企业现场检查力度，迎检难度增加。此前，韩国官方每年仅针对水产品和肉类的境外加工企业实施抽查检验，故在2018年之前，很少出现人为注水、外观色泽、混入异物、虚假标识等方面的问题。但是，修订后的《特别法》要求所有输韩食品境外生产企业都要接受现场检查，并借鉴了美国FDA现行的境外食品供应商管理办法，我国所有输韩食品企业都将面临韩国官方的“飞行模式”检查，检查内容涉及6个领域、85个项目。据统计，2019年韩国已对我国127家生产企业进行了现场检查，其中对24家企业采取停止进口措施，占比近20%。

二是扩大企业注册登记和认证范围，准入门槛升高。对比发现，修订后的《特别法》对进口食品境外生产企业实施注册登记的范围，由原来的仅涵盖畜产品和水产品企业，扩大到出口食品的所有境外生产企业。此外，对要求通过韩国官方危害分析以及关键控制点（HACCP）认证境外注册食品企业，从之前仅针对泡菜加工企业扩展到其他类别的食品生产企业，且要求截至2025年全部完成。据企业反映，为应对上述变化，企业在人员培训、调整车间布局、完善管理体系等方面将增加约20%的生产管理成本。

三是实行进口食品全流程追溯管理，事后追责趋严。修订后的《特别法》对进入市场流通的进口食品实施从进口到销售的全流程追溯，每年制定流通管理计划，利用集中监督、抽检系统进行采集、检查，经官方确认不合格的将强制召回。

6 提升对韩水产品出口贸易措施建议

6.1 发挥政府部门主导作用，构建政企互通的预警应对体系

当前，越来越凸显出技术性贸易措施的工作价值，出口企业在获取最新信息、深化沟通合作等层面要求很高，建议各级政府在政策、资金、技术等方面对检验检测、标准化、知识产权等技术机构和企业给予支持；政府部门间在资源共享、互通、措施共用等方面密切合作；广泛听取出口企业尤其是重点领域、行业出口企业、行业协会意见建议，提升应对成效；构建由商务、市场监管、海关等部门多方协作的技术性贸易措施应对常态化工作机制和快速预警响应机制，建立对韩技术性贸易措施监测体系，完善行业技术贸易措施数据，为出口企业进行权威技术指导以及提供信息服务，为有效应对国际贸易摩擦和促进对韩乃至全省外贸高质量发展提供技术保障支持。

6.2 实施“标准化”战略，提升出口产品的国际市场竞争力

技术标准体系也是一个国家“主权”形式的体现。调查显示，受国外技术性贸易措施影响最大的前5个因素中，涉及标准的问题有4个。为此，建议政府引导实施“标准化”战略，一是坚持国际标准导向，建立以市场监管系统为主导、海关、工信、商务、农业等主管部门积极参与的国际标准信息交流机制，开展对国外法规、标准、合格评定程序等系统性研究，为全省外贸出口提供引导遵循；二是助推“山东标准”建设，鼓励、引导行业龙头企业开展国际标准化战略、政策和规则的制定、实施的参与，进一步促进我国参与的技术标准在国际贸易中抢占制高点；三是用国际标准来对企业在产品研发、科技创新、新旧动能转换以及品牌培育等层面主动性和积极性的激发，利用技术创新等途径达到国际高标准，使产品具有更强的市场竞争力，以更好地融入国内国际双循环格局。

6.3 不断提高自身检验检测能力和质量意识水平

基于对韩出口水产品受限的问题进行分析发现，核心就是水产品质量安全问题。为此，政府相关部门和企业一是应加强对韩国《特别法》及其配套规定的研究和企业现状的摸底调研，结合输韩企业的实际提出应对策略；二是加强对企业 HACCP 体系和 GMP 等的培训指导，提高企业质量责任意识以及风险意识，最大限度地符合进口国法律法规要求；三是在熟悉进口国市场准入条件的基础上加强双边合作，推动 HACCP 体系验证等检验及认证结果互认，推进其对我国质量安全管理水平的反向提升作用。要加深了解进口国监管进口产品的体系，对进口国在检查进口产品过程中使用的最新法律法规和相关技术标准等进行分析，而且，也必须深入研究进口国认证体系，增强企业出口产品的硬实力，促进中国对韩水产品贸易稳定发展。

参考文献

林乐界，李丽娟，齐凯，等．韩国进口水产品监管体系与我国对韩出口水产品对策研究［J］．中国标准化．2019-07-05.

新形势下基层农产品产地检测体系的标准化研究

刘建平[1]　马　庆[1]　房　健[1]

（1. 安丘市农产品质量安全管理服务中心）

摘　要：农产品产地检测体系是农产品质量得到有效监管的重要基础。新形势下，开展基层检测体系的标准化研究与应用，是推动农产品产地准出与市场准入高效衔接的桥梁，是不断提升我国农产品质量水平的重要途径，也是有效应对不断提高的国际标准、保障农产品出口顺畅的迫切要求。本文分析了基层农产品检测体系现状，指出了检测体系的体制机制、检测设备和手段、产地检测抽样、检测标准与市场和国际接轨等方面的问题，提出了做好规范体制机制顶层设计、科学配备基础检测设施和创新检测模式、搭建智慧化监测平台、推行检测站检测监管服务前置的合格证制度等解决途径。

关键词：农产品质量；产地检测标准化；农产品出口

0　前言

农产品质量安全是一项民心工程，关系到我国的食品安全战略。2001 年，农业部实施了“无公害食品行动计划”，推行质量跟踪与市场准入，为全国农产品质量安全工作提出了新目标。经过 20 年的努力，我国农产品质量安全状况得到大幅度改善，与农产品质量安全相关的法律法规和政策性文件共出台 24 个[1]。特别是党的十八大以来，我国对农产品质量安全和应急处置能力提出了更严格的要求，农业质量安全工作取得明显的突破。2019 年，党中央国务院提出了食品安全“四个最严”新要求，全链条保障食品质量安全，确保人民群众舌尖上的安全。基层农产品产地检测环节是保障食品安全的重要技术基础，检测体系的标准化研究是推动产地准出和市场准入有效衔接的关键，因此，农产品产地检测体系标准化的研究与应用，对新形势下我国农产品质量安全发展具有重大意义。

1　基层农产品产地检测体系现状

早在 2007 年，山东省安丘市就提出了农产品质量安全区域化管理的概念。逐步创建了“从源头控制，全过程监管”的现代农业发展模式，被省政府和原国家质检总局确定为“安丘模式”，在全省、全国推广开来。

产地检测体系是区域化管理的基础。例如，安丘市在各镇街区的社区中设立了植物性产品农残快检站和畜产品检测站，并配备专业检测人员，对监测站附近的区域提供检测服务。另外，还配有流动检测车，搭载快速检测设备，在全域范围内机动性开展检测服务。社区检测资源联合市级检验检测机构、出口企业和批发市场检测室，相互配合、协同发力，形成了政府和社会力量共同参与的检测网络。

2　产地检测体系存在的问题

经过十几年的发展，农产品质量工作取得了巨大的成就，我国主要农产品例行检测合格率由 2001 年的 64%上升到 2020 年的 97.8%，食品安全事故发生率显著降低。新形势下，基层农产品产地检测体系也暴露出一些问题。

2.1 基层检测体系标准化研究滞后

目前，基层农产品检测体系还存在体制和制度等方面的问题[2]。各地已基本建立起市、镇、村三级联动的监控网络和政府主导、社会力量共同参与的工作机制。但是各地之间的要求不统一、标准不一致，难以形成合力。

（1）检测体系监管职责划分不一。有的县市区成立了专门的安全监管部门，负责基层检测站抽检和数据统计工作；有的将监管职责划归食药监部门管理，有的将监管职责划归农业农村部门。

（2）检测人员配备和管理缺乏标准。从事基层农产品质量安全检测的技术人员缺乏统一的上岗要求，且在人员的管理、考核和培训等方面缺少统一的标准。

（3）产品的抽送检缺乏强制性要求。《农产品质量安全法》要求生产者对所生产的产品进行检测，不合格的农产品则不允许销售。但是目前看来，初级农产品生产主体主动送检意识不强，产地检测主要依靠抽检来完成，相关法律制度的不完善也导致送检和抽检缺乏硬性要求。

2.2 检测设备和检测手段落后

我国已经制定了一系列的农兽药定量检测标准，这些标准涵盖了色谱到质谱再到串联质谱的检测手段，检测覆盖项目和检测精度都有大幅改善。由于基层检测任务繁重，检测对象多为新鲜农产品，不易保存，基层经济条件和人力资源有限，基层农产品检测方法以快速检测为主，即采用以酶抑制法为原理的农药残留检测和以检测瘦肉精为主的酶联免疫兽药快速检测法。快速检测法避免了实验室定量检测费时费力的缺点。然而在新形势下，快速检测手段的检测范围和精度已不能满足农产品质量安全监测的需求。例如，农残快检手段只能检测有限种类的农药，即只能检测以敌敌畏等为代表的机磷类杀虫剂和以涕灭威等为代表的氨基甲酸酯类剧毒农药。随着国家对这些高剧毒农药的禁售用和农药的更新换代，目前使用传统的快检手段，无法检测到腐霉利、烯酰吗啉、氯氟氰菊酯等常用农品种。从农业农村部2020年度的抽检分析数据来看，韭菜是出现不合格频率最高的蔬菜品种，全年共有526批次韭菜检出农药残留超标，其中腐霉利项目不合格就多达352批次，而这些不合格的韭菜恰恰无法通过传统的快检手段筛查出来。

2.3 抽样环节缺乏科学统一的标准

抽样环节是农产品质量安全监测的重要步骤，是保证监测数据客观性和准确性的重要前提[3]。统一农产品产地检测抽样标准，不仅能保证各地监测结果的准确性，而且能提供较好的横向可比性，从而为整个地区乃至全国的农产品质量状况分析提供依据。目前抽样环节主要在以下几个方面缺乏统一的标准。

（1）产地检测抽样品种及频次。因各地种植习惯不同以及不同农作物发生农药残留的概率不同，如果没有科学地设置标准，而是简单地设定一样的抽样比例，不仅会造成有限检测资源的浪费，还会造成最终检测数据的“失真”。

（2）种植户抽样频次选择。各地在确定抽样地块时缺乏统一的标准，靠随机选择的方式甚至直接由抽样人员主观选择，易导致监测数据缺乏公正性和可靠性。

（3）采样方法。农产品产地检测的采样方法缺乏统一的标准，不同的采样方法会对检测结果造成较大的影响，如当不同地形、不同作物、有无设施等影响因素存在时，传统的对角线法、五点法等抽样方式该如何选择，缺乏科学的研究。

（4）取样部位选择。作物不同部位的农药残留量不完全相同，不同作物品种之间更是千差万别，检测部位的选择会直接影响检测数据的可靠性。

2.4 产地检测与市场准入标准不统一

《农产品质量安全法》要求生产主体对产出的农产品进行检验检测，《食品安全法》规定了进入市场的农产品必须由经营主体进行查验或者检测合格方可进入市场销售。但两部法律均未强化农产品的产地准出与市场准入的概念和内涵，农产品产地准出和市场准入运行的法律可操作性和强制性不足[1]。造成产地准出与市场准入衔接不顺畅的原因，除了法律层面的因素，还在于检测方法与判定标准不统一。以农药残留为例，由于农药残留快速检测方法所覆盖项目以及检测精度远不能满足相关的国家标准［《食品安全国家标准 食品中农药最大残留限量》（GB 2763—2021）］，导致某些初级农产品经产地检测合格进入市场后，仍然会发生产品抽检不合格的现象，这就导致产地检测凭证难以得到市场认可。

2.5 产地检测标准与国际标准脱节

区域化管理模式的创建初衷是提高当地出口农产品的质量，应对不断严苛的国际技术性贸易壁垒，这些年来，取得了明显的成效。目前，我国与主要出口贸易国家和地区的食品中农药残留限量仍存在差异，农产品的质量要求远低于发达国家水平[4]。具体表现在我国相关农残标准仍不完善，某些食品中的最大残留限量（MRLs）值设置不合理，部分新兴农药则无限量要求。这就易造成我国农产品出口发达国家时，时常被通报农残超标，给我国食品出口企业造成巨大的损失。此外，欧盟、日本、韩国等国家或地区对具体产品限量标准未涉及的农药设置了“一律限量”（表1）。“一律限量”成为我国农产品出口所面临的不可忽视的技术性难题，而我国目前还没有制定“一律限量”要求。产地检测技术与标准的滞后发展，难以从源头上提高我国的农产品质量，导致我国初级农产品质量水平与国际标准差距逐渐加大，进而影响我国农产品的出口贸易。

表1 我国与主要贸易国家或地区“一律限量”情况

序号	国家或地区	一律限量	备注
1	中国	无	计划制定
2	欧盟	0.01mg/kg	不适用于婴幼儿食品的原料
3	美国	无	检出未规定限量农药可能会被判定为掺假
4	日本	0.01mg/kg	农药采用“肯定列表制度”进行管理
5	韩国	0.01mg/kg	农药采用“肯定列表制度”进行管理
6	澳大利亚	无	对未制定食品中农药残留限量的农药，一律要求不得检出
7	新西兰	0.1mg/kg	认可符合CAC农兽药残留限量标准要求的进口食品

资料来源：食品伙伴网。

3 标准化研究推动农产品产地检测升级

3.1 强化产地检测体系标准化研究及应用

健全产地检测体制，应明确责任部门，制定科学、全面的标准性文件。对人员的配备、抽送样规则、检测方法的选择、实地检测操作规范等做出明确要求。经过系统性规范的产地检测体系与农业化学投入品控制体系、可溯源体系等有机结合，为农产品产地准出提供准确可靠的技术支撑。同时，应完善配套政策法规，落实质量主体责任，提高生产主体的农产品自检能力和意识。此外，主动对接市场准入标准，做到产地检测与市场准入检测互信互认，加强国际交流合作，寻求国际化标准研究与制定。

3.2 完善基础检测设施建设，更新检测技术手段

针对新形势下的农产品质量安全要求，基层检测站应配备新型检测设备并采用先进的检测方法。统筹检测资源与任务，配备一定数量的定量检测设备，形成有效辐射范围。针对不同农作物或检测任务特点，采用定量检测与传统快速检测相结合的检测模式。可将实验室定量检测技术应用于快速检测

领域，采用可移动的定量串联质谱快速检测设备。虽然设备价格昂贵，但是其检测项目极广，操作迅速，能大幅度提升农产品检测能力。此外，由于移动便捷的特点能够大幅度增加单台设备的服务范围，一定程度上弥补了其价格昂贵的缺点。农残快速检测设备对比见表2。

表2　农残快速检测设备对比

设备种类	可移动式农残定量快速检测设备	农药残留快速检测仪（酶抑制率法）
仪器价格	300万～500万元	2000～30000元
耗材价格	基本不需要其他耗材费用	试剂盒300～1000元（500次/盒）
检测成本	若设备无维修，则基本无检验成本	0.6～2.0元
可检测农残范围	可检测各类农残300余种（农残库可继续更新）	有机磷、氨基甲酸酯类
检测精度	百万分之一（mg/kg级别）到十亿分之一（ng/kg级别）	百万分之一（mg/kg级别）
检测时间	整个操作时间约3min	30min（可支持多通道）

3.3　搭建智慧化监测平台

农产品智慧化监测平台利用大数据、物联网、GIS等技术，通过收集、整合、分析数据信息，构建相关技术标准指标数据库，科学整合检测体系、标准体系、可溯源体系、信用体系等模块，为农产品质量安全控制决策的制定提供了科学依据（图1）。根据智慧化平台的相关指标，产地检测任务的发布将更为科学合理，得到的检测数据更加可靠和有代表性。此外，利用监管平台的接口可与市场抽检数据对接，对不合格率密集的产品种类和检测项目，可相应地调整产地检测任务，尽可能地避免不合格农产品进入市场，这也为产地准入凭证的市场认可提供了思路；与海关检测数据和国际技贸措施信息相结合，通过产地检测任务的发布与实施，可有针对性地对当地农产品的出口风险进行分析，有效规避国际贸易壁垒，降低出口损失。

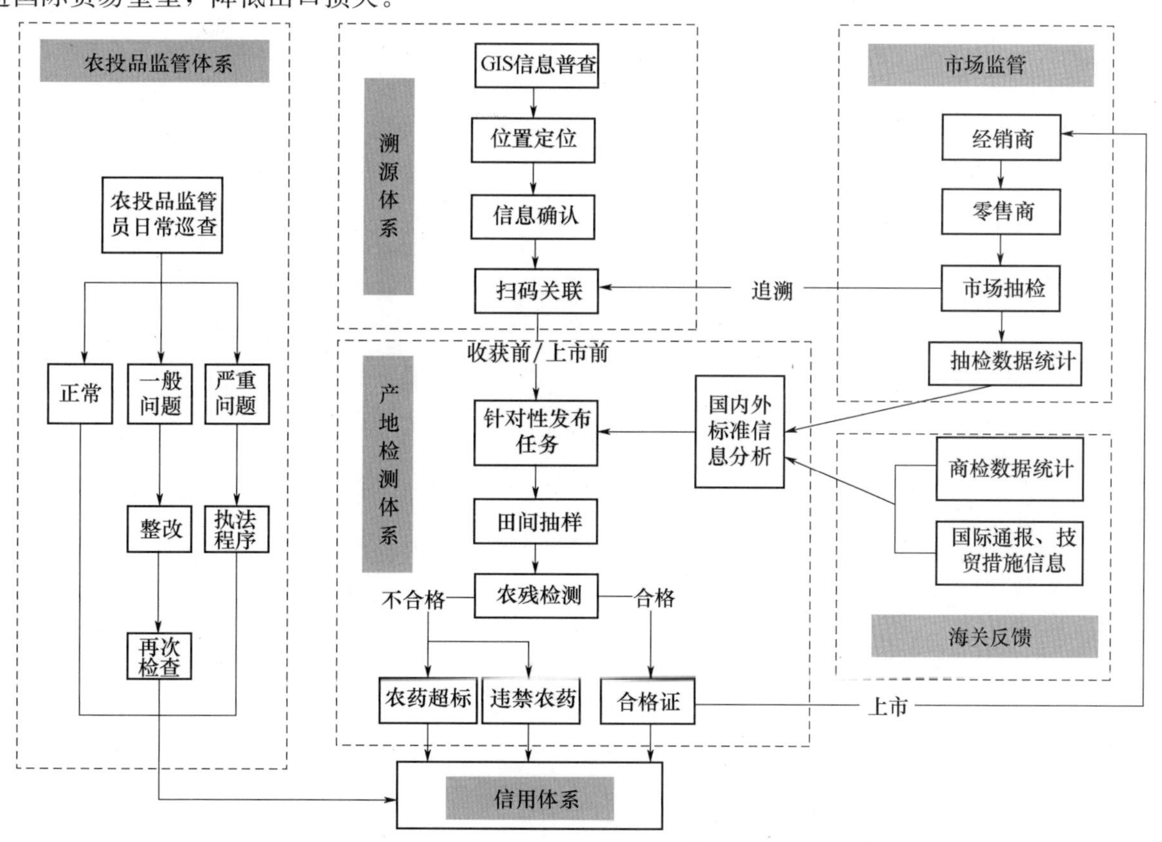

图1　基于GIS技术的智慧化农产品监测大平台

3.4 与合格证制度有机结合

农产品合格证制度是推动农产品产地准出和市场准入顺畅衔接的有力凭证，是国内农产品质量安全管理的发展趋势。在合格证制度下，基层农产品检测体系具有了新的职能：基层检测站通过统一标准、检测服务前移等监控手段，对生产主体进行日常监管、指导和培训，对整个种植过程进行风险监测、监督抽查，定期或随机以农药残留和兽药残留为主的食品检测将对合格证的有效性进行验证。

参考文献

[1] 李松，黄小平，张雅静，等．农产品产地准出与市场准入运行机制探讨［J］．湖北植保，2020（6）：8-11.
[2] 孙照玉．加强农产品检测体系建设促进农业提质增效［N］．人民政协报，2018-07-30（005）．
[3] 周秀红．浅谈农产品产地检测抽样风险控制［J］．宁夏农林科技，2020，61（11）：72-73.
[4] 李君．推进农产品标准化生产确保农产品质量安全［C］//中国标准化协会．标准化改革与发展之机遇——第十二届中国标准化论坛论文集．中国标准化协会，2015.

强化标准引领赋能高质量发展

——潍坊市标准化服务能力不断提升

刘文学[1]　赵晓玲[1]

（1. 潍坊市市场监管发展服务中心）

摘　要：本文主要介绍了为全面促进经济社会各领域质量提升，潍坊市市场监管局真抓实干、奋力开拓，加大政策引导和扶持力度，深入实施标准化战略，提升质量标准管理水平，激发企业创新活力，全面赋能社会经济高质量发展。

关键词：标准引领高质量发展

标准是为了在一定范围内获得最佳秩序，经协商一致制定并由公认机构批准，共同使用和重复使用的一种规范性文件。标准是企业技术进步、科技创新的重要技术支撑；是经济社会发展的有力支撑，是各行各业加强管理、建立现代企业制度的重要技术依托；是政府实施宏观经济调控的有效方式，有利于促进企业加强管理、促进科技进步和提高产品质量。“一流企业卖标准，二流企业卖技术，三流企业卖产品。”随着经济全球化和世界经济一体化竞争的加剧，标准竞争已成为当今世界水平更高、影响更大的竞争形式。

为发挥标准对全市经济社会发展的技术引领和基础保障作用，推动建设现代产业体系和企业自主创新，潍坊市按照习近平总书记“谁制定标准，谁就拥有话语权”的指示精神，积极推进标准化战略，加大政策引导和扶持力度，不断强化标准引领，提升标准化服务水平，为推动高质量发展全面赋能。

1　完善政策扶持体系，激发企业创新活力

（1）夯实基础，深入组织实施标准化战略。加大政策扶持力度，制定扶持企业自主创新、科技研发、专利授权及标准创制和品牌建设系列奖励政策，开展标准化项目资助奖励，将重要标准研制列入区科技计划支持和科技奖励范畴，促进科技成果快速向标准转化。该市鼓励社会各领域积极申报，创建国家级和省级标准化项目，发挥标准对潍坊市经济社会发展、现代产业体系建设和企业自主创新工作的技术引领和基础保障作用，2008 年 5 月，潍坊市政府颁布了《潍坊市人民政府关于全面推进和实施标准化战略的意见》，为全市标准化工作提供了政策支持。截至目前，在潍坊市成立了全国内燃机标准化技术委员会、内燃机可靠性分技术委员会，获批筹建了国家蔬菜技术标准创新基地，新获建蔬菜、农产品国家级农业标准化区域服务与推广平台，占全省三分之二；企业累计自我公开声明标准数量居全省首位。

（2）发布《潍坊市地方标准管理办法》，进一步强化地方标准管理。2018 年 1 月 1 日，新《中华人民共和国标准化法》正式实施，其第十三条明确规定，“为满足地方自然条件、风俗习惯等特殊技术要求，可以制定地方标准。地方标准由省、自治区、直辖市人民政府标准化行政主管部门制定；设区的市级政府标准化行政主管部门根据本行政区域的特殊需要，经所在地省、自治区、直辖市人民政府标准化行政主管部门批准，可以制定本行政区域的地方标准”。2019 年 12 月 14 日，省市场监管局批复潍坊市场监管局地方标准制定权限：“根据本市的特殊需要，为满足地方自然条件、风俗习惯等特殊

技术要求，可以制定本市的地方标准，并请严格依法做好本市地方标准的管理和备案工作。”国家市场监督管理总局令第26号于2020年1月16日公布了《地方标准管理办法》，从标准的制定范围、类别、制定程序、反馈评估机制等方面对地方标准管理工作提出了新的要求。2020年6月12日，山东省出台《山东省标准化条例》，进一步明确了山东省地方标准的制定要求、程序和实施。

2018年以来，经省市场监管局批准，潍坊市市场监管局配合市委组织部先后完成了九大领域基层党建地方标准的制定工作，积累了工作经验，迫切需要制定规范性文件以规范地方标准的制定、发布和实施等要求，将全市的创新做法和经验固化形成长效机制。基于以上原因，市场监管局起草了《潍坊市地方标准管理办法》，提高地方标准质量和水平，为地方经济发展提供技术支撑。

（3）健全激励机制，每年定期开展标准创新奖和标准应用奖评审工作。依据《中华人民共和国标准化法》和《中国标准创新贡献奖管理办法》等规定，2016年12月27日，潍坊市政府印发了《潍坊市标准创新应用奖励暂行办法》。2019年4月1日，潍坊市市场监管部门根据《潍坊市政府规章和规范性文件评估办法》的要求，委托第三方对《潍坊市标准创新应用奖励暂行办法》进行了评估，并结合评估建议对该办法进行了完善修订，潍坊市政府办公室印发《潍坊市标准创新应用奖励办法》，2019年5月1日开始正式施行。

四年多来，共组织了4次潍坊市标准创新奖和标准应用奖的评选审定工作，共有150余家企业的220余项标准项目参与了评审，2020年潍坊市标准创新奖获奖项目有13项，获得二等奖的项目承担单位分别是歌尔股份有限公司、山东潍坊润丰化工股份有限公司和山东省寿光蔬菜产业集团有限公司，获得三等奖的项目承担单位分别是山东大业股份有限公司等10家单位。2020年潍坊市标准应用奖获奖项目有13项，均为省级标准化试点项目，项目承担单位分别是潍坊市标准信息所、潍坊市华都颐年园老年服务中心等。通过获奖项目表彰，潍坊市企业标准化意识明显提高，激发了全社会参与标准化工作的积极性和主动性，充分发挥了标准化在产业转型升级、新旧动能转换和乡村振兴中的支撑、引领作用。

（4）建立联合机制，加强部门合力。为深入推荐标准化战略的实施，充分发挥标准的支撑和引领作用，推进乡村振兴战略实施，2020年5月，潍坊市质量强市和实施标准化战略工作领导小组办公室发布了《潍坊市2020年实施标准化战略推进行动计划》，内容包括“全面提升标准化基础能力”“突出标准引领助力乡村振兴”“突出标准创新引领新旧动能转换”“突出标准保障提升公共服务水平”4个部分，涉及市场监管、农业、工业和社会事业等领域18项工作任务。通过明确具体工作任务和项目，进一步强化部门联合，形成了全市各部门、各行业协同推进标准化工作的局面。

2 创新服务模式，提升质量标准管理水平

（1）大力实施标准化战略，服务地区经济发展。近年来，潍坊市市场监管局围绕全市重点产业和特色产业，积极推动企业开展标准研制，抢占市场先机，在对重点骨干企业进行充分调研的基础上，坚持定期开展现场服务活动，组织专业技术人员深入座谈培训，推动企业承担或参与国际、国家、行业和地方标准的制修订。截至目前，已争取全国标准化技术委员会/分标委3家，居全省第三位；全市制修订国际标准24项、国家标准584项、行业标准583项、省级地方标准348项；批准发布潍坊市地方标准181项，居全省首位；培育发布团体标准188项；自我公开声明企业标准33388项，居全省首位；评估合格的国家级试点项目60项，国家级标准化示范项目2项，均居全省首位。

（2）强化标准创新引领，高质量推动乡村振兴。近年来，为深入贯彻落实习近平总书记“谁制定标准，谁就拥有话语权”的指示精神，着力通过先进标准引领，推动乡村振兴高质量发展。2018年，全国蔬菜质量标准中心落户寿光市，成为国内唯一的蔬菜质量标准方面的国家级平台。2020年，潍坊市先后获批“国家蔬菜技术标准创新基地”“国家农产品安全标准化区域服务与推广平台”和“国家蔬菜标准化区域服务与推广平台”，获批数量居全省首位。为着力抓好银瓜保护、研发、种植等工作，让

昔日“贡品”焕发新生机，潍坊市按照“典型引路、示范带动、整体推进”的模式，大力推广先进典型的管理经验，带动全市银瓜产业标准化工作整体推进。2020 年，潍坊市首个农业团体标准“青州银瓜”正式发布，《青州银瓜》《青州银瓜栽培技术规程》2 项潍坊市地方标准成功立项。

（3）优化标准技术服务，“标准技术服务网”提升工程顺利开展。为更好地提升标准信息化服务能力，服务全市经济社会发展，满足社会各界对各领域标准的需求，从 2017 年开始，潍坊市市场监管局着手筹建潍坊市标准技术服务网，并于 2018 年 6 月 1 日正式上线运行。近年来，按照网站实际运行情况和企业需求，对标准技术服务网进行了优化升级改造。一是优化了网站后台管理功能，对后台数据库进行升级、扩展；二是对接省标准化研究院，升级了标准文本数据库的网络数据接口，数据传输稳定速率大大提升；三是做好《潍坊市农商互联示范市功能模块升级》项目，助力全市特色产业发展。当前，已进入完善平台功能、整改存在问题、数据同步调试阶段，加强与省标准化研究院的协调，调整数据接口，努力实现数据同步率达 100%的目标要求；在数据抓取方面重新做了调整设置，提高了 WTO－SPS/TPT 通报的及时性和准确性。目前网站点击率已达 103643 人次。截至目前，会员登录 5956 人次，为社会免费提供标准下载 10298 项，标准预览 5534 项，标准托管 865 项，发布预警信息 47 条，更新标准化动态 62 条。

（4）抢占高地，主导产业标准制定。打造重点产业集群标准化体系，鼓励龙头企业实质性参与国际标准制修订。重点企业已主导或参与制修订各类标准 173 项，产业集群骨干企业制标率达到 90%，潍柴、歌尔参与或主导制修订国际标准 9 项，完成 ISO 注册专家 6 名，参加 5 个标准起草工作组。全国内燃机标准化委员会分技术委员会在潍坊市顺利落户。

（5）积极宣传标准化理念，推广先进经验，营造标准化良好氛围。利用世界标准日开设宣传站点、张贴宣传横幅、发放标准化资料等进行广泛宣传。通过邀请标准化专家，深入标准化试点单位对标准编写、标准体系建立、标准的优势等内容进行集中培训，深入宣传，极大提高了试点单位的积极性和主动性。

3 提升标准化服务水平、赋能高质量发展的几点思考

（1）夯实基础，推进标准化战略稳步实施。充分发挥地区标准化技术优势，聚焦重点领域，稳步实施标准化战略，助推全市企业争取标准话语权、抢占竞争制高点。加大政策扶持力度，制定扶持企业自主创新、科技研发、专利授权及标准创制和品牌建设系列奖励政策，开展标准化项目资助奖励，将重要标准研制列入区科技计划支持和科技奖励范畴，促进科技成果快速向标准转化。强化专家人才培养，依托全市标准化专家库、科研院所、高等院校等，打造既懂技术又懂标准化工作的复合型专家人才队伍，为各领域标准的创新、实施和应用提供了智力支持。

（2）“只有高标准才有高质量”，加强标准制修订，突出先进标准引领。标准是规则，也是引领，还是全球治理的重要规制手段和国际贸易往来与合作的通行证。市场监管部门要积极推动企业制修订并发布国内外标准，更加突出先进标准的引领作用。定期组织企业、社会团体和个人进行标准化人才队伍培训和标准化技术咨询等服务，不断提升全市标准制修订水平。鼓励企业积极参与制修订国际标准和国外先进标准，提升在国际上的行业影响力。

（3）健全机制，不断增强科技成果转化能力。推动专利创造提质增量，形成具有数量规模、质量优势的专利资源储备。加大科技成果标准转化率，促进专利与标准同频共振。抢占高地，主导产业标准创制水平全面提升。下大力气打造重点产业集群标准化体系，鼓励龙头企业实质性参与国际标准制修订。

（4）全方位、多渠道加大宣传力度，提升标准化意识。充分利用国家、省市级报刊和潍坊市市场监管局官网、潍坊市标准技术服务网以及微信公众号等媒体，大力宣传标准和标准化的重要作用，普及标准化知识，提升公众的标准化意识。鼓励企业、有关行业协会等单位，通过多种方式、多种层次积极宣传标准知识，努力营造全社会重视标准化、参与标准化的良好社会氛围。

4 结语

随着世界经济一体化的不断深入发展，标准已成为世界“通用语言”，标准在促进科技进步和社会治理中的作用越来越重要，标准助推创新发展，也引领着时代进步，市场监管部门作为标准化主管部门，是质量管理者，也是经济服务者，应主动融入大局，顺势而为，稳步实施标准化战略，强化先进标准引领作用，助推潍坊市企业抢占竞争制高点，全面赋能社会经济高质量发展。

立足标准化技术机构职能，助力中韩自贸区建设高质量发展

齐　凯[1]　潘盛南[1]　林宇春[1]　方　杰[2]　徐仲磊[1]

（1. 威海市产品质量标准计量检验研究院；2. 威海市非税收入管理处）

摘要：为贯彻落实《中韩自贸协定》（2015 年 6 月 1 日签订，2015 年 12 月 20 日正式生效）SPS 章节和 TBT 章节的具体内容，减少或消除中韩贸易中的信息不对称与技术性贸易壁垒，积极探索地方标准化研究机构创新能力，发挥威海市在中韩贸易中的桥头堡作用，搭建中韩标准信息领域“沟通桥梁”，助推新一轮高水平对外开放，在威海市市场监督管理局的大力支持下，威海市产品质量标准计量检验研究院（以下简称“威海院”）多措并举、攻坚克难，积极服务“一带一路”和“中韩自贸区地方经济合作示范区”建设，组织专业技术力量“建平台、广调研、快预警、送服务、强合作”，在服务对韩出口企业的能力建设上取得了较好成效，为其他自贸试验区建设提供了可复制、可借鉴的经验。

关键词：标准化；中韩自贸区；高质量

1　建设“服务平台”，构建中韩间的“标准化”桥梁

为服务好中韩自贸区标准化工作，2019 年年初，威海院加强韩国标准信息平台建设，有效整合了韩方 TBT/SPS 通报、出口受阻信息、标准法规查询、信息统计分析等内容，信息更新与韩国 KFDA 食药处、韩国海关、韩国国家标准局等官方保持同步，并且投入技术力量完成了全部检索目录的“汉化”工作，用户可以在线用“中文”查询 3 万余项韩国 KS 标准、4 千余项韩国团体标准、170 余项韩国法规，解决了国内用户在查询使用时的“语言障碍”，是可以提供“中韩双文”检索的“标准信息服务平台”（现正进行技术更新与重建）；同时，我们采取人员分组、平台跟踪、现场服务等“线上线下”联合方式，重点解决威海市对韩出口企业在贸易壁垒应对、韩国《食品法典》条例解读、疫情期间韩国贸易限制措施、企业遭遇进出口受阻情况等方面问题，点对点为威海市对韩出口企业提供专业、快捷的技术咨询服务信息。

2　广泛深入调研，制定“威海特色”服务方案

自贸协定签署以来，威海院结合全市及省内企业对韩出口和受韩方技术壁垒影响实际情况，制定了详细的走访调研方案，为开展对韩技术性贸易措施服务工作奠定了基础。为进一步摸清威海出口韩国企业的实际情况，院下辖的中韩自贸区研究基地——威海中心（以下简称“中心”）在建设之初，先后前往各区市的 80 多家出口企业，电话调研济南、烟台、青岛等地区相关企事业单位 30 余家，了解行业在出口产品到韩国过程中遇到的困难和面临的问题，掌握省内技术性贸易措施工作的现状与发展瓶颈。调研期间，现场为企业技术人员讲解韩国有关的法律法规、标准及认证制度等方面的内容，收集整理企业实际出口中遇到的检验检测、认证认可、合格评定等方面的问题，及时反馈至山东省市场监管局和国家 WTO 通报咨询中心，充分履行标准化技术机构的社会责任，受到省内外企业和科研机构好评。

3　及时快速预警，打造“一站式”畅通服务渠道

平台建成后，先后与韩国标准化协会、韩国技术标准局等韩国有关部门多次联系沟通商讨标准化服

务方面事宜。在国内，与国家标准委、中国标准出版社、中国标准信息中心、山东省标准化研究院等部门联系沟通，落实建设中韩标准馆有关事项，全力打造“一站式”对韩标准信息服务“高地”。截至 2021 年 5 月，威海院利用“平台”发布韩方食药处（KFDS）、韩国海关预警信息、产业通报 320 条，WTO/TBT 通报 119 条，SPS 通报 67 条，出口受阻信息 383 条；收录韩国 KS 标准 35032 项，团体标准 4025 个，技术法规 3259 项，全部为韩国现行有效标准；为省内外 60 余家行业企业、党政机关、科研院所提供《韩国产品标准化法》《国家标准基本法》《电器用品与生活用品安全管理法》及“韩食药处 2017 第 1 号、2019 第 19 号、2020 第 31 号预警通报”，国土交通部告示第 2019－142 号等法律法规和预警信息 70 余份，确保相关信息第一时间送达用户，切实保障用户所需的信息时效性及有效性。

4　突出能力建设，增强服务中韩自贸的“使命担当”

威海院积极跟踪韩国标准和技术法规的新变化，通过开展中韩标准比对研究分析，为有关部门和出口企业提供了可靠的信息资源。先后承办了 G/TBT/N/KOR/660 号和 G/SPS/N/KOR/550 号等 5 次通报评议会，翻译了《能效管理设备条例修订说明》《韩国食品标准规范拟修订案》。同时，中韩自贸区研究基地从冰鲜章鱼出口受阻问题出发，积极接触冰鲜章鱼出口企业和韩国进口商，进行深入调研，撰写了《2016 年海产品出口韩国须知》，综合分析我国海产品出口受阻问题，探索如何通过标准推动解决中韩海产品进出口贸易问题。先后完成出版《对韩技术性贸易措施预警快讯》五期，《中心简报（特刊）》一期。《中韩自贸区研究基地威海中心如何服务中韩自贸区建设》一文被 2019 年第十六届中国标准化论坛收录出版。2020 年完成《威海市对韩水产品出口调研报告》上报市政府并送至相关部门。

2017 年，威海中心撰写的《关于韩国食品添加剂标准修订案应对措施研究》被威海市政府主要领导批示，要求有关部门抓好落实，为全市对韩进出口食品企业提供了技术支撑。

新冠肺炎疫情发生后，威海中心着重加大了对韩资及产品出口韩国企业的服务力度，免费为出口韩国的食品和防疫物资企业查询急需的有关韩国标准，并提供了有效的韩国标准文本和我国标准的指标对比。2020 年下半年，组织骨干力量，完成了全国首份《韩国食品卫生法案》《韩国进口食品安全管理特别法案》《韩国进口食品安全管理专项法案实施细则》《韩国食品安全框架法案》的“中英韩”三文翻译稿，将韩国主要的食品安全及管理规定系统地呈现给全市对韩出口企业，以实际行动践行服务机构的社会责任，以更多手段、更高水平落实服务措施，努力帮助企业解决产品进出口中遇到的实际困难。

5　强化部门合作，助力企业高质量发展

为了更好地服务中韩自贸区经济合作示范区建设工作，有针对性地帮助全市重点领域对韩出口企业积极应对韩国技术性贸易措施，威海院主动与市商务局、市经信局、威海海关等单位沟通联系，强化合作，多措并举地为全市食品、轻工等行业对韩出口企业提供“一对一”精准服务，做好企业的“引路人”“娘家人”，全力服务构建威海企业高质量发展新格局。

2018—2020 年，工作人员根据市商务局提供的重点对韩出口企业名单，有的放矢，主动前往相关企业，开展内容丰富、专业高效的技术服务与推广，把《产品安全基本法》《进口水产品检查相关规定》《韩国技术性贸易措施预警快讯》等研究成果和专业知识带到企业，现场服务企业 60 余次，送达技术资料 100 余份。2020 年 10 月，联合荣成海关、荣成市商务局等单位，专程为对韩出口较集中的荣成市出口企业召开“对韩出口技术性贸易措施应对研讨会”，邀请山东省标准化研究院的技术性贸易措施专家就“韩国食品安全法”等内容进行了详细讲解，来自泰祥集团、青正食品等企业 50 多人参加了本次公益培训研讨班。

2021 年以来，与威海海关联合，就企业关心的“出口泡菜 HACCP 认证”“韩国食品法典修改项”“韩国食品安全框架法案解读”“2020 年韩国通报的中国及周边国家信息汇总”等问题向海关总署国际

检验检疫标准与技术法规研究中心、国家市场监管总局发展研究中心、山东省标准化研究院进行了及时反馈，并展开调研走访工作，继续为对韩出口企业做好培训服务和技术指导工作。

党的十九届五中全会提出了构建国内国际双循环、打造高质量发展格局做出了重要部署。2020 年 1 月 1 日开始实施的《中华人民共和国外商投资法》对技术标准、知识产权、技术服务也有一系列明确规定。2020 年 11 月，区域全面经济伙伴关系协定（RCEP）的签署，也为中韩两国扩大出口市场空间，提振国内消费需求，加强区域产业链、供应链合作，提供了有效支撑。下一步，威海院将继续深化服务理念，提升服务效能，攻坚突破，勇于担当，切实把服务企业、服务中韩自贸区建设落实到实际工作中。

一是紧跟顶层设计，确保政策落实。

2021 年 5 月，市场监管总局技术性贸易措施研究中心和通报评议中心成立大会在北京召开，对技术性贸易措施工作助力推进国内国际双循环、促进经济全球化、构建开放型经济体具有重要意义。下一步，威海院将紧跟政策发展方向，落实顶层设计要求，结合威海的地域特色和发展优势，积极推动威海—仁川经济合作示范区建设的战略设计，确保相关政策落实，提高工作的科学性和权威性。

二是突出能力建设，做好结合文章，力求服务畅通高效。

院标准化技术团队将在日常工作中注重基础资源建设，突出标准和法规的收集、分析、研究、预警和解读，注重服务能力建设，建设多维度预警服务机制，打造高素质人才队伍，针对韩国技术性贸易措施多变、隐蔽等特点，做好与省、市有关部门的对接，将关键信息和研究成果及时反馈给政府和企业进行决策研判，不断完善网络服务板块的设计利用，更好地服务企业需求。

三是强化部门交流合作，形成合力，打造对外开放交流新格局。

威海市委、市政府对做好对韩出口企业的服务工作高度重视，特别是技术性贸易措施有关信息的预警反馈方面，下一步，威海院将积极与海关、商务、经信等部门合作，依托国际合作司、总局发展研究中心、商务部、海关总署技术力量，进一步发挥在重点领域、重点项目方面的优势，强化自身能力建设，扩大交流合作，加大对韩出口企业服务力度，加强知识产权保护，打造具有特色的对韩标准化服务品牌，为更好地服务新发展格局做出贡献。

电子商务园区国家级标准化试点项目案例分析

牛 彬[1] 任维宣[1] 高亚楠[2]

（1. 淄博市标准化研究院；2. 山东方达电子商务园有限公司）

摘 要：随着现代经济社会的快速发展和科学技术的不断进步，标准化逐渐成为企业提高竞争力的重要策略。电子商务近十年发展迅猛，并且与传统产业不断融合，在我国产业转型升级、供给侧结构性改革及助推经济高质量增长等方面发挥了重大的作用。但当前电子商务产业园缺乏有效的服务标准体系，其自身资源、产业链的短缺成为阻碍企业入驻的重要因素。服务业标准化试点项目，对推广标准化经验、提升服务质量具有重要意义，对促进产业转型升级、引领创新驱动起到很好的支撑作用。本文以山东方达电子商务园有限公司国家级标准化试点项目为例，对其“一体两翼双机”的园区标准化运营管理模式进行了解析，并对电子商务园的未来发展进行了展望。

关键词：标准化；电子商务；试点；一体两翼双机

1 引言

标准化是一种现代化的管理手段，其作为技术发展的助推手、行业健康发展的抓手越来越受到各行各业的重视。电子商务近十年发展迅猛，并且与传统产业不断融合，在我国产业转型升级、供给侧结构性改革及助推经济高质量增长等方面发挥了重大的作用。随着经济发展方式的改变和产业的转型升级，城市生产型企业正在快速迁出，电子商务产业园作为新兴产业集群的表现形式，其健康发展有助于弥补城市工业下降区间，实现区域产业结构调整和经济发展方式的转变。

从当前电子商务产业园的发展状况来看，很多电子产业园缺乏有效的标准服务体系，并且在同一地域的不同电子商务产业园发展各自独立，未能形成协同有效的管理和资源共享机制，多数电商园区停留在靠租金、政府补贴维持的运营阶段，缺乏有效的服务标准体系，其自身资源、产业链的短缺成为阻碍企业入驻的重要因素，因此打造电子商务园区标准化运营管理体系势在必行。

2 单位概况和运营现状

山东方达电子商务园有限公司注册资本 2000 万元，资产总额 2.2 亿元，员工 61 名。由公司成立的方达电子商务园，为从事电子商务的企业提供立体、全方位服务，现入驻创业实体 207 家，2019 年整个园区实现销售收入 42 亿元，实现利税 1.2 亿元，吸纳就业人员达 1600 人。公司以“一体两翼双机”的园区标准化运营管理模式（“一体”为园区运营体系；“两翼”为线上“绿方达”平台服务、线下实体园区服务；“双机”为国内电商与跨境电商运营服务能力）将园区打造为“全链条电商产业基地，一站式电商运营平台”，其中“绿方达”线上园区综合服务平台被山东省商务厅认定为“省级跨境电商综合服务平台”。园区被科技部认定为国家高新技术企业，获得全国青年创业示范园区（团中央）、国家级小微双创示范基地（工业和信息化部）、国家众创空间（科技部）、国家电子商务示范基地（商务部）等国家级、省级荣誉 20 余项。

园区自获批“国家级服务业标准化试点项目”以来，致力于探索系统高效的标准实施模式，形成上通下达、协作规范的标准化工作体制；组建由总经理带头、12 名专兼职标准化工作人员组成的标准化工作小组，负责园区各项模块工作的制定、审核与执行；构建由基础标准体系、服务质量标准体系、管理标准体系、工作标准体系构成的标准体系，收集 21 个国家标准，编写 128 个企业标准；打造的“一体两翼双机”的园区标准化运营管理体系，树立了电子商务发展的新标杆，形成可供借鉴的标准化运营经验，促进服务业快速发展和整体水平的提高。

3 工作措施

3.1 保障措施

（1）健全标准化试点组织保障。为切实加强电子商务服务标准化试点工作，确保顺利完成国家标准委组织的试点验收，方达电商园服务业标准化试点工作领导小组对试点工作进行全面领导，同时成立方达电商园标准化试点标准编写实施小组，负责标准的编制和日常事务。

（2）落实标准化试点专项经费保障。方达电商园电子商务服务标准化试点专项经费主要用于园区标准化运营管理体系的调研、标准研制、学习宣传培训、标准制定、材料印刷、专家指导费、试行实施、标准确定、申请验收、国内园区宣传推广复制等，专项经费列入相应年度预算。

（3）做好标准化试点人才队伍培养。着力培养行业组织和企业中的专业技术人才，使其成为方达电商园服务业标准引领和实施的重要力量。采取定期培训等方式加强标准化人才资源开发，形成一支既有标准化知识又了解行业情况的电子商务园区服务业标准化实施推广队伍。

3.2 体系建设

山东方达电子商务园有限公司建成一套服务标准体系（图 1）。

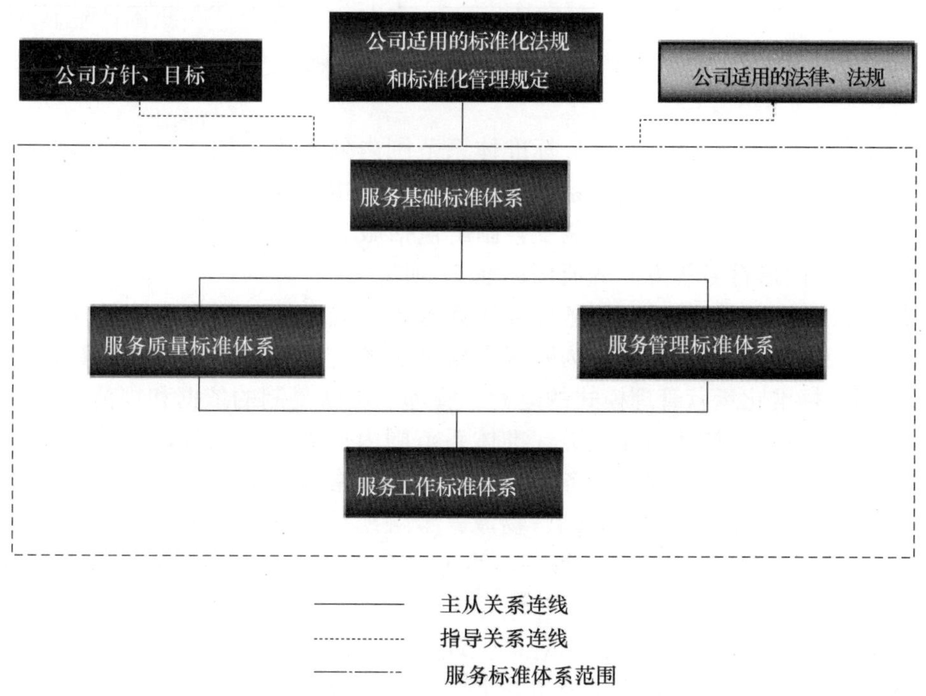

图 1　山东方达电子商务园有限公司服务标准体系

在服务标准体系的上层，是公司的方针目标、适用的法律、法规和标准化管理规定。在服务标准体系范围内，分列公司的服务基础标准体系、服务质量标准体系、服务管理标准体系和服务工作标准体系。其中，服务基础标准体系是标准化建设的基础，服务质量标准体系、服务管理标准体系和服务工作标准体系是服务标准化建设的中心内容。服务质量标准体系是核心，服务管理标准体系和服务工作标准体系是为实现质量标准提供的支持和保障，三个体系相互影响、不可分割。

3.3 标准体系内容

结合园区的发展实际及高效园区运行项目的成果输出，山东方达电子商务园制定了一套“一体两翼双机”的园区标准化运营管理体系，主要包括园区标准化 8 大运营管理模块和园区具体服务项目标准化 5 大管理模块（图 2）。

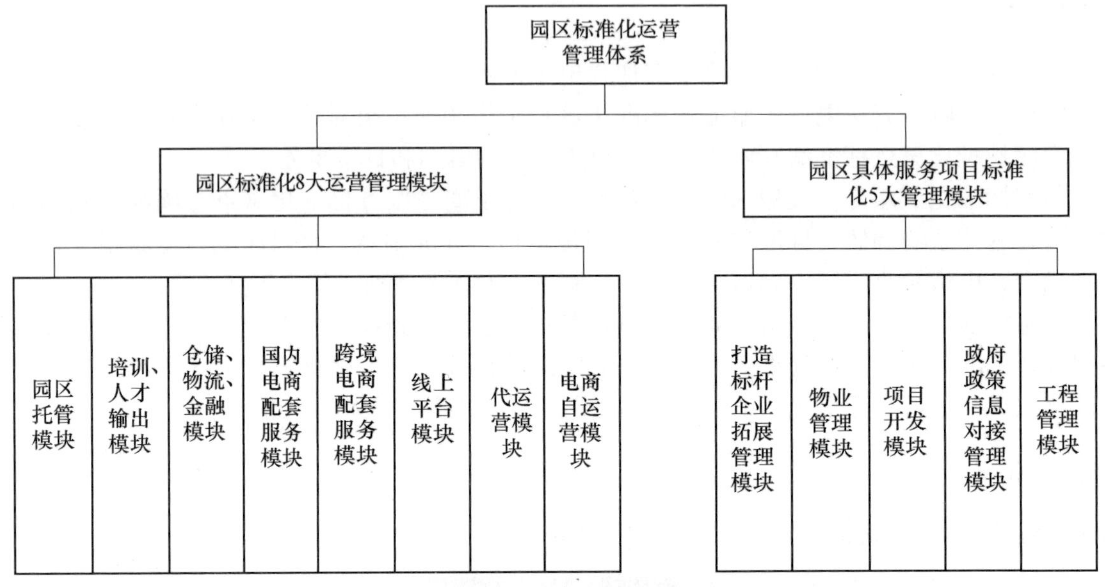

图 2　园区标准化运营管理体系

（1）服务基础标准体系，该体系在服务标准体系范围内处于第一层，在公司范围作为其他服务标准的基础，是具有广泛指导意义的标准体系。公司建立了方达电商园“一体两翼双机”的园区标准化运营管理模式的体系、方针、目标、管理制度，制定包括服务术语、服务分类、服务标准的类型、文件编写要求以及标志、图形符号等方面的通用标准 21 项。

（2）服务质量标准体系。该体系在服务标准体系范围内处于第二层，主要针对服务所具有的质量特性满足要求的程度及服务方式和程序，为园区实施的服务行为提供技术支撑，具体包括方达电商园“一体两翼双机”园区标准化运营管理模式的运营、管理、园区复制的依据和规范。

（3）服务管理标准体系。该体系在服务标准体系范围内也处于第二层，主要是为了对服务过程中涉及的关键环节和因素进行管控，保证服务质量标准体系正常运行，具体包括园区托管模块标准化管理，培训、人才输出模块标准化管理，仓储、物流、金融模块标准化管理，国内电商配套服务模块标准化管理，跨境电商配套服务模块标准化管理，线上平台模块标准化管理，代运营模块标准化管理，电商自运营模块标准化管理，项目开发管理模块标准化管理，物业管理模块标准化管理，打造标杆企业拓展管理模块标准化管理，政府政策信息对接管理模块标准化管理，工程管理模块化标准化管理等涉及 13 个板块共 50 项管理标准，涵盖了公司的主要管理活动。

（4）服务工作标准体系。该体系在服务标准体系中处于第三层，是在服务质量标准和管理标准共同指导制约下的标准体系。该体系是针对所有岗位职责而制定的岗位服务标准化要求，是服务质量标准和管理标准在公司各岗位上的具体落实和体现。工作标准体系覆盖了公司全部的工作岗位，并突出管理中的“领导作用”，分为决策层人员工作标准、管理层人员工作标准、一般人员工作标准三个子体系（图 3），共计 44 项工作标准。

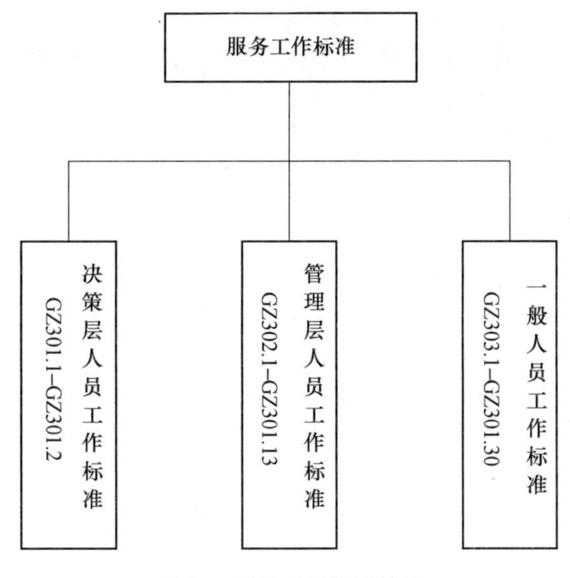

图 3　服务工作标准体系

4　工作成效

4.1　形成电子商务产业良好的生态系统

山东方达电子商务园有限公司电子商务服务标准化试点形成了一套完善的方达独有的“一体两翼双机”的园区标准化运营管理体系。构建的标准体系，收集 21 个国家标准，编写 128 个企业标准。公司客户包括园区各入驻企业、创业公司、周边企业、电商，以及其他电商园区、海外公司。标准化运营管理体系实现了各优质资源的整合，形成了独特的电商产业生态系统，较好地整合了电子商务产业的相关资源，充分发挥了各方优势，形成了较好的协同效应。

4.2　标准化运营管理体系模式的复制推广

“一体两翼双机”的园区标准化运营管理体系通过省级服务业标准化试点单位验收，被省发改委确定为可复制、可推广新经验全省推广。截至目前，山东方达电子商务园已与山东省内 2 家电子商务园区、省外 3 家电子商务园区深度合作，签订标准化运营管理体系复制合作合同，逐步将标准化运营管理体系在其园区推广复制。

4.3　经济效益

标准化运营管理体系使电子商务园区运营更加有条理和规范，经统计，采用这套标准化运营管理体系，为方达电商园节省园区运营成本 30％以上，提高园区运营效率 50％以上，促进管理科学化和园区创新。

（1）基本服务经济效益。本体系为企业提供线上公共信息、交易、第三方平台链接、线上园区整合、仓储物流等全链条功能服务，实现企业基本服务收益。

（2）线上平台基本效益。本体系以会员制的服务提供店铺展示、交易，园区业主可以在平台上发布产品供应信息，购买企业服务。同时，服务平台为企业提供方达商城、跨境电商等服务模块，企业会员通过平台可实现产品、服务推广，优化自身推广方式和经营能力。平台根据实际情况获取广告、营销、推广等增值收益。

（3）经营托管效益。“一体两翼双机”的园区标准化运营管理体系为企业提供托管代运营服务，并与委托企业签订合作协议，约定效益目标，进而产生托管运营收益。

（4）园区线下服务增值。“一体两翼双机”的园区标准化运营管理体系是对方达电商园线下经营模式的优化，是对方达电商园产业链结构的补充，能够吸引更多企业入驻，使方达电商园提供更多的线下合作机会，进而实现园区线下服务增值收益。

4.4 社会效益

“一体两翼双机”的园区标准化运营管理体系提供跨域管理服务，可实现园区间的物流、信息、仓储等资源共享，提高园区运营能力，进而提高方达园区的市场地位，打造区域性电商园品牌，在促进当地人口就业、增加税收收入、引入优质资源、促进区域经济增长、助力淄博打造区域性电商园品牌等方面发挥了积极作用。此试点项目很好地契合了当代大众创新、万众创业的要求，为广大创业者提供了更好的平台。为淄博市产业转型升级、减少环境污染提供了良好的样板。

5 工作展望

5.1 提高认识，固化强化标准化意识

“三流企业做产品，二流企业做品牌，一流企业做标准”。在标准化试点过程中，园区全体员工对标准化有了更加深入的认识，形成了“人人讲标准、事事有标准，时时用标准”的良好氛围，在未来工作中将现有标准化工作经验固化和强化，实现标准化的引领作用。

5.2 提高站位，优化战略路径

目前内地31个省份均已建成电商园区，尤以浙江、广东、江苏发展最具规模，电商园区数量接近国内总量的40%。山东在园区数量与规模上虽已具备了一定的基础，但与先进省市相比，还存在不小的差距和不足。公司坚持以客户为中心，通过提供专业仓储物流为主的一站式电商综合服务，让中小企业创业更简单。以市场为导向，持续完善服务体系，做好园区复制，更大程度上服务更多中小企业（图4）。

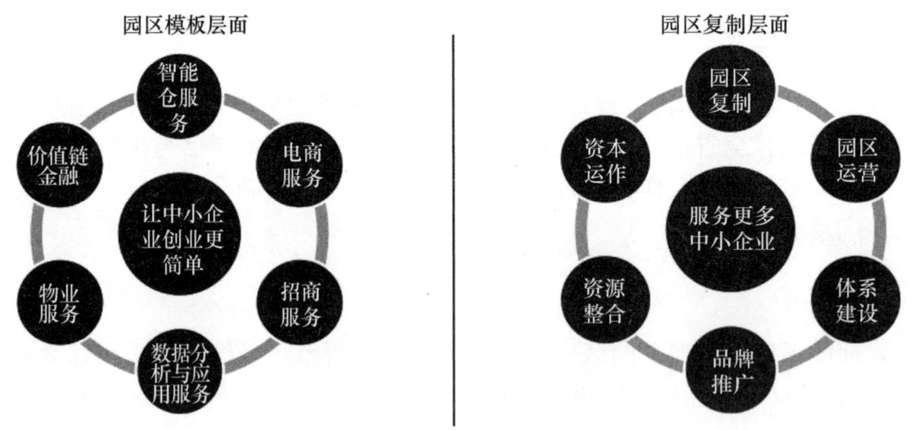

图4　主业务战略路径

5.3 加强合作，促进标准化运营模式创新

山东方达电子商务园在2019年12月通过省级服务业标准化试点单位验收后，2021年5月经推荐和专家审查，入选2021年度国家级服务业标准化试点项目。下一步园区将与中科院合作成立“中科方达产业园运营有限公司”，总结园区“一体两翼双机”的运营管理模式、运营经验，结合中科院在高端人才及信息化技术方面的优势，打造标准化、信息化两化融合的电子商务园区服务标准体系和运营模

式。与全国电商园区深度合作，签订标准化体系推广合作合同，将标准化运营管理体系在全国复制、推广、实施。主持起草淄博市电子商务协会团体标准一项，争取主持参与行业、地方标准制修订，参与相关标委会活动。

参考文献

[1] 白殿一，刘慎斋，等．标准化文件的起草［M］．北京：中国标准出版社，2020.
[2] 中国标准出版社第一编辑室．标准化工作导则、指南和编写规则标准汇编［M］．北京：中国标准出版社，2004.
[3] 山东省标准化行政主管部门．山东省标准化试点和示范项目管理办法［Z］．2019.

作者简介：

牛彬，高级工程师，主要从事标准化领域的技术研究与信息服务。

任维宣，硕士研究生，工程师，主要从事标准化领域的技术研究与信息服务。

高亚楠，本科，山东方达电子商务有限公司公共关系部经理，主要从事电商园区标准化运营管理体系建设。

构建标准体系，提升市场监管效能标准化研究

牛　彬[1]　王安冉[1]　顾祖南[1]　王晓飞[2]

（1. 淄博市标准化研究院；2. 淄博市计量技术研究院）

摘　要： 党的十九大报告提出“以人民为中心”“建设服务型政府”的发展理念。怎样构建行之有效的公共管理机制，需要进行深入研究。在深化改革的大背景下，我国各级政府进行改革和创新，政府部门在对内部与面向公共服务的流程再造探索过程中，发现其在简化办事程序、促进内部协作、转变政府职能等方面有较好的效果。市场监管部门是社会保障体系必不可少的重要一环，在社会主义经济发展中起着举足轻重的作用。市场监管体系的流程再造工作，旨在打通传统机构工作中的堵点、痛点、难点，精准发力，靶向施策。流程再造标准化建设作为构建新型市场监管体系的基础工作，是实现精准精细监管的有效保障。按照“流程再造、制度创新、提高效能”的要求，积极推进流程再造标准化建设工作，为建设完善的市场监管信息平台提供有力的标准支撑，推动市场监管体系及监管能力走向现代化。

关键词： 标准化；市场监管；流程再造；“两化”融合

1　流程再造标准化的背景

机构改革以后，淄博市市场监管覆盖了质监、知识产权、工商、食药监、反垄断及价监等多项政府职能，在构建新型市场监督管理体系和服务高质量发展的新形势下，加快构建一套符合淄博实际、结构严谨、运转高效的新型市场监管体系迫在眉睫。在重点聚焦解决机构改革多部门融合、职能整合过程中出现的各种问题上，淄博市市场监督管理局进行了积极探索，按照省局和市编办流程再造工作要求，积极推动市场监管流程再造标准化建设。

2　市场监管业务总览

我市市场监督管理业务将原工商、质监、食药监、知识产权等相关业务进行融合创新，形成新的市场监管业务体系，主要包括市场准入、市场秩序、市场安全、质量提升、监管机制创新 5 大板块。该 5 大板块包含的子板块如图 1 所示。

3　流程再造标准化体系的构建

按照市委、市政府关于流程再造的相关要求，市局研究部署了在机关全面开展业务流程再造标准化建设，依据市场监督管理机构改革多部门整合的现实状况，快速建立助推高质量发展的现代化市场监管新模式。

机关各科室对照“三定”方案和市委、市政府关于优化营商环境的具体要求，明确业务内容，梳理完成各工作事项、工作规范、流程标准等，并在现行法律法规框架下，以科室为基本单元，以业务流程为主线，厘清权责清单、打通堵点，着重梳理需要多个部门合力完成的职责事项，对多个部门合力完成的事务，明确责任与接口，落实具体流程，切实解决各部门间职责模糊、权力交叉等问题，确保部门履职“不错位”。例如，承担全市质量兴市、食品安全、实施标准化战略等领导小组办公室综合协调任务的科室，针对存在职责

交叉的事项，强化部门科室之间的协调配合，确保边界事项的衔接和顺畅，解决实际存在的问题。再如，市场监管部门职责范围广，和大众生活联系密切，特别是食品、药品、产品质量等社会关注度大，舆情应对迟缓或不当都会产生很大影响，针对现在的工作局面和过去出现的问题，反复研究新闻采访工作和舆情应对处置流程和环节，制定出包括从舆情分级定位监测分析，再到采访、处置等全面的制度和流程，为舆情处置这一难点、痛点问题提供了有力的支撑。流程再造标准化实现路径如图 2 所示。

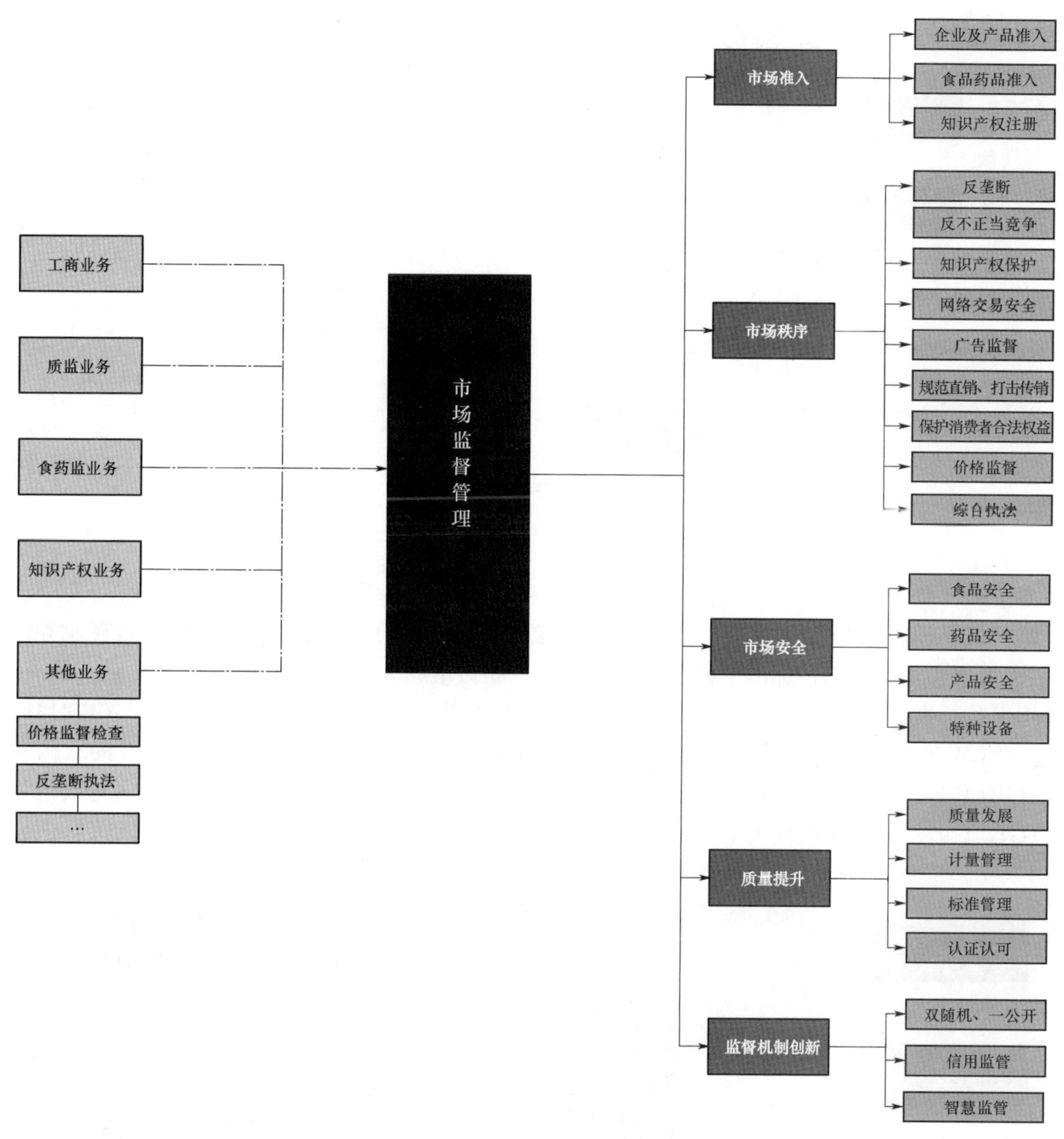

图 1　市场监管业务对比图

在标准的制定过程中，认真把握好法律与标准的关系，法律规定了“可以做”或者“不能做”，但标准对法律予以更加细致的延伸，主要规定“怎么做”，标准制定实施成为执行法律、履职尽责“最后一公里”的重要工具。编制标准的过程既是对业务工作的梳理、研究、重塑的过程，更是对市局市场监管所涉及的 690 余项法律法规的落实过程。在标准形成过程中，充分重视基层工作经验和工作成果，注重将好的工作经验和做法转化为标准。如在多年工作实践中，制定了《党组会议制度》《信访工作规定》等 46 项制度，市局办公室进一步优化工作实操流程，完善应急管理方案，我们将制度直接转化为标准，综合办公室、人事、财务等管理部门，简化环节、优化流程，顺接应用到实际工作中。网络交易立足监管平台设立，创新网络交易监管方式，制定了《开展网络经营主体数据库建设工作流程》《组织网络商品交易及有关服务市场监测工作流程》两项业务标准，实现了标准与监管执法的完美衔接。

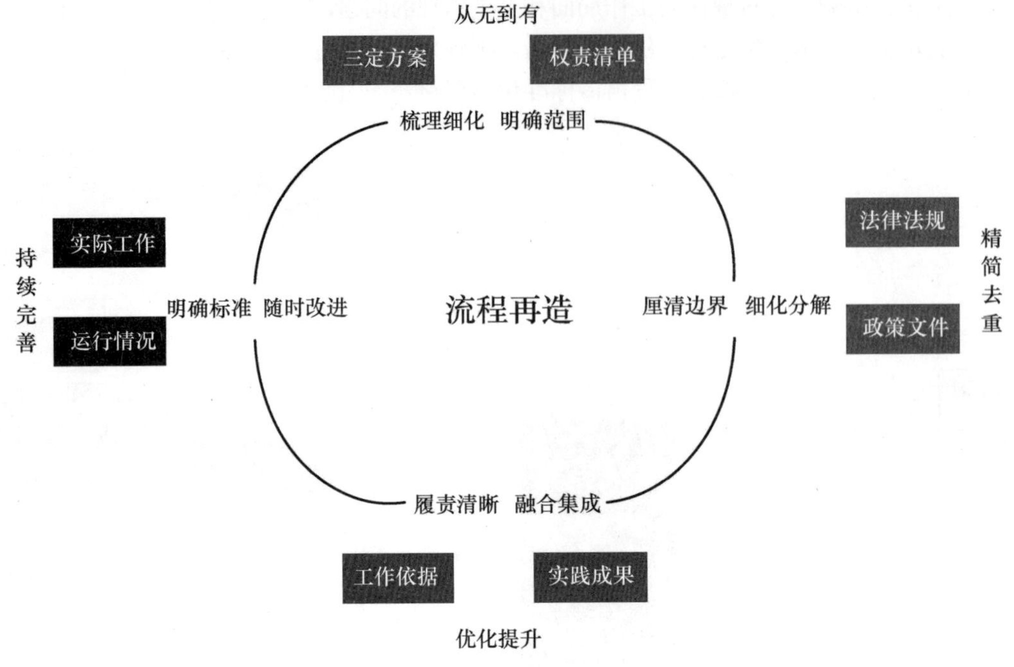

图2　流程再造标准化实现路径

淄博市局“量身定制”的市场监管流程再造标准体系覆盖市场准入、市场秩序、市场安全、质量提升、监督机制创新五大领域，包括“淄博市市场监管通用保障子体系”“淄博市市场监管业务标准子体系”“淄博市市场监管岗位标准子体系”三个部分，涵盖市局35个科室和综合执法支队，共有47项市局通用保障标准、252项岗位标准、351项业务标准（图3）。体系框架结构参照GB/T 24421.1～GB/T 24421.4等相关标准的要求构建，符合《标准化工作导则 第1部分：标准化文件的结构和起草规则》（GB/T 1.1）等国家标准制定的通用规范。在标准的编制过程中，采用了现行《党政机关公文格式》（GB/T 9704）、《党政机关电子公文系统运行维护规范》（GB/T 33483）、《党政机关电子公文归档规范》（GB/T 39362）等一系列国家、行业和地方标准，保证了标准体系的科学、规范。

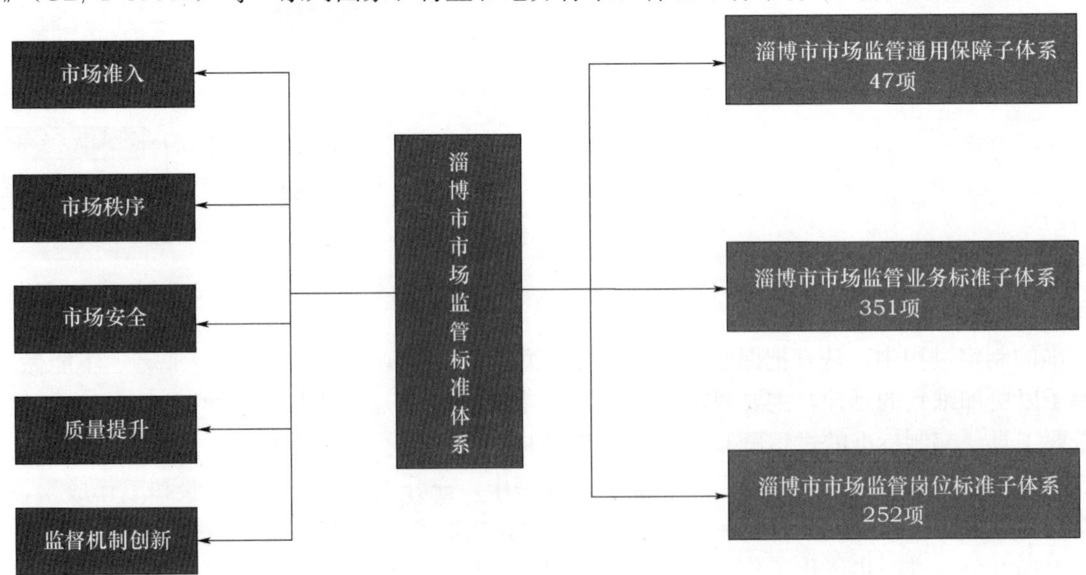

图3　标准体系框架图

4 流程再造标准化体系的运行

标准重在培训，贵在实施，生命力在于持续改进。结合淄博市市场监督管理局的工作实际，对流程再造标准化体系进行了系统性的宣贯，使市局各科室明确标准化是提升管理能力、提高工作效率的基础手段，认真总结工作中的实践经验，制定出科学的标准，使之在工作中有章可循。

坚持与时俱进、优化提升，确保体系的科学性和先进性。在体系编制过程中，坚持瞄准最新的法律法规精神和省委省政府的最新部署要求，把标准立于时代发展的最前沿。新颁布的《山东省标准化条例》实施后，省局对多项管理办法做出了相应调整，市局标准化科抓紧研究相关法律法规和政策文件，及时调整市局标准化工作流程，对接省局标准化处工作流程，确保了相关工作合规开展。

流程再造标准化体系坚持从实际出发，服务实践。在标准编制过程中，坚持让工作人员参与标准的编制和修改全过程，根据实践经验，针对科室具体业务完成时限、工作环节、廉政风险、保障措施等进行了充分酝酿、讨论和研究，对实现路径进行了反复比较、分析，把各项量化指标纳入相应标准，同时也把业务工作成果固化为标准。经过参与各方反复协商，标准文本几易其稿，建立局机关业务工作标准体系。围绕局机关行政管理、业务办理和岗位工作实际，梳理主要业务流程，提供标准清晰的业务流程和履责要求，共组织制定 351 项业务标准、252 项岗位标准。随着标准在实际工作中的运行，标准的不断优化完善，凝结了机关科室的工作经验和集体智慧，使工作流程、岗位职责日益明晰合理，贴近实战，便于操作，确保所制定的标准适应新的工作要求和工作环境，成为助力市局机关工作的技术支撑。

以市局标准化科为例，市局标准化科共梳理业务标准 17 项，岗位标准 10 项。其业务标准主要分为标准规划、标准制定、标准实施和监督评估四部分。标准规划细分为标准化综合规划、产业标准化规划。标准实施部分分为地方标准实施监督，标准化试点示范项目（农业、循环经济、高新技术、服务业、社会管理和公共服务等领域），“双随机、一公开”监督检查和企业“领跑者”。监督评估主要是针对标准实施效果进行评价。针对标准化科梳理的各项业务，制定相应的岗位标准，主要包括标准化科主要负责人岗位、标准化科综合改革管理岗位、标准化科军民融合岗位、工业标准化岗位、农业农村标准化岗位、服务业标准化岗位、社会管理与公共服务标准化岗位、数据综合统计岗位及综合管理岗位（图 4）。

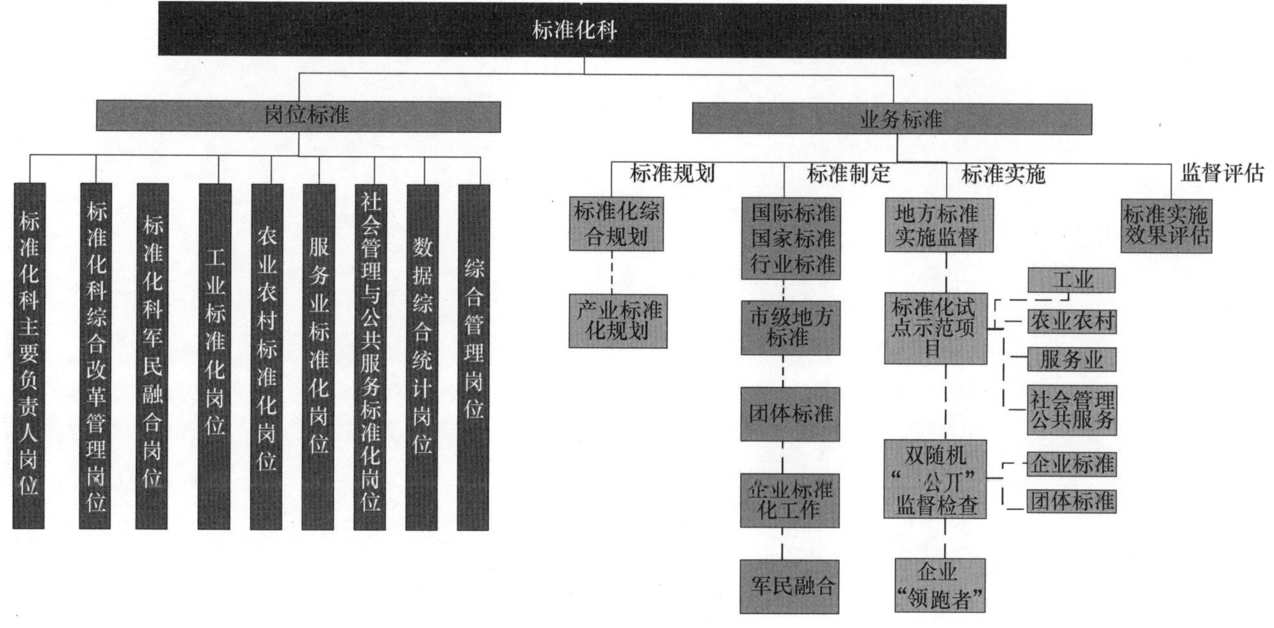

图 4　标准化科标准体系框架

5 流程再造标准化体系支撑市场监管信息化

标准化是支撑市场监管信息化的前提和基础。将标准化的基本原理同方法融入市场监管信息化的具体实践中，依托流程再造标准化建设工作，用标准规范引领市场监管信息化建设，加快构建一个中心、一个综合数据仓库、四个平台、N个系统功能板块的“互联网+”智慧监管体系，打通市场监管信息流，实现市场准入、审批、监管、执法、监测等业务数据共享，精简多余的、重复性的环节，降低业务流程的复杂性，从而实现压减时限、提高效率的目标。

参考文献

[1] 李贻才，王军杰．市场监管政务服务标准化体系建设的探索与思考［J］．质量监管，2021（278）：41-43.
[2] 陈岳飞，叶紫青．加强国家质量基础建设，提升市场监管效能［J］．中国检验检测，2021（2）：6-9.
[3] 康俊，张召翠．市场监管领域优化营商环境标准化研究［J］．标准科学，2021（3）：47-52.

国家质量技术基础（NQI）高质量发展初探

吴立新[1]　张　璐[2]

（1. 烟台市标准计量检验检测中心；2. 山东标准化协会）

摘　要： 国家质量技术基础 NQI 是以质量提升为目标的技术支撑体系。本文从 NQI 发展的战略意义分析，对我国 NQI 现状进行探索，从中发现 3 点问题，最后提出要从 5 个重要方面，即推进先行统筹谋划好顶层设计和施策方针、积极提升国际影响力和主导权、积极推进核心技术研发创新和信息技术的拓展应用、建立健全 NQI 资源共享服务平台、积极推进服务业和新经济领域的质量基础设施建设，用标准引领自身，推进我国 NQI 高质量发展的建议。

关键词： 国家质量技术基础；高质量发展

国家质量技术基础（National Quality Infrastructure，NQI）是有机融合计量、标准、认证认可、检验检测、质量管理等要素形成的综合体系，是推动高质量发展的技术支撑，是构建现代化经济体系的基础条件。党的十九届五中全会将完善 NQI 纳入《国民经济和社会发展“十四五”规划和二〇三五年远景目标建议》，提升到质量强国的高度来强调。本文从 NQI 发展的战略意义分析，对我国 NQI 现状进行探索，从中发现 3 点问题，最后提出 5 点看法和建议。

1　NQI 发展的战略意义

当前，发达国家实施的质量竞争战略行动在全球范围内开启了一个“质量时代”，质量、标准、品牌、合格评定等关键内容及其规则权、话语权，成为新时代国家间竞争的核心要素。“完善国家质量基础设施，加强标准、计量、专利等体系和能力建设”，我国“十四五”规划提出了质量基础设施“把脉”经济高质量发展的论断，以质量提升为目标的技术支撑体系 NQI，是满足公众高质量需求、提高企业竞争力、保障国家安全与发展的重要技术支柱。

1.1　完善 NQI 建设，有利于提高产品供给质量和生产效率，推动经济高质量发展

当前我国已进入高质量发展阶段，必须坚持质量第一、效益优先，以供给侧结构性改革为主线，推动经济发展质量变革、效率变革、动力变革。NQI 是推进质量变革和效率变革的重要保障。高精度的检验检测设备、完备的计量手段和统一的质量标准能够确保产品质量的合格性、稳定性，推动企业提供符合质量标准要求的产品；计量手段精度的提高和质量标准体系的完善有利于降低企业内的生产加工误差和企业间的生产协作误差，减小产业链上下游的质量信息不对称程度，提高经济运行效率。

1.2　完善 NQI 建设，有利于满足民生改善和社会治理安全，通过提升消费，畅通国大循环

消费品安全、特种设备安全、农产品安全、食品安全、环境治理等民生领域的检测技术能力，直接关系到城市安全运行，关乎百姓日常生活品质。近两年，在新冠肺炎疫情影响下，世界经济受到冲击，海外市场大幅萎缩，党中央提出构建以国内大循环为主体、国内国际双循环相互促进的新发展格局，扩大内需特别是繁荣国内消费市场的重要性开始凸显。只有构建科学精确的质量标准、权威高效的合格评定程序和完备成熟的市场监管制度，才能够严格把控产品的供给质量，激发人民群众的消费意愿，保障消费安全。此外，标准、检验检测、认证等质量基础设施能够向消费者传递可信的产品质

量信息，减小买卖双方质量信息不对称的程度，为产品质量和企业效益建立高度相关的联系，使“优胜劣汰”的市场机制充分发挥作用，从而规范市场竞争秩序、优化消费环境。

1.3　完善 NQI 建设，有利于瓦解技术性贸易壁垒，增强产业国际竞争力和规则主导权

在世界贸易组织的贸易规则框架下，发达国家在产品核心技术和质量基础设施方面占优势，常常利用标准、技术法规、合格评定程序等技术性贸易措施构筑非关税贸易壁垒、保护本国产业利益。发展中国家的企业受资金、技术等因素限制，被动接受国际质量标准体系，受制于发达国家的非关税贸易壁垒。加快建设国家质量基础设施，有利于降低我国企业进入海外市场的认证认可、检验检测等合规成本，更好与产品、服务的全球标准相衔接，突破发达国家构筑的“质量围墙”，推动我国企业的产品、服务、技术和标准走出国门。

2　发展现状

2.1　NQI 框架渐趋成熟完善

形成涵盖政策体系和制度体系在内的总体框架。质量政策体系包括《中华人民共和国标准化法》《中华人民共和国计量法》《中华人民共和国产品质量法》《中华人民共和国认证认可条例》等通用法律法规条例和《农业标准化管理办法》等垂直行业领域的政策文件。质量制度体系包括承载质量管理职能的制度载体，主要以国家市场监管总局作为总领，以全国质量工作部际联席会议制度、国家标准化管理委员会、国家认证认可监督管理委员会等制度和机构为依托，涵盖质量发展局、计量司、标准技术管理司等职能机构和计量科学研究院、标准化研究院等科研机构，以及地方市场监督管理部门等。

2.2　NQI 的技术基础日益巩固

在全球竞争中，我国 NQI 水平整体已从“跟跑”过渡到“并跑”阶段。国家计量基准、国家标准物质以及国家校准与测量能力越来越多地得到国际承认，其数量在亚洲乃至世界都名列前茅；国家标准、行业标准、地方标准（包括省级和市级）、团体标准、自我声明公开的企业标准覆盖农业、工业、服务业、社会事业等各个领域；处于国际引领地位的“中国标准”不仅有家电、丝绸、中医药等传统优势领域，还有高铁、网络通信、特高压交流输电等高技术领域；检验检测机构每年对社会出具的各类报告在数量和营业收入上居世界前列，产业规模在全球领先。

2.3　NQI 的国际影响力不断扩大

近年来，我国广泛参与质量基础设施建设的国际合作，如 2016 年发布实施《“一带一路”计量合作愿景与行动》，与多个国家和地区签署计量合作协议；我国提出并主导制定的国际标准不断增加，国际标准化贡献率跃居全球前列；由我国承担的国际技术机构的主席和秘书处也不断增加。

2.4　NQI 支撑经济高质量发展的作用日臻完善

有传统的 NQI 线下高质量供给平台，也有通过网上服务、数据开放服务等新型 NQI 线上平台，实现最大范围的高质量供给。目前新兴产业领域质量基础设施的前瞻布局加快，工业和信息化部、国家标准委等部门相继发布实施《工业互联网综合标准化体系建设指南》《大数据标准化白皮书（2018）》《国家新一代人工智能标准体系建设指南》等政策文件，标准引领，推动新兴产业健康、规范、可持续发展。

3　当前发展存在的问题

尽管近几年我国 NQI 建设取得了长足进步，尤其是各级市场监管部门通力合作，进行了不断尝试

和推进，但还是探索的多，成体系的少，NQI 协调机制难以发挥效力，应有的公共认知与认可程度还不到位，具有国际影响的民族品牌和产业还十分薄弱，总体还处于中低水平，面临诸多挑战。

3.1 我国 NQI 体制部门之间的协调性和法律体系不足

我国标准、计量、检验检测、认证认可等 NQI 职能涉及部门多、行业广，缺乏相应的协调机制，协同创新能力不足，职能的碎片化和技术机构分散布局导致 NQI 建设的系统性和协调性较弱，跨行业、跨专业的综合性检验检测机构数量很少，政府主导、市场驱动和社会推动的 NQI 发展格局尚未形成。此外，NQI 的法律法规和制度框架存在历史遗留的桎梏，法律法规几经修改更新，仍存在种种不足，如检验检测尚无法律依据。

3.2 我国 NQI 发展在服务业和新经济领域短板突出

在标准方面，服务业领域在我国国民经济中虽占半壁江山，但明显落后于工业；而国内技术标准在世界上总体仍然处于跟跑阶段，服务业和新经济领域标准整体水平不高；支撑产业转型升级的共性技术标准缺失，对国际标准的贡献与我国经济地位不相称。

在计量技术方面，量子计量基准研究尚未全面开展，现有成果比国际先进水平有较大差距，支持国家战略性新兴产业发展和国计民生的计量新领域建设刚刚起步，远未能满足产业战略转型升级和快速发展的现实需求。

在检验检测方面，我国在许多领域仍存在“检不了、检不好和检测结果评价不准”的问题，与发达国家相比仍有较大差距。另外，我国几乎没有国际化的检测评定机构，给我国重大关键领域的精准测量、核心装备检验检测和技术、商业数据安全等带来严峻挑战，也严重威胁我国经济安全和国家长远发展。

在认证认可方面，我国与世界发达国家先进水平相比尚有差距，基础技术能力不强，有的重点产业认证认可技术甚至存在空白。

3.3 我国 NQI 发展与新阶段现实需求脱节

首先，新兴产业领域的质量标准、经营规范和市场监管体系更新较慢，与新一轮技术变革和产业变革的速度不匹配，导致有关部门难以对产品服务质量进行有效的评价和监管。其次，近年来我国吸收并推行大量国际通行的质量标准和认证规则，但未能充分考虑到我国经济社会发展的现实情况，反而引发“劣币驱逐良币”的市场失灵问题。最后，我国 NQI 服务在整合、共享、协同服务方面才刚起步，业务资源、信息资源、人才资源、设备设施等向社会、产业等开放共享不够，公共服务平台建设不足。

4 对策建议

毋庸置疑，NQI 发展存在的不足肯定会放缓其高质量发展推进的步伐，用标准引领 NQI 自身发展，也是其战略性地位决定的。要从以下 5 个重要方面用标准发力，引领我国 NQI 高质量发展推进。

4.1 先行统筹谋划好 NQI 发展的顶层设计和施策方针

NQI 发展需要政府部门、企业和各类研究机构的共同参与，先行统筹谋划好顶层设计和施策方针是关键。将规划先行、战略引领纳入国家及各地的中长期发展规划，明确未来一段时期 NQI 建设的总体思路、主要目标、重大任务措施和组织保障等，在此基础上完善细分领域的专项规划、意见办法和法律法规。依托机构改革后的各级市场监管职能部门和全国质量工作部门联合互通共享等制度，构建全局统筹、多主体协同的标准化规划推进机制。

4.2 积极提升 NQI 发展的国际影响力和主导权

一是推动 NQI 与国际标准规则融通衔接。在国际上质量基础设施已经成熟完善的领域，根据我国经济社会发展现实需求，引进发达国家和主要国际组织的计测技术、标准和认证制度，推动国际标准转化为国家标准，提高我国 NQI 与国际通行规则的兼容性。

二是深度参与 NQI 的国际治理和合作共建。坚持“产品出海、质量先行”，加快与“一带一路”沿线国家、地区共建共享质量基础设施。积极主导制定与技术性贸易措施相关的国际规则和标准，稳步推进认证认可的国际互认，主动参与组建新技术领域的国际标准组织，发起国际标准新提案，继续支持我国政府官员和学者在 ISO、IEC、ITU 等国际组织任职。

三是提升技术性贸易措施的应用和应对能力。在国际贸易谈判中更好地运用由我国主导制定的国际标准和合格评定规则，通过对等谈判有效应对其他国家实施的技术性贸易措施。加强对主要国家技术性贸易措施的动态跟踪和预警研判，帮助企业由被动应对变为主动预防，降低我国企业进入海外市场的合规成本和经营风险。

4.3 积极推进 NQI 核心技术研发创新和信息技术的拓展应用

一是针对重大质量技术变革，加强关键共性质量技术研发。如聚焦技术依赖型质量领域开展核心技术攻关，总结科学、技术和实践经验，用标准推进前沿计量研究领域的基础研究。

二是推动新一代信息技术与 NQI 有机融合。充分拓展大数据、互联网等新一代信息技术在质量服务、市场监管、计量监控、检测检验等不同领域的应用场景，创新发展云计量、数字标准、数字认证、“互联网＋”检测检验、智慧监管等新型质量基础设施，提高质量基础设施的数字化水平。

4.4 建立健全 NQI 资源共享服务平台

NQI 资源共享服务平台能实现不同质量技术基础机构间长处互补，进行资源交换，把机构内部彼此分离的职能，以及机构外部既参与共同使命又拥有独立的合作伙伴共享成一个为社会服务的系统。近几年的实践证明，NQI 资源共享服务平台在供给上能取得 1＋1 远大于 2 的效果，标准化推进功不可没。如建立 NQI 服务线上、线下平台，能突破时间和空间制约，打破区域和行业壁垒，不仅服务群体覆盖面广，包括生产经营企业、科研院所、高校、第三方机构等单位或个人，而且可通过建立实验室大数据库，设立高端仪器设备排行榜，形成汇集高精尖仪器设备的城市共享实验室，实现仪器设备共享。

4.5 积极推进服务业和新经济领域弱项质量基础设施建设

一是做好服务业质量基础设施的“补课”工作。支持服务企业参与服务质量基础设施建设，通过制定和推行高标准提高市场竞争力和品牌价值，在商贸、旅游、养老、教育、体育、家政等服务领域形成一批可复制可推广的国家标准、行业标准和团体标准。把握数字化转型背景下服务业供给消费场景重构和服务品质重塑的机遇，充分利用互联网、大数据、智能算法等信息技术手段，创新服务标准制定和质量测评的方法。

二是做好新经济领域质量基础设施的“备课”工作。适应新经济领域技术更新快、商业模式迭代迅速、产业界限模糊等特点，在新经济发展初期同步或前瞻开展质量基础设施建设工作，鼓励新经济领域的独角兽企业和行业组织率先研究推广产品标准和质量认证规则，构建完善包容审慎、宽松柔性、动态灵活的新经济市场监管体系。

参考文献

赵笑天，何柳．关于标准与法律服务的思考［J］．中国标准化，2018（1）：30-33.

机关公务用车服务标准体系建设研究

——以日照市机关事务服务中心为例

左家园[1]　姜中云[2]　安佰磊[2]

（1. 中源国际认证有限公司；2. 日照市机关事务服务中心）

摘　要： 标准化作为规范社会管理和公共服务的有效手段，日益受到社会管理和公共服务组织的关注并得到较好的应用。日照市机关事务服务中心在公务用车标准化试点活动中进行了大胆的探索和实践，科学构建了机关公务用车标准体系并取得了一定的成效。本文通过分析日照市机关公务用车管理现状和标准化需求，提出了构建机关公务用车服务标准体系的总体框架和构建要求，并对如何完善机关公务用车服务标准体系提出了可行性建议。

关键词： 机关公务用车；管理服务；标准体系

1　引言

按照《机关事务标准化发展规划（2018—2020）》和《山东省机关事务标准化综合性试点实施方案》要求，日照市机关事务服务中心于 2019 年 9 月组织开展了省级公务用车事务标准化专项试点创建活动，编制了公务用车标准化规划和标准化专项试点实施方案，明确了机关公务用车事务标准化试点的指导思想、工作目标、重点任务、工作步骤等，并有计划、分步骤推进机关公务用车标准化试点工作。

在机关公务用车改革发展的大环境下，日照市机关事务服务中心综合分析机关公务用车管理实际，创新公务用车服务保障方式，探索公务用车管理服务模式，按标准要求构建了切合日照市实际的机关公务用车服务标准体系，对提升机关公务用车标准化管理水平进行了有益的探索。

2　机关公务用车管理基本情况

日照市机关事务服务中心按照“统筹、统管、统用”的“三统”公务用车管理服务理念，成立了市直机关公务用车管理服务中心，集中统一管理日照市市直机关公务用车；同时，按照“分区管理、就近调度”的原则，在市级机关办公楼、日照大厦、人防大厦、交通局办公大楼等办公区，设置公务用车管理子平台，就近统筹保障有关单位公务用车。子平台具体负责本平台所属车辆和人员的日常管理工作，并按照总平台车辆派车信息，调度车辆使用和归队评价汇总等工作，接受总平台的监督考核。

日照市公务用车信息化管理平台 2018 年 9 月建成并与省平台完成数据对接。日照市公务用车平台现直接管理使用机要通信、应急保障和接待调研公务用车 139 台，监管市级专业技术用车、行政执法、执法执勤车辆 442 台，监管区县党政机关、事业单位、行政执法车辆 899 台，共计 1480 台车辆全部与省公车平台联网，建成统一数据平台。

3 机关公务用车服务标准体系研究

3.1 构建方法

按照 GB/T 24421 系列标准要求，遵循“简化、统一、协调、优化”的标准化原则，编制标准体系表，使标准按其内在联系形成一个科学的有机整体。

机关公务用车服务标准体系总结构见图 1。

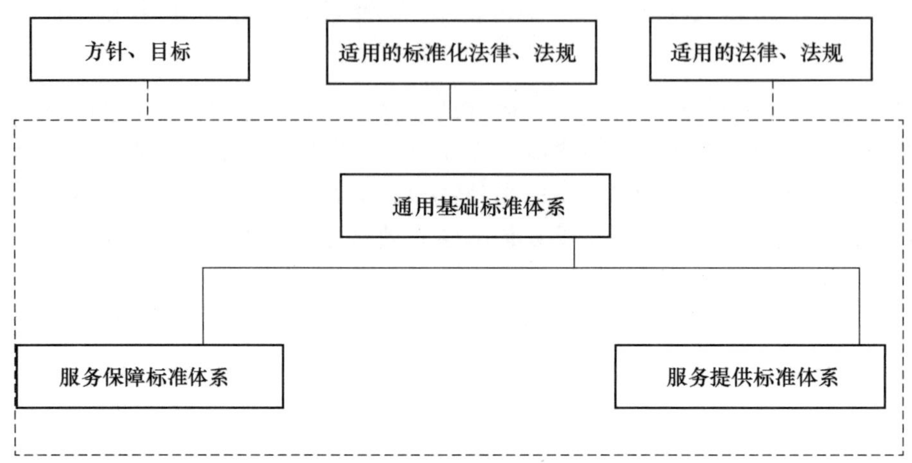

图 1　机关公务用车服务标准体系总结构

3.2 标准体系内容

3.2.1 通用基础标准体系

通用基础标准体系主要包括标准化管理办法、公务用车管理相关术语标准、公务用车标识化符号与标志标准等子体系。具体见图 2。

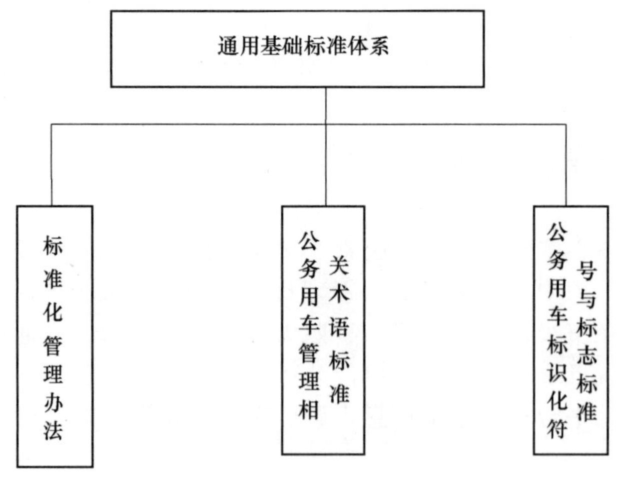

图 2　通用基础标准体系结构

3.2.2 服务保障标准体系

服务保障标准体系主要包括：节能降耗与环境标准、行车安全与应急标准、设施设备及用品标准、招投标与合同管理标准等子体系。具体见图 3。

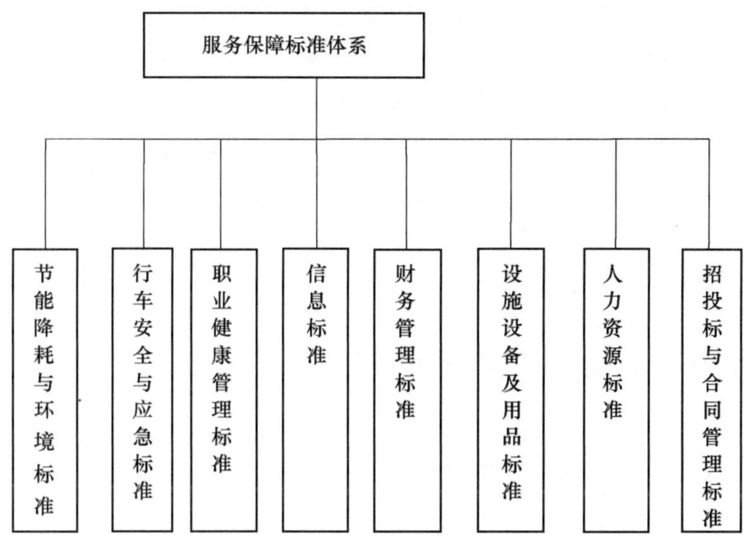

图 3　服务保障标准体系结构

3.2.3　服务提供标准体系

服务提供标准体系一般包括服务规范、服务提供规范、服务质量控制规范、运行管理规范、服务评价与改进标准等子体系。具体见图 4。

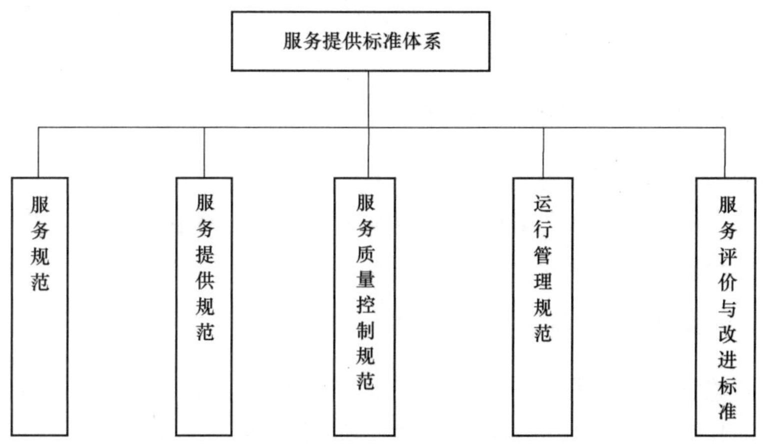

图 4　服务提供标准体系结构

3.3　机关公务用车标准体系建设成效

3.3.1　提升了服务对象满意度

机关公务用车平台自建成运行以来，以“零失误、零投诉”的骄人成绩，圆满完成各项服务保障工作 2.8 万余车次，行程 390 万余千米，赢得了省市领导、市直各部门的广泛认可，收到表扬信和感谢信近 80 封，服务对象满意度达 100%，省内外 9 个地市前来学习公务用车使用管理和保障模式。

3.3.2　深化了“平凡事务、非凡服务”服务品牌

服务保障运行更加规范。制定完善的服务手册，对服务工作流程、作业标准、岗位职责、管理制度进行了细化，出台了车况日常检查、服务设施配置、车内卫生、安全行车等工作标准，进一步明确用车范围，规范行车服务，提升服务品质。制定了《工作人员行为规范》和《公务用车驾驶员服务规范》，从人员、仪容仪表到车辆物品配备摆放，从规范服务用语到工作纪律等方面进行了明确规定，并

加强了对标准实施的检查和持续改进，服务水平和能力均有较大提升。

3.3.3 降低了公务用车管理运行成本

一是缩小了公车配备范围。严格按照《日照市党政机关公务用车管理实施办法》的要求，规范了用车范围。二是降低了运行成本。加强用车审批程序，严格控制派车范围和数量，分类各用车单位行驶方向，本着节约、高效的原则，尽量并车使用；充分发挥集中管理的优势，协调高速企业采用 ETC 后付费的办法。对车辆的维修、加油、保险等实行“三定点”管理，公开招标，择优使用，进一步降低运行成本。

4 优化机关公务用车服务标准体系的建议

4.1 健全完善机关公务用车事务标准体系

应进一步加强机关公务用车事务标准化顶层设计，坚持需求导向和问题导向，持续梳理、优化标准化试点领域的工作流程，结合标准实施的具体情况，进一步优化标准供给，不断健全完善公务用车标准体系。

4.2 优化机关公务用车事务标准质量

在坚持公务用车业务部门为主、一线工作人员积极参与的基础上，加强与标准化专业机构合作，提高公务用车标准编制的适用性和专业化水平。加强统筹整合，积极申请立项地方标准，及时将成熟的公务用车内部标准向地方标准转化，不断提升标准层级。

4.3 强化机关公务用车事务标准实施应用

及时开展机关公务用车事务标准的实施和评价工作，对已出台的市级以上地方标准要建立完善标准实施跟踪和统计机制，以具体举措推动标准落地实施，推进标准化和业务工作的深度融合。要运用标准化手段做细做实机关公务用车服务疫情防控常态化工作。

4.4 共享机关公务用车事务标准化工作成果

加大宣传力度，拓宽宣传推广渠道，采取新闻发布、座谈交流、专刊专报等各种形式，及时发布机关公务用车事务标准化有关理论文章、政策文件、标准文本、工作动态等，进一步营造学习标准、应用标准的浓厚氛围。

5 结语

机关公务用车标准化建设尚处在不断探索和实践的过程中，在公务用车标准体系构建、标准制修订、标准宣贯实施和改进等方面，仍面临着不少的问题和困难。在今后的公务用车服务标准化试点示范过程中，应结合实际对机关公务用车服务标准体系建设进行不断的探索研究，提升机关公务用车标准化服务水平，促进机关公务用车服务高质量发展。

实施“山东浓香花生油”团体标准，助推山东花生油产业高质量发展

任凌云[1]　胡学春[2]　董　斌[1]　吴真真[1]　杨琳琳[1]

（1. 山东省粮油检测中心；2. 山东省物资储备管理中心）

摘　要：本文介绍了“山东浓香花生油”团体标准制定的背景意义、主要技术指标、与现行国家标准的关系以及社会效益和经济效益。术语和定义中增加的风味品评、风味成分、风味成分相似度等参数，是能体现山东花生油特点的、花生油国家标准［《花生油》（GB/T 1534—2017）］中所没有的参数，可以保证花生油出厂气味的一致性和质量稳定性，能够解决目前气味依靠人工品尝，需要人员多，个体间差异大等问题。

关键词：浓香花生油；风味成分；风味成分相似度

Implement the “Shandong Fragrant Peanut Oil” group standard to promote the high-quality development of Shandong’s peanut oil industry

REN Ling-yun[1]　HU Xue-chun[2]　DONG Bin[1]　WU Zhen-zhen[1]　YANG Lin-lin[1]

（1. Shan Dong Cereals and Oils Detecting center；2. ShanDong Provincial Material Reserve Management Center）

Abstract：This article introduces the background significance，main technical indicators，relationship with the current national standard，and social and economic benefits of the establishment of the “Shandong Fragrant Peanut Oil” group standard. The added parameters such as flavor evaluation，flavor components，and flavor component similarity in terms and definitions are parameters that can reflect the characteristics of Shandong peanut oil and are not included in the peanut oil national standard (GB/T 1534—2017)，which can ensure the consistency of the peanut oil ex-factory smell The stability of sex and quality can solve the current problems of relying on manual tasting，requiring a large number of people，and large differences between individuals.

Keywords：Fragrant Peanut Oil；Flavor ingredients；Flavor component similarity

0　前言

花生是我国重要的经济作物，同时也是优质的蛋白质源和主要的食用油源，在净出口农产品和食品工业领域占据重要地位[1]。我国花生常年种植面积在 400 万 hm^2 以上，是花生生产、加

工、贸易大国[2]，花生总产量和出口量均占世界的40%，花生油的压榨比例达到45%。作为食用油，我国花生油年食用量在5100万吨左右，并且居民消费需求逐年递增，市场潜力巨大[3]。因此，推行花生油品质控制相关标准，进一步提高产业加工水平，对我国花生油行业的发展具有现实意义。

山东是我国主要的花生产区，是我国花生生产和出口的第一大省[4]。优越的地理位置、丰富的土壤类型、适宜的气候环境、充足的光照，适合花生的种植和生长，花生也成为山东重要的油料作物和出口农产品，种植面积约占全国的25%，总产量占全国的33%以上。同时，全国食用油市场中，山东省食用油市场呈现出规模大、占比高的特点，市场占有规模达12.67%左右[5]。全国63个花生油品牌信息中，山东省有花生油品牌24个。

浓香花生油采用物理压榨工艺，属于炒香型食用油[6]。其色泽清亮、气味芬芳、滋味可口、香味浓郁，深受我国居民的喜爱[7]。山东浓香花生油以精选山东优质花生为原料，对原料挑选、质量监控、成品贮藏等全流程进行精准把控。在生产过程中，始终坚持高标准、高质量精制加工，保留花生独特浓郁的风味和营养成分，无任何添加剂，属于纯天然健康食品。但是，目前浓香花生油风味控制标准缺失，在产品判定中，由技术员凭经验和感官掌握[5]。现行花生油国家标准下，山东花生油的地域、风味和质量特点并不能得到良好体现，不利于形成地域性的产品标识。为了更好地发展“齐鲁粮油”产业，打造“山东浓香花生油”推广名片，保证百姓粮油安全，树立“好粮油”观念，制定体现特色的花生油团体标准，正合时宜。

2018年9月，山东省粮油检测中心向十六个市地粮食局发放问卷，调查了解标准采用情况、企业标准与国家标准的比较、日常检验参数、原材料情况等食用植物油生产状况。通过调查，获取了山东省花生油生产厂家、主要品种、检验现状等基本信息。2018年10—12月，中心标准起草组在上述问卷调查的基础上，选择具有一定生产规模、产品有一定影响力的花生油加工企业，采用座谈会、现场交流、个别交谈等方式进行实地调研，广泛征求、积极吸纳各方意见，通过深入调研、精准研判，对加工企业生产的花生油的具体加工指标，尤其是对体现山东花生油风味成分指标进行了更深入的调研，为“山东浓香花生油”团体标准的制定提供技术支撑。

本文将通过标准主要制定的技术指标及说明、与现行国家标准的关系、社会效益和经济效益等3个方面，对“山东浓香花生油”团体标准的相关内容进行详尽阐释。

1 标准主要制定的技术指标及说明

“山东浓香花生油”团体标准为推荐性标准，适用于齐鲁粮油之“山东浓香花生油”，包括术语和定义、主要物理参数、质量指标、安全要求等主要技术内容。术语和定义中着重增加了能体现山东花生油特点，且《花生油》(GB/T 1534—2017) 没有的风味品评、风味成分以及风味成分相似度等参数；质量指标及安全要求高于《花生油》(GB/T 1534—2017)。其中基本组成和主要物理参数包括相对密度和脂肪酸组成；质量指标主要包括色泽、透明度、滋味、气味、不溶性杂质、过氧化值、酸价、水分及挥发物含量、溶剂残留量9项；食品安全要求按《食品安全国家标准 植物油》(GB 2716—2018) 和国家相关规定执行。

1.1 原料选择

山东浓香花生油必然要体现产地的地域性和制作工艺的特色性，这也是在调研过程中众多专家、花生油生产经营者一致提出的意见。因此，在山东花生油团体标准的编制上，我们将山东花生油定位为采用具有山东区域种植的优质花生为原料的花生油，其定义为“产品原料为我省区域内种植的花生，花生仁经烘烤或破碎蒸炒，以压榨工艺加工生产的香气浓郁的花生油”。

1.2 花生油的质量要求

1.2.1 花生油的主要物理参数和基本组成

质量要求中，主要物理参数和基本组成由相对密度和脂肪酸组成两部分构成，我国目前花生油的脂肪酸组成均在国际食品法典标准设定的范围内，标准主要借鉴国际食品法典委员会（CAC）《指定的植物油法典标准》[CODEX-STAN210-2003（2011）] 中的相关指标，同时参考了花生油国家标准，并对油脂脂肪酸组成特别是油酸含量做了调整。

1.2.2 风味成分质指标

“山东浓香花生油”风味成分质指标包含风味成分相似度和风味评分值两项。经过中心检验人员广泛收集样品，严谨细致的分析，确定风味成分物质包括：2-乙酰基吡嗪、2-乙基-5-甲基吡嗪、2-戊基呋喃、5-甲基糠醛（单体）、5-甲基糠醛（二聚体）、2，5-二甲基吡嗪（单体）、2，5-二甲基吡嗪（二聚体）、2-乙酰基呋喃、吡嗪、噻唑、2-乙基-3，5-二甲基吡嗪、N-甲基吡咯酮、甲基吡嗪、三甲基吡嗪、2-糠硫醇等 15 种挥发性风味物质。风味成分相似度是指两种以上花生油中指定的风味成分归一化质量分数接近的程度，其检验方法是采用顶空进样、气相色谱-离子迁移谱联用等方式。

1.2.3 声称指标

声称指标不参与质量控制，可以给用户提供参考。山东浓香花生油包括甾醇总量、维生素 E、角鲨烯、多酚等营养伴随物声称指标，反式脂肪酸、多环芳烃等危害物声称指标。

1.3 质量追溯信息

山东花生油产业的发展需要进一步推动信息化建设，建立质量追溯信息化平台，贯穿生产全流程，平台将详细记录产品质量追溯信息，满足不同追溯和查询要求，确保所有质量信息的及时性和有效性。同时，标准重视油脂的品质质量安全，指出“零售终端不得销售散装成品花生油，不能脱离原包装销售”，坚决遏制掺杂使假、质量参差等问题。

1.4 检验方法

“山东浓香花生油”团体标准首次提出了风味成分相似度的概念。目前，食用植物油国家标准中的气味、滋味应用感官法，主观判定差异较大。本方法对风味评分值试验方法、风味参考样品的制备以及挥发性风味成分的测定给出了规范性附录。其中采用气相色谱-离子迁移谱（GC-IMS）联用仪，以指纹图谱和挥发性风味成分相似度来表示挥发性风味成分，定量测定植物油的气味组成含量。该标准能够保持植物油出厂气味的稳定性，解决气味依靠人工品尝，耗费人工、质量标准参差的问题，为其他植物油气味、滋味的检验提供借鉴。

1.5 标签标识

标准修订强调了标签的重要性，除应遵循《食品安全国家标准 预包装食品标签通则》（GB 7718—2011）和《食品安全国家标准 预包装食品营养标签通则》（GB 28050—2011）的规定外，还规定标识为“山东浓香花生油”，对名称变更进行严格限制，同时，保持名称的专一性和简洁性，不得添加修饰，原料产地要在预包装产品上用中文进行清晰标示。

2 与现行国标的关系

（1）该团体标准在指标的设置上突出了产地要求，着力体现山东花生油产地的地域性特色，助推产业集群效应的形成。

（2）现行花生油国家标准为《花生油》（GB/T 1534—2017），为了体现山东浓香花生油的风味特点，团体标准增加了风味品评、风味成分、风味参考样品和对加工性能有参考价值的声称指标要求。同时，增加了技术术语、原料的产地要求，将有利于展现山东浓香花生油的产地地域性和产品标准性。

（3）质量指标方面，山东花生油团体标准对部分指标进行了细化调整，使其更能体现山东品牌的特点、特色和优势。

（4）增加了原料和产品的追溯信息，使产品的食品安全性能得到更好的监控，规范性附录更具可操作性。

3 社会效益和经济效益

3.1 助力“齐鲁粮油发展”

目前，“齐鲁粮油”的推介工作取得了显著成效，作为山东省首批粮油产品的团体标准，“山东浓香花生油”团体标准对“齐鲁粮油”品牌的质量评价、技术开发提供了有效的标准支撑，对山东省花生油加工企业的发展提出了要求、树立了标杆。团体标准的发布，将进一步提高山东省“好粮油”产品的创建水平，扎实推进优质粮食工程，积极鼓励山东粮油企业通过走出去交流、学习，不断扩大自身影响力，壮大“齐鲁粮油”软实力。激发山东粮油品牌的市场竞争活力，形成优质优量、抱团发展的良好局面。

3.2 促进区域产业经济发展

“山东浓香花生油”团体标准在山东省临沂市莒南县五家花生油厂得到广泛应用。临沂市地形多样、气候适宜，非常适合种植业发展，粮食总产量、产值都位居山东省前列。2019 年，临沂粮食总产量 413 万吨，花生产量 80 多万吨，居山东省第一位。目前，全国花生油加工企业精炼油产量 152.3 万吨，临沂精炼花生油就达 17.6 万吨，占全国的 11.55%。“山东浓香花生油”团体标准的发布实施对推动沂蒙花生油高质量发展，激发区域内生经济优势，提高花生油产业收入，具有重要意义。

参考文献

[1] 万书波．花生产业形势与对策［J］．山东农业科学，2014，000（010）：128-132.

[2] 李娜，姜伟，周进，等．山东省花生生产全程机械化现状与对策建议［J］．中国农机化学报，2019，40（10）：42-50，71.

[3] 裴绰．山东省花生出口存在的问题与对策［J］．品牌，2015（08）：27.

[4] 杨洁，张勇，杨萍，等．山东省花生产业发展现状分析［J］．江苏农业科学，2014，42（009）：433-436.

[5] 高蓓，章晴，杨悠悠，等．浓香花生风味物质研究存在问题及对策探析［J］．分析测试技术与仪器，2015，21（04）：205-211.

[6] 赵明明，赵红娟．山东省花生产品出口贸易对策研究［J］．对外经贸，2018，000（002）：54-56.

[7] 闫子鹏，张真．对浓香花生油制油工艺和质量控制的探讨［J］．粮食与食品工业，2015，22（01）：14-15.

电位滴定法在玉米脂肪酸值测定中的应用研究

任凌云[1]　吴真真[1]　董　斌[1]　杨琳琳[1]

（1. 山东省粮油检测中心）

摘　要：本文研究了用人工滴定法、电位滴定法、脂肪酸值测定仪3种方法对玉米脂肪酸值测定的影响，通过对玉米脂肪酸测定值的精密度、准确度、线性曲线的差异进行分析，重点探究电位滴定法在测定中的优势与不足。结果表明，3种方法均能满足试验要求，差异较小，电位滴定法的结果相对标准偏差RSD在0.16%～2.12%，回收率在97.2%～103%，数据准确可靠，重复性良好。

关键词：电位滴定法；玉米；脂肪酸值

The Study on Determining Fatty Acid Value of Maize by Potentiometer Titration Method

REN Ling-yun[1]　WU Zhen-zhen[1]　DONG Bin[1]　YANG Lin-lin[1]

(1. Shan Dong Cereals and Oils Detecting center)

Abstract: This paper studies the influence of three methods, such as manual titration, potentiometric titration, and fatty acid value tester, on the determination of corn fatty acid value. Through the analysis of the precision, accuracy, and difference of the linear curve of the corn fatty acid determination value, the focus is on the potential The advantages and disadvantages of titration in determination. The results show that all three methods can meet the test requirements with small differences. The relative standard deviation RSD of the potentiometric titration results is between 0.16%-2.12%, and the recovery rate is between 97.2%-103%. The data is accurate and reliable, and the repeatability is good.

Keywords: potentiometer titration method; maize; fatty acid value

0　前言

玉米是世界第一大粮食作物，产量高、种植范围广、加工用途多样，是全球重要的粮食作物之一。我国是玉米生产大国，总产量仅次于美国，居世界第二位。玉米富含淀粉、脂肪、胡萝卜等营养物质，具有较高的营养价值和保健作用，被称为“黄金作物”。随着经济的发展和人们生活水平的提高，原先粗放式的饮食和消费模式已经不能满足百姓的日常需求、饮食观念和结构的改变，使有“膳食平衡大使”称号的玉米备受推崇。同时，玉米在饲料工业和医疗卫生、化工业等领域也具有举足轻重的地位。因此，玉米的大量储藏，需要通过实时监测、及时掌握、控制储藏品质。温度、水分和脂肪酶等是玉米在储藏过程中极易发生水解和氧化反应的重要因素，危害玉米的安全储藏和使用品质[1]。储藏期中的玉米，受到霉菌和高温的影响，会发生结露、发热、霉变，加速籽粒中脂肪的氧化酸败，使其脂肪酸值升高[2]。

玉米储存品质的判断通常利用脂肪酸值作为评价指标，目前，指示剂法、电位滴定法、分光光度法、色谱法和近红外法等是检测粮食中游离脂肪酸含量的常用方法。按照《玉米储存品质判定规则》（GB/T 20570—2015）测定脂肪酸值时，对于滴定终点，不同的操作者理解不同，滴定终点判断不同，脂肪酸值的测定结果也会有所差异[3]，实施中对“色差”的理解，还有一定问题[4]。尽管指示剂法具有操作简便、成本低的优点[5]，但提取液中大量的玉米醇溶蛋白遇水，反溶剂作用下生成乳白色的胶状物，同时由于玉米黄色素的存在，严重干扰滴定终点的判断，妨碍国家标准方法[4]的实施。

本研究采用的电位滴定法是以滴定过程中原电池电动势的变化为基础，利用指示电极进行测量的一种方法[6]。到达滴定终点时，H^+浓度的突变引起相应的电位突变，通过 pH 传感测定 H^+的浓度[7]，利用 $\Delta E/\Delta V\text{-}V$ 曲线法判断终点[8]。

本文比较了用人工滴定法、电位滴定法和脂肪酸值测定仪三种方法测定玉米脂肪酸的精密度与准确性、线性曲线等指标，得到了满意的结果。

1 材料与方法

1.1 试剂与仪器

1.1.1 主要仪器与设备

（1）锤式旋风磨（XF-98B）（河北黄骅市振兴电器仪器厂）。

（2）电子天平（SPS402F，感量0.01g）（奥豪斯仪器（上海）有限公司）。

（3）电子振荡器（HY-4）（金怡市医疗仪器厂）。

（4）电位滴定仪（848Titrion Plus）（瑞士万通公司）。

（5）脂肪酸值测定仪（XQ600）（北京先驱威锋技术开发公司）。

1.1.2 试剂

（1）无水乙醇（分析纯）。

（2）95%乙醇（分析纯）。

（3）苯（分析纯）。

（4）氢氧化钾（分析纯）。

（5）酚酞（分析纯）。

（6）邻苯二甲酸氢钾（基准试剂）。

（7）实验室用水符合三级水。

1.2 试验方法

1.2.1 样品处理

（1）无水乙醇提取法。

以无水乙醇为提取剂，按《玉米储存品质判定规则》（GB /T 20570—2015）[9]中规定的方法提取待测试样中的脂肪酸。

（2）苯提取法。

以苯为提取剂，按《粮油检验 粮食、油料脂肪酸值测定》（GB/T 5510—2011）中规定的方法提取待测试样中的脂肪酸。

1.2.2 样品测定

（1）人工滴定。

取25mL样品的脂肪酸无水乙醇提取液，加入50mL不含CO_2的蒸馏水，然后滴加酚酞指示剂(10g/L)，用KOH-乙醇标准滴定液（0.01mol/L）将溶液滴定至微红色，且30s内不褪色即为反应终点[10]。

取25mL样品的脂肪酸苯提取液，加入25mL的酚酞指示剂（0.04g/L），用KOH-乙醇标准滴定液（0.01mol/L）将溶液滴定至微红色，30s内不褪色即为反应终点[11]。

（2）电位滴定仪滴定。

取25mL样品的脂肪酸无水乙醇提取液，加入50mL不含CO_2的蒸馏水，滴加酚酞指示剂(10g/L)，用KOH-乙醇标准滴定液（0.01mol/L）将溶液滴定至电位滴定仪显示滴定终点达到，记录滴定曲线突跃点的pH。同时肉眼观测滴定溶液呈微红色，30s内不褪色并记录溶液的pH。

取25mL样品的脂肪酸苯提取液，加入25mL的酚酞指示剂（0.04g/L），用KOH-乙醇标准滴定液（0.01mol/L）将溶液滴定至电位滴定仪显示滴定终点达到，记录滴定曲线突跃点的pH。同时肉眼观测滴定溶液呈微红色，30s内不褪色并记录溶液的pH。

（3）脂肪酸值测定仪测定。

取25mL样品的脂肪酸无水乙醇提取液，加入50mL不含CO_2的蒸馏水，用脂肪酸值测定仪自动测定脂肪酸值，用0.01mol/L的KOH-乙醇标准滴定液。

取样品的脂肪酸苯提取液，加入25mL的酚酞指示剂（0.04g/L），用脂肪酸值测定仪自动测定脂肪酸值，用0.01mol/L的KOH-乙醇标准滴定液。

2 结果与讨论

2.1 精密度试验

试验精密度用相对标准偏差（变异系数RSD）表示。

本试验选择脂肪酸值不同的玉米样品，分别用无水乙醇和苯提取，并用人工滴定法、电位滴定仪法及脂肪酸值测定仪法分别进行6平行试验，计算测定结果的相对标准偏差，以测定这3种不同滴定方法的精密度。试验结果见表1、表2。

表1 乙醇提取液不同滴定方法的精密度试验（mgKOH/100g，干基）

样品	玉米1号			玉米2号			玉米3号		
测定方法	人工滴定法	电位滴定仪	脂肪酸测定仪	人工滴定法	电位滴定仪	脂肪酸测定仪	人工滴定法	电位滴定仪	脂肪酸测定仪
1	32.17	31.34	32.17	44.53	44.32	44.59	88.47	89.37	88.08
2	31.67	31.76	31.47	45.63	44.24	44.86	88.78	87.03	88.05
3	31.76	30.55	31.63	44.75	44.80	44.70	88.51	86.74	88.18
4	32.25	30.35	31.58	44.98	44.50	44.87	88.34	88.13	88.35
5	31.68	31.32	31.62	44.08	45.49	44.92	88.35	87.48	88.13
6	31.76	30.58	31.67	44.30	44.71	44.38	87.12	87.28	88.06
平均值	31.88	30.98	31.69	44.71	44.68	44.72	88.26	87.67	88.14
标准偏差	0.26	0.56	0.24	0.55	0.45	0.20	0.58	0.96	0.11
变异系数（%）	0.81	1.82	0.77	1.23	1.01	0.46	0.66	1.09	0.13

表2　苯提取液不同滴定方法的精密度试验（mgKOH/100g，干基）

样品	玉米1号			玉米2号			玉米3号		
测定方法	人工滴定法	电位滴定仪	脂肪酸测定仪	人工滴定法	电位滴定仪	脂肪酸测定仪	人工滴定法	电位滴定仪	脂肪酸测定仪
1	30.31	28.88	30.16	42.85	41.77	42.27	86.35	85.27	86.42
2	30.09	26.98	30.40	42.26	41.93	41.98	86.88	86.18	86.31
3	30.09	27.70	30.36	43.19	42.38	42.06	85.47	85.34	86.59
4	30.22	27.01	30.43	42.72	42.56	42.15	86.26	84.96	86.47
5	30.68	27.01	30.29	43.14	41.04	41.79	85.73	86.52	86.21
6	30.90	27.88	30.24	41.44	42.98	42.07	88.19	85.44	86.29
平均值	30.38	27.58	30.31	42.60	42.11	42.05	86.48	85.62	86.38
标准偏差	0.33	0.75	0.10	0.66	0.68	0.16	0.97	0.60	0.14
变异系数（%）	1.10	2.72	0.34	1.55	1.62	0.39	1.12	0.70	0.16

结果发现，人工滴定法、电位滴定仪法、脂肪酸值测定仪法精密度良好，均能满足试验的需要。但是，电位滴定法二阶导数法确定滴定曲线的最高点为滴定终点不到预期的目的，会产生几个突跃，滴定结果需要综合分析判断。

其中，脂肪酸值测定仪的相对标准偏差最小，精密度最高。同一个样品的苯提取液的脂肪酸值小于乙醇提取液的脂肪酸值。

2.2　准确度试验

取10.00g玉米样品，按照设置梯度（加标体积：0.20mL、0.50mL、1.00mL、1.50mL），分别添加亚油酸标准溶液（17.1858mg/mL），用乙醇提取脂肪酸值，采用电位滴定仪和脂肪酸测定仪进行三个水平的添加回收率试验，结果见表3、表4。

表3　电位滴定仪测玉米加标回收试验结果（mg/100g）

序号	加标液体积（mL）	添加亚油酸质量（mg）	理论添加脂肪酸值	实测总脂肪酸值	添加回收脂肪酸值	回收率（%）
1	0	0	0	22.32	本底均值为22.32	—
	0	0	0	22.32		
2	0.20	3.4372	6.87	29.04	6.72	97.8
	0.20	3.4372	6.87	29.00	6.68	97.2
3	0.50	8.5929	17.19	39.73	17.41	101.3
	0.50	8.5929	17.19	39.58	17.26	100.4
4	1.00	17.1858	34.37	57.54	35.22	102.5
	1.00	17.1858	34.37	57.72	35.40	103.0
5	1.50	25.7787	51.56	74.70	52.38	101.6
	1.50	25.7787	51.56	74.74	52.42	101.7

由表3和表4可知，电位滴定法的加标回收率为97.2%～103%，脂肪酸值测定仪分析方法的加标回收率为98.7%～102.4%，充分说明这两种滴定方法的准确性高、稳定性好，都能够作为玉米脂肪酸测定的检测方法。

表 4　脂肪酸值测定仪测玉米加标回收试验结果（mg/100g）

序号	加标液体积（mL）	添加亚油酸质量（mg）	理论添加脂肪酸值	实测总脂肪酸值	测得回收脂肪酸值	回收率（%）
1	0	0	0	22.32	本底均值为 22.32	—
	0	0	0	22.32		
2	0.20	3.4372	6.87	29.14	6.82	99.3
	0.20	3.4372	6.87	29.10	6.78	98.7
3	0.50	8.5929	17.19	39.72	17.40	101.2
	0.50	8.5929	17.19	39.80	17.48	101.7
4	1.00	17.1858	34.37	57.52	35.20	102.4
	1.00	17.1858	34.37	57.34	35.02	101.9
5	1.50	25.7787	51.56	74.29	51.97	100.8
	1.50	25.7787	51.56	74.55	52.23	101.3

2.3　线性曲线测试

玉米样品的乙醇提取液中，按设置梯度（加标体积：0.10mL、0.20mL、0.50mL、1.00mL、1.50mL），分别添加浓度为 17.1858mg/mL 的亚油酸标准溶液，采用电位滴定仪和脂肪酸测定仪进行测试，结果见表 5、图 1、表 6 和图 2。

表 5　电位滴定仪测定玉米脂肪酸值线性曲线试验结果

序号	加标液体积（mL）	添加亚油酸质量（mg）	理论添加脂肪酸值（mg/100g）	实测总脂肪酸值（mg/100g）	扣除本底后实测添加脂肪酸值（mg/100g）
1	0	0	0	22.32	0
2	0.10	1.7186	3.44	25.71	3.28
3	0.20	3.4372	6.87	29.24	6.82
4	0.50	8.5929	17.19	39.60	17.34
5	1.00	17.1858	34.37	56.83	34.59
6	1.50	25.7787	51.56	74.02	51.78

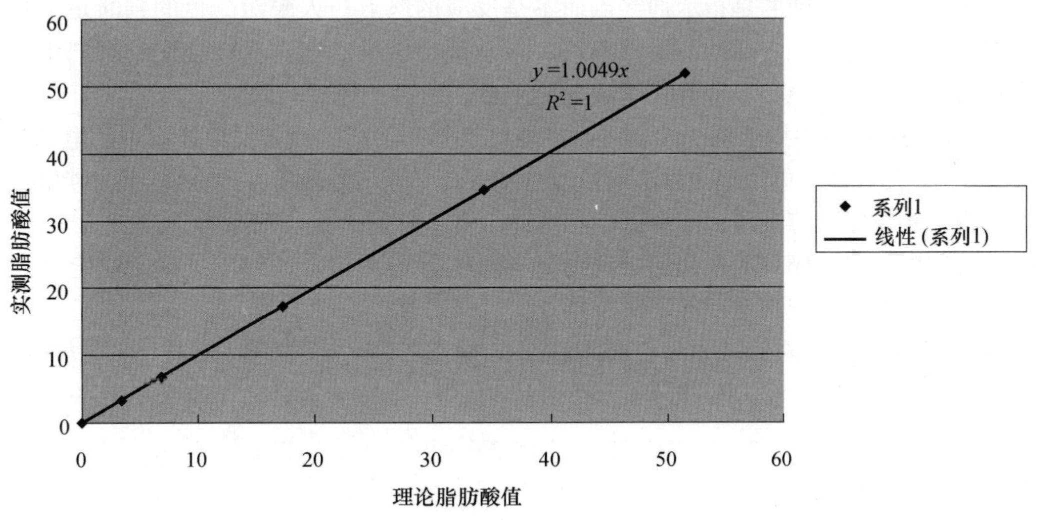

图 1　用电位滴定仪测定玉米脂肪酸值线性曲线

表6　脂肪酸值测定仪测定玉米脂肪酸值线性曲线试验结果

序号	加标液体积（mL）	添加亚油酸质量（mg）	理论添加脂肪酸值（mg/100g）	实测总脂肪酸值（mg/100g）	扣除本底后实测添加脂肪酸值（mg/100g）
1	0	0	0	22.32	0
2	0.10	1.7186	3.44	25.71	3.39
3	0.20	3.4372	6.87	29.24	6.92
4	0.50	8.5929	17.19	39.60	17.28
5	1.00	17.1858	34.37	56.83	34.51
6	1.50	25.7787	51.56	74.02	51.70

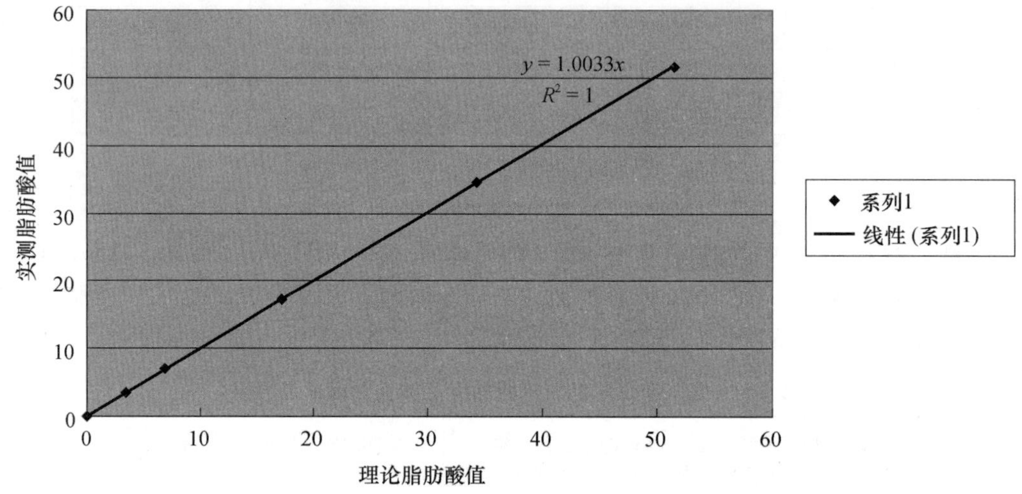

图2　用脂肪酸值测定仪测定玉米脂肪酸值线性曲线

如表5、表6所示，用电位滴定仪与脂肪酸测定仪测定玉米脂肪酸的数值基本一致，数据的准确度都符合试验要求，说明用电位滴定法测定脂肪酸准确可靠。

3　结论

（1）人工滴定法能观察到的是指示剂终点而不是反应的终点；人眼对颜色的判断是主观的，通过指示剂主观判断的滴定终点与实际的平衡点不符；指示剂也会被滴定，这样会使结果产生误差。电化学感应器指示与指示剂滴定相比，节省化学试剂使用量，缩短预处理时间。

（2）电位滴定法可以消除指示剂法的缺点，提高终点判断的准确性，反应体系中的电位变化直接反映滴定终点，但是应用经典的电位滴定方法测量脂肪酸值会产生几个突跃，必须综合分析判断滴定结果。

（3）电位滴定法在标准溶液滴定中有着精密度高、准确性好、操作简单等优点。

（4）脂肪酸值测定仪以经典的电位滴定法为基础，能够根据拟合曲线准确确定滴定终点，保证能够在滴定终点所在范围内精密滴定，准确确定终点。

（5）脂肪酸值测定仪可以降低每次滴定分析的成本，操作更快速、更可靠；分析结果更加精确；滴定分析可以在无人工的情况下进行；利用在线传输分析结果的优势，有助于实验室数据的系统管理的建设。

参考文献

[1] 王锦云．玉米中脂肪酸值测定方法的分析与研究［J］．食品工程，2017，No.145（04）：47-49.

[2] 张本军，余军林，金翠．浅谈玉米在储藏过程中脂肪酸值的变化［J］．粮油仓储科技通讯，2004（4）：43-44.
[3] 李耀，杨慧萍，章磊，等．粮食脂肪酸值测定自动测定方法与应用［J］．中国粮油学报，2008，23（6），198-201.
[4] 中华人民共和国国家质量监督检验检疫总局 中国国家标准化管理委员会．玉米储存品质判定规则：GB/T 20570—2015［S］．北京：中国标准出版社，2015.
[5] 徐霞，应兴华，段彬武．稻米中脂肪酸值测定方法的研究［J］．中国粮油学报，2003，18（6）：78-82.
[6] 窦玉平．电位滴定法测定玉米脂肪酸值［J］．粮油仓储科技通讯，2004（03）：47-49.
[7] 刘甲宾．谷物脂肪酸值自动测定仪的研究与设计［D］．南京：南京财经大学，2011.
[8] 杨慧萍，宋伟，曹玉华，等，电位滴定法测定粮食脂肪酸值的研究［J］．中国粮油学报，2003，18（6），78-81.
[9] 中华人民共和国国家质量监督检验检疫总局，中国国家标准化管理委员会．谷物碾磨制品 脂肪酸值的测定：GB/T 15684—2015［S］．北京：中国标准出版社，2015.
[10] 王震．国标脂肪酸值检测标准滴定液配制探讨及改进［J］．食品安全导刊，2017，000（015）：58-58.
[11] 中华人民共和国国家质量监督检验检疫总局，中国国家标准化管理委员会．粮油检验 谷物及制品脂肪酸值定测仪器法：GB/T 29405—2012［S］．北京：中国标准出版社，2013.

浅谈强化工业标准化工作助推经济发展

马　振

（枣庄市标准计量研究中心）

摘　要：随着我国经济的快速发展，工业企业的数量也在不断增加，但是由于生产技术水平有限，管理体制不完善，导致工业产品的质量和产量都存在一定的差距；同时，工业企业的规模在扩大，市场竞争的压力也随之增大，因此必须加强对工业产业的科技投入，提高其创新能力，以适应激烈的国际国内形势。目前，中国已经进入工业化的阶段，但与发达国家相比，仍有较大的差距。在这一时期，我们需要加快转变经济增长方式，实现由粗放型向集约型的转型升级，从而促进整个国民经济的可持续发展。

关键词：工业标准化；经济发展

0　引言

工业标准化工作是一个复杂的工程项目，涉及生产技术、产品质量管理、企业文化建设等方面，需要我们在实际工作中不断探索和总结，并结合相关的理论知识，制定出一套适合本行业的工业标准化的实施方案。本文的创新点在于将工业标准化工作的重点放在三个部分：一是建立起完善的工业产业链；二是加强对市场的控制力度；三是加大科技的投入力度，提高劳动效率。

1　工业标准化工作的重要性

第一，工业产品的质量是工业生产的基础和保障，是企业的生命线，也是国家经济发展的重要支撑。要想提高工业的整体水平，就必须加强对其的管理和控制，从而促进工业的可持续发展。第二，在现代社会中，消费者的需求发生了很大变化：从以前追求数量的增加到现在注重质量的转变；同时，由于科技的快速发展，市场竞争的日趋激烈，为了获得更多的利润空间，很多厂商都会采取各种措施来降低成本，以达到获取更多利益的机会。在这种情况下，只有通过实施工业标准化，才能实现这一目标[1]。第三，在当前的市场经济条件下，我国产业结构的调整与优化，为推动工业化进程提供了有利的环境支持。

1.1　标准化为产品开发、引进严格把关

为了促进工业标准化工作的顺利开展，必须严格按照相关的规定进行生产，确保企业的产品质量，从而保证产品的品质和技术含量。在制定行业的规范性文件时，要根据国家的法律法规，结合实际情况进行，同时还要加大执法力度，使工业的标准化工作得到更好的落实与完善。首先，要明确各部门的职责分工使其责任落实到人，这样才能让工业的发展更加有序。其次，要将各部门的职能划分清楚，使各个部门之间能够相互协调，避免出现互相推诿的现象，进而提高效率。最后，在制定标准的过程中，应该将重点放在产品的研发、引进的环节上，通过不断创新来满足市场的需求与变化，只有如此，才能让工业的发展更上一层楼。

1.2 标准化为产品研制提供技术支撑

在工业企业中，标准是衡量生产技术水平的重要指标，也是确保产品质量的基础性依据。因此要想实现标准化，首先要建立起一套完善的工业产品的研发体系，通过对现有的工艺流程进行优化和改造，达到提高产品品质的目的；其次要根据市场的需求来确定目标，在保证产品的性能和功能的前提下，对其结构、材料的选用以及原材料的选取等做出合理安排；最后还要不断创新，开发新的技术手段以满足消费者的不同需要。同时，还应积极开展新的研究项目，并将其纳入国家的科技规划中，为工业的发展提供科学的理论指导。

1.3 标准化有利于稳定和提高质量

标准化工作的顺利进行能够有效地提高企业的生产效率，提升产品的品质和质量，从而提高整体的工业水平。在市场经济的大背景下，市场竞争日益激烈，为了保证自身的利益最大化，必须不断完善标准化管理制度，通过对相关标准的实施，来确保工业的质量和效益。同时还可以进一步加强技术创新与应用，使其更加符合现代化的要求，为消费者提供更多的选择空间，让他们有更多的选择权，进而更好地满足消费需求。在当前的经济发展形势下，我国工业的发展已经进入一个新的阶段，这是未来的趋势，要加快产业的转型升级，实现工业化的目标。从目前的情况来看，国内很多行业都存在着各种问题与不足，需要政府积极地参与其中，并制定出相应的政策来解决这些问题，以推动整个社会的经济发展。

1.4 工业标准化工作助推经济发展

当前我国工业企业在生产过程中存在着许多问题，其中最突出的就是质量控制不严格，这就需要助推工业标准化工作。工业产品的品质是决定其是否能进入市场的重要因素，而工业的技术水平又是影响其成功销售的关键所在，所以要想保证工业的稳定发展，就要对其进行有效的管理和监督，从而确保产品的合格率。在追求绿色 GDP 的今天，要实现社会的可持续发展，必须坚持走可持续性的道路。随着国家的大力支持以及政府的积极引导，国内的产业结构得到了优化，并且也为未来的工业化打下了坚实的基础。

2 提升工业标准化水平的几点建议

2.1 加快工业标准化基础工作促进经济发展

第一，建立起完善的工业标准化的规章制度。在实际的操作中，我们需要根据具体的情况来确定，并结合国家的有关法律法规，以确保整个行业的稳定运行。第二，加大对工业的监督力度，保证其能够按照标准的要求来完成。第三，积极推进科技创新，为我国的工业化打下坚实的基础[2]。第四，政府应发挥其宏观调控的作用，为产业的发展提供良好的环境。第五，鼓励社会力量参与其中，使之成为促进经济快速增长的重要动力。

2.2 加快标准创新体系的建设

日前，我国工业企业的生产管理水平还比较低，在产品质量、工艺流程、技术装备等方面都存在着很多问题和不足。因此必须加快标准创新体系的建设步伐，以保证工业标准化工作的顺利进行。首先要加强对标准的制定和修订工作，使其符合当前的社会发展需要，满足工业发展的要求；其次要建立健全行业标准，并对其实施过程中出现的各种情况及时做出反应，并根据实际的需求不断改进，以确保工业标准化的全面性。

2.3 完善标准化协调推进机制

企业要想实现标准化管理，就必须建立起一套完善的协调机制，从而保证工业产品的质量和效率。首先，要加强对生产技术的研究与开发，提高其科技含量，并将其纳入现代化的建设之中，使之成为一种产业，并在市场竞争中占据优势。其次，要加大对标准化工作的资金投入，以确保标准化工作的顺利进行。最后，要制定出合理的奖惩制度，通过奖惩分明的方式来激发员工的积极性，以促进工业的发展与进步。

2.4 不断提升企业标准化水平

一是要加强对企业的管理和指导，提高企业的整体素质，使其能够更好地适应现代化市场的要求和发展。二是要建立健全工业产品质量安全体系，确保工业产品的安全性、可靠性，从而保证生产的效率和经济性。三是要完善工业标准的法律法规，制定出符合现代社会的技术规范，并严格执行，为实现工业标准化提供良好的法制环境。四是在企业内部，应不断更新改造，以满足消费者的需求；五是政府应鼓励企业进行自主创新，并给予一定的资金支持。六是在国家政策的基础上，应该大力地扶持一些行业的发展，制定相关的优惠措施。

3 结束语

通过对我国工业企业现状的分析，发现目前我国工业产品的生产技术还不成熟，在市场竞争中处于劣势地位。要想从根本上解决这些问题，必须在今后的工作中不断创新，以科技为支撑，提高产业的核心竞争力。首先政府应积极引导，发挥主导作用，为推进工业化的发展提供良好的环境和条件。其次要加快建设现代化的信息网络系统，促进信息化的应用与推广，实现资源共享，推动信息技术的广泛应用与发展，并将其作为一种新型的手段运用到实践中，以此来带动经济的快速增长。

参考文献

[1] 王占东，张海雁．浅谈纤维增强复合材料标准化现状 [J]．中国标准化，2020（10）：91-95.
[2] 丁红林．浅谈铁路标准化规范化建设工作 [J]．甘肃科技，2020，036（004）：55-56，81.

基于寿光市检察院基层检察院业务规范化标准化建设经验的探索与实践

林嘉中[1]　孙冰洁[2]　李国柱[3]　曲林雨[3]

（1. 山东寿光市人民检察院；2. 潍坊市坊子区市场监管局；
3. 山东众成标准信息科技有限公司）

摘　要：基层检察院业务规范化标准化建设就是要综合运用标准化手段，立足基层院业务发展及队伍建设，搭建起一套符合基层院实际、符合法律赋予基层院监督职能要求的、科学规范的、现代的基层检察院业务规范化标准体系，通过标准体系提升基层检察业务规范化质效，提升检察队伍服务能力及检务服务环境，是新时代基层检察工作服务经济社会发展、服务新时代人民群众对美好生活向往的具体体现，更是提升基层检察院整体工作效能，推进基层检察院规范化建设的必然要求。本文依据寿光市检察院基层检察院业务规范化标准化建设的成功经验提出，基层检察院业务规范化标准化体系核心是通过建立和实施司法办案标准分体系、检务保障标准分体系、队伍建设标准分体系，达到基层检察院工作质量目标化、工作方法规范化、工作过程程序化的目标。通过标准化的推行，提高基层检察院司法办案水平，规范司法办案行为，增强标准意识，进一步提高管理水平和服务水平。

关键词：基层检察院；业务规范化标准体系

2020年10月，全国基层检察院工作会议指出，基层检察院是所有检察工作的基石，是检察机关的重要组成部分，数量占检察机关总数的90%左右，干警人数占75%以上，办案数量占80%左右。可以说做好新时代基层检察院业务规范化标准化，建设基层检察院新局面就是一切检察工作有序发展的保障，也是实现国家治理体系和治理能力现代化、全面建设社会主义现代化国家、服务新时代社会经济发展大局的必然之举。

从山东省实践看，山东省检察院及各级检察院对基层检察院业务规范化标准化建设高度重视，2018年以来，山东省检察院先后组织38个基层检察院开展标准化试点建设工作，并依托山东省市场监管局发布2项基层检察业务山东省地方标准，开了全国检察系统标准化工作的先河。其中寿光市检察院先后承担国家级、省级标准化试点、省级标准化示范、省级地方标准编制任务，积累了大量标准化建设经验。2020年8月，最高检于山东寿光组织召开基层检察机关标准化建设会议，对寿光市检察院基层检察院业务规范化标准化建设给予了高度肯定，鼓励寿光院充分发挥标准示范引领作用，做好经验分享。系统总结寿光院成功经验，并分析各地工作，归纳共性，我们认为，做好基层检察院业务规范化标准化建设，应重点关注基层检察院业务规范化“司法办案”标准、“检务保障”标准和“队伍建设”标准三个标准体系；在推动实施基层检察院业务规范化标准过程中，需紧密结合各地基层检察院组织架构实际、各地业务特点及服务特色等关键要素。

1　科学设定基层检察院业务规范化标准化总分体系

在基层院的业务规范化标准化体系中，司法办案标准及队伍建设标准是基础，是落实各项工作制度的具体依据，司法办案标准是落实制度的工作规范或操作规程，是具体的程序要求和实体标准，也是对办案流程的分解和细化，是保障办案质量、提高诉讼效率、实现公正执法的核心标准。队伍建设标准规范了检察官、司法行政人员、检察辅助人员等检务人员职责、应有能力、工作业务事项等要素，按照现有岗位设置及人员配置对照基层检察工作根据实际需求，依托岗位职责标准可测量、可检验的优势，明确各个岗位的流程要素及检验方法。立足岗位，做好各岗位主要职责事项工作的过程控制，确保各岗位流程事项和实施结果符合标准化建设的要求。在这一过程中，系统梳理全部岗位职责和工作流程，做好相互关联，对于模糊职责边界及职责事项要素，及时进行流程再造，以期实现标准化建设目标的有效性，增强工作质效，是厘清权责边界、提升工作能力、保障人事权益的管理标准。

在基层院的业务规范化标准化体系中，检务保障标准为整个体系的有序、高效运行提供了现实基础，是保障司法办案标准及队伍建设标准实施的有效载体。在严格落实最高检各项保障制度的前提下，结合各基层检察院实际从政治工作、纪律检查、行政管理、检务督察、装备管理、党建引领、文化建设、信息化建设、法律政策研究、卫生环境能源等多角度综合考量，建立检务保障体系。

实际中，各分体系及体系标准还需要根据经济社会发展情况和人民群众需要，进行进一步完善和动态调整。

2 统筹编制基层检察院业务规范化标准化体系标准

(1) 目标明确。以实现人人有标准、事事有规范，人人按照标准规范自身行为，事事按照标准实现高效运行为根本目标。根据这一原则，标准体系表的编制要涵盖检察院所有人员、所有岗位，不能有遗漏。同时，标准的内容应具有科学性和可操作性，能对检察院规范化建设起到积极的指导作用。

(2) 全面成套。标准体系表及标准编制依据现行 GB/T 24421 系列标准，但又不完全拘泥于该标准规定的标准体系框架。标准编制过程应注重结合各地实际，同时避免交叉重复，并结合政策要求及制度要求，力求切实有效、全面覆盖。

(3) 层次适当。标准体系分为三个层次，环环相扣，互相依赖。其中，检务保障标准分体系是司法办案标准分体系的保障，司法办法标准分体系是标准体系的核心，队伍建设标准分体系为司法办案标准分体系和检务保障标准分体系提供人力支持。标准编制过程中，各层级标准应逻辑分明、合理分层。

(4) 划分清楚。标准体系按照检察院工作业态分类，从大的层次上分为司法业务类和综合管理类。司法业务类按照检察院司法办案职能部门设置进行下一层级分类，同时相互关联的业务之间在标准编制时留有接口，保证标准实施与相关业务实践的统一。

3 总分体系框架

总分体系框架见图 1。

4 实践经验总结

寿光市人民检察院开展标准化工作，经历了从无到有、从繁到简、从形到实、从部分到整体、从理论到运用、从实践到创新 6 个阶段。

一是基层检察院标准化工作顺利推进离不开上级院和市委的大力支持和高度重视，得益于有一个团结务实的工作集体。

二是基层检察院标准化不能仅仅停留在验收材料上，而是要让静态的标准“化”起来、实施运行起来。标准化只有内化于心、外化于行、固化于制，与工作实践融为一体，才能取得成效。

三是标准化要紧跟改革创新的步伐。当前，全国检察系统正处于全面深化司法改革关键时期。改革，就是废旧立新的过程，标准化同样也要体现改革创新要素，只有这样才能让标准活起来，标准才有生命力。

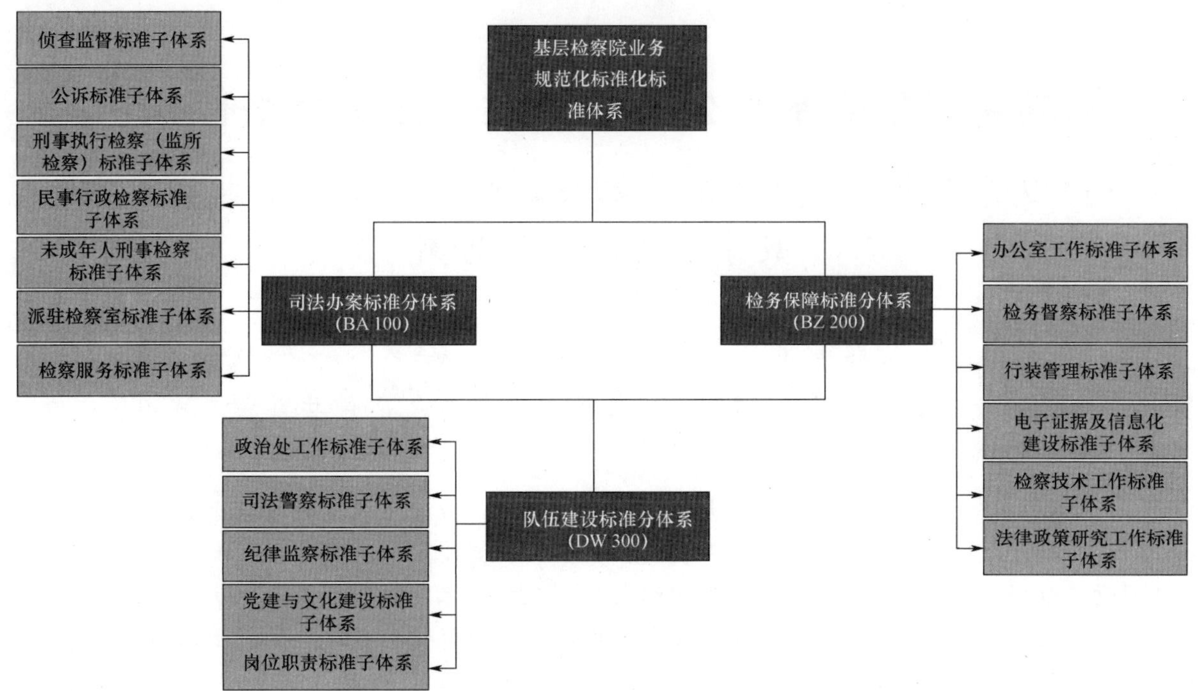

图 1　基层检察院业务规范化标准化标准体系框架

标准化工作是基层检察院规范化建设进程中的一项重要工作，执行、落实、延续、提升是标准化的长效机制。为此，寿光市检察院将充分依托创建国家社会管理和公共服务综合标准化试点契机，建立健全基层检察业务规范化标准体系，并努力发挥标准的引领、示范效应，为全省全国基层检察业务规范化标准化建设进行有益的探索。

标准化与政府基本公共服务数字化转型路径探析

——以青岛市城阳区政府基本公共服务“阳光普惠共同体”数字化转型路径为例

郑 霞[1] 赵崇坤[2] 颜晓丹[1] 马 帅[1] 庄梦溪[1] 张丕钦[3]

（1. 山东标准化协会；2. 青岛市城阳区市场监督管理局；3. 中共青岛市城阳区委党校）

摘 要：随着我国“十四五”规划和国家大数据战略的落地，数字中国建设进程也在不断加快，各个地区正在进行数字政府的探索和实践。以互联网、数字化和智能化为主要特征的新一代信息科学技术有力地驱动了政府向数字化转型。我国政府组织再造、政社关系重塑、决策机制优化、政务工作流程简化，也极大地加快了政府治理结构体系和综合治理能力的现代化进程，从而促使我国政府建设能够更好地利用战略必然性及技术可行性向数字化转型。本文主要通过青岛市城阳区政府基本公共服务标准化向数字化管理的转变案例，探索并分析从标准化管理到信息化、数字化、智能化集成的民生政务服务“四化建设”的转型路径。

关键词：标准化；基本公共服务；数字化；转型路径

1 引言

标准化对国家治理体系和治理能力现代化建设是一个重要的基础性和战略性因素，也是其治理实践的必然需要。以青岛市城阳区为例，区政府紧紧围绕推动青岛市社会治理能力现代化进程，探索创新、先试先行，大力实施“阳光城阳”标准化区域发展战略，创新从“党建、政务、发展、治理、生活”五个维度入手，全力促进标准化在全区社会治理及经济社会各领域的广泛运用、深度融合与创新发展，全面构建了“阳光城阳”社会治理标准体系。

随着“数字中国”建设进程步伐的加速，以实现数字化向信息技术转型的方式推进我国政府管理现代化，成为我国政府管理能力水平提升的一个必然选择，新一轮数字化建设的时代大幕正徐徐拉开。加快推动政府向数字化转型，建设一个数字政府，不仅对当前改革和转变经济社会管理模式、提高政府治理水平和能力，实现社会主义经济发展具有重大意义，也对未来构建“智慧政府”公共服务体系具有重大意义。在“数字中国”建设浪潮中，各地政府已经开始积极探索从标准化管理向信息化、数字化、智能化集成的城市“四化建设”转型的路径。

2 政府基本公共服务标准化建设

2.1 政府基本公共服务事项

基本公共服务是政府在社会治理中培育良好社会生态系统的基础，是政府公共职能的重要组成部分，是兜住民生底线、维护生活秩序的重要保障。《国务院关于印发“十三五”推进基本公共服务均等化规划》（国发〔2017〕9 号）《中共中央办公厅 国务院办公厅印发〈关于建立健全基本公共服务标准体系的指导意见〉》（中办发〔2018〕55 号）和《关于印发〈国家基本公共服务标准（2021 年版）〉的通知》（发改社会〔2021〕443 号）等文件中明确提出了国家基本公共服务事项的要求。

以青岛市城阳区人民政府组织承担的全国首批基本公共服务标准化综合试点工作为例，该项目的试点服务范围涵盖幼有所育、学有所教、劳有所得、病有所医、老有所养、住有所居、弱有所扶、优军服务保障、文体服务保障、公共法律服务保障、公共环境服务保障和公共安全服务保障 12 个政府基本公共服务领域的 112 个服务事项。

2.2 基本公共服务标准化任务

基本公共服务标准化试点建设工作的主要目标和任务是深入研究和探索建立科学系统、层次分明、衔接配套的基本公共服务标准体系，通过试点建设过程中的充分实践，探索如何通过标准化的技术手段不断优化公共服务设施设备资源配置，规范公共服务实施过程，提高公共服务实施质量，明确服务权责，以标准化推动基层公共服务管理和社会治理服务模式不断创新，确保基本公共服务能够真正涵盖基层、兜住基本底线、均等享有，使广大人民群众的生活幸福感、获得感更加充实，更加可保障、可持续。

政府部门在以基本公共服务标准化试点建设为引领的实施过程中，从如何解决人民群众最为关心、最直接的利益问题出发，深入研究和满足当前的民生需求与基本公共服务相结合的发展诉求。通过充分运用标准化原理和方法，以基本公共服务标准化创新支撑民生发展，打造基本公共服务“阳光普惠共同体”，搭建政府基本公共服务均等化、普惠化和便捷化的“聚惠民生”特色标准体系，实现政府对基本公共服务管理模式的创新。

2.3 基本公共服务标准化技术路径

2.3.1 全面梳理服务事项清单

依据《国家基本公共服务标准（2021 年版）》清单以及各服务领域标准和规范的要求，对所在辖区内基本公共服务所涉及的事项进行全面梳理，将有关制度和规范、经验做法提炼为标准并加以实施和应用，使标准化始终贯穿于基本公共服务的各个领域，以高标准推动政府公共服务水平实现更高质量的发展，打造基本公共服务领域国字号品牌。

2.3.2 科学构建标准体系

在遵循国家法律法规、政策文件、国家标准及试点目标的基础上，搭建以“通用基础标准体系”“基准指标标准体系”“实施提供标准体系”“绩效评价标准体系”“管理保障标准体系”为支撑的基本公共服务标准体系（图 1）。

2.3.3 优化基本公共服务流程

在标准体系建设中，通过标准化原理和方法优化基本公共服务流程。一是全面覆盖，编制“基准指标”标准，有效保障基本公共服务机会均等。二是突出重点，建设“实施提供”标准，提炼和总结基本公共服务均等化改革的先进经验。如青岛市城阳区制定了《义务教育家庭经济困难学生生活补助规范》《残疾人康复机构建设规范》等 80 余项重点需求标准，利用标准化补齐民生短板，实现基本公共服务过程均等。三是有效支撑，形成“绩效评价”标准，对基本公共服务均等化的量化和评价做出统一规范，以形成结构合理、务实适用的一套“绩效评价”标准体系，推进基本公共服务结果均等。

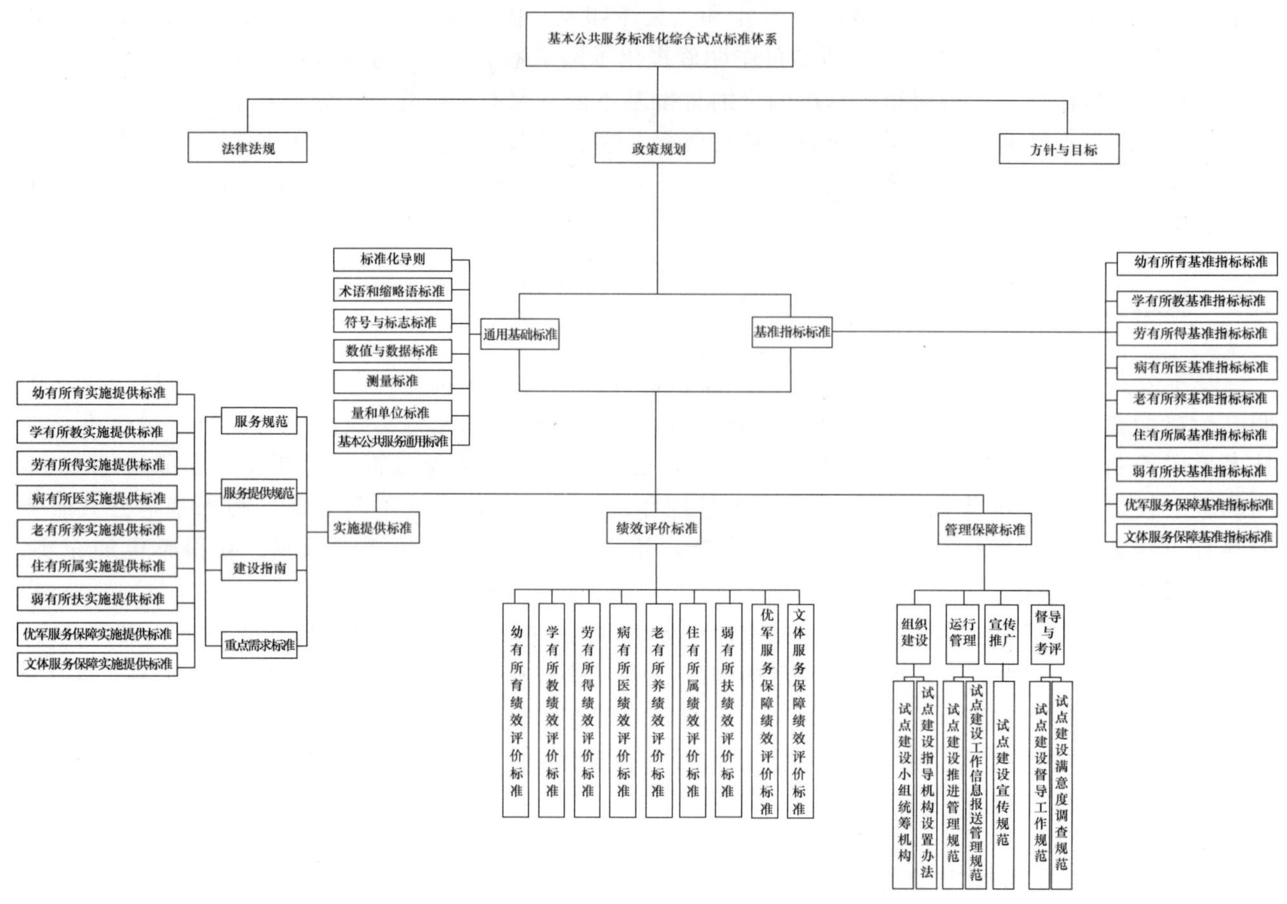

图1　基本公共服务标准体系

3　政府基本公共服务数字化转型路径初探

3.1　智慧标准平台的应用

数字经济和数字政府建设时代，数字技术的应用是政府创新公共服务方式转型的新举措。为贯彻落实数字城市建设要求，促进信息化应用更好地服务于民生，城阳区以标准化创新支持民生工作发展，以信息化和数字化打通政府基本公共服务在民生政务服务领域的转型之路。在基本公共服务标准化试点建设同期，创新性地开启了“阳光城阳”智慧标准平台建设，探索基本公共服务“阳光普惠共同体”数字化转型路径。

“阳光城阳”智慧标准平台是以标准化为基础和准绳建设的信息化和数字化综合平台。平台以信息化为出发点，以数字化、智能化为实现目标。信息化的实践使基本公共服务领域的相关政府部门在工作流程上能够高度联通及协作。数字化的实践能够为政府部门厘清并真正落实基本公共服务责任提供数据参考。

3.2　“智慧民声”服务

城阳区在国家基本公共服务标准化试点建设中，积极探索并打通智慧化建设运营和数字化转型升级在民生领域的实现路径。城阳区“民声服务中心”以国家级标准化试点为基础，以“信息化＋”和“标准化＋”的融合发展方式，搭建了大数据分析与应用平台，实现了数据捕捉与分析的精准化，创新性地搭建了“精准分析、精准决策、精准施政、精准惠民、精准发布”的群众诉求信息分析与综合应用的链条，实现了城阳区“民声网络”“一家投入、一网融合、一体运转”的模式，实现了标准落地执行的智能化管控，创造了一种可借鉴、可复制且有助于推广的“智慧民声服务”经验，树立了市民诉求办理新标杆，在政府热线服务领域提供了新的范例。

3.3 数字化“政策直通车”

“阳光城阳”智慧标准平台是面向全区的综合性标准服务平台，其中数字化“政策直通车”发挥乘法效应，破除部门墙、数据信息墙，完成了跨部门的系统互通协作、数据信息互联。

通过“数据回流”的方式汇集了国家及省、市（区）政府层面现行的政策文件和权威解读，做到“信息同源、发布同时、资源同享、服务同根”。能够向全区各企业和事业单位精准推送政策信息，实现综合性政策“大水漫灌”，行业性政策“精准滴灌”，提供“找得到、看得懂、用得上”的政策信息服务，充分实现“数据共享，信息互通”。

3.4 基本公共服务“智慧计算器”

“智慧计算器”是在基本公共服务领域首次创新性实现精准计算的数字化服务应用场景，群众仅需输入个人基本信息，如姓名、户籍、身份证号、年龄等，系统便会自动根据信息匹配与之对应的政府基本公共服务项目，公众可明确知晓个人所能享受的政府优惠政策和申领流程。智能实现“群众精准画像—政策智能匹配—一键链接政策兑现平台”的全流程服务，打通政府服务群众的最后1公里，为人民群众提供更加精准、便捷的服务支持，真正实现基本公共服务便捷化。

3.5 企业管理“标准无忧”

“标准无忧”是智慧标准平台按照区域如轨道交通、海洋工业、新材料等优势产业、重点产业和新兴产业进行分类，通过“云服务”模式，提供标准查询、收藏、频道订阅的一项服务，能够为全区企业提供标准查阅、下载、查新、托管、指标对比、标准预警、标准公告等公共服务。通过预定制的私有分类频道，可帮助用户迅速找到特定类别的标准，便于标准的横向比较和关联使用，能够帮助企业提高效率和规避风险。

4 结语

近几年，各地政府持续开展协同高效的新型数字政府、富有活力的数字经济、智慧便民的数字社会以及智能融合的数字基础设施建设。特别是在国民经济运行、政务信息服务、民生幸福等重点领域，建设了如“数字化治理监测平台”“城区大数据中心”“民生救助大数据平台”“心理健康”大数据中心等亮点纷呈的智慧民生应用平台。未来智慧教育、智慧养老、智慧交通等多种智慧民生应用场景的开发，将多方位提升数字社会的惠民水平。

各级政府在积极推进数字城市建设，打造更高层次智慧城市的战略部署过程中，建平台、享资源、谋发展、赢未来、数字赋能，以平台思维、生态思维，扎实推进“数字城市”建设将是政府数字化转型的必由之路。

参考文献

[1] 黄恒学，张勇．政府基本公共服务标准化研究［M］．北京：人民出版社，2011.
[2] 张欢，蔡永芳，高娜．社区基本公共服务标准化研究［M］．北京：人民出版社，2017.
[3] 马晓鸥．关于建立健全基本公共服务标准体系的思考［J］，中国标准化，2020（2）：85-88.

用标准化助推农牧废弃物资源化利用，助力乡村振兴

田　华

（山东省标准化研究院）

摘　要： 农牧废弃物作为生物和有机资源的一部分，如果不加以利用，将成为污染源，如果能良好应用，就是能够再生的无限资源，具有十分广阔的前景。完善农牧废弃物良好资源化应用标准体系，加强标准的实施与监督，是推进农牧废弃物资源利用的重要手段之一。本文通过对农牧废弃物资源利用标准体系的分析与论证，运用标准化手段促进农牧废弃物资源利用，以此来助力乡村振兴。

关键词： 标准化；农牧废弃物资源；助力乡村振兴

1　引言

近年来，随着农村城镇化进程的加快，农民生活水平明显提高，农村中青年劳动力流失、劳动力成本增加，农村土地流转已经成为一种趋势，通过土地流转，可以开展规模化、集约化、现代化的农业经营模式，因此，土地流转成为减少农畜废弃物燃料和化肥使用的重要途径。农牧废弃物是农牧业的主要副产品，其量大，具有再生性好、周期短、可生物降解、生态友好等一系列优势，是生物质和有机物资源的主要来源之一。随着农作物产量的不断提升、畜禽养殖量的不断增加、农产品加工行业迅速发展，新农村建设持续开展，农牧废弃物的总量和种类迅速上升。

山东是农牧业大省，也是蔬菜种植大省，各种作物产量达 8600 万吨，蔬菜秸秆约有 1600 万吨，畜禽养殖生产粪尿约 2.7 亿吨。由于养殖区处理设施设备组合不符合蔬菜秸秆处理标准，农业生产区的秸秆集中存放，没有出口，导致一些牲畜粪便随意排放，秸秆饲料和能源利用率不高，近 30%的秸秆被废弃或者被焚烧。这一方面，造成资源严重浪费；另一方面，造成环境污染。故此，如果能实现农牧废弃物变废为宝，将能够缓解农业资源方面的严重不足，有效地减少污染，彻底改善农村生态环境，更好地实现农业的高质量良好发展。

健全农牧废弃物资源利用标准体系，加强标准的实施与监督是重要手段之一。

2　我国农牧废弃物资源化利用标准化现状

2.1　标准体系现状

国内农牧废弃物处理标准较为完善，配套设备标准不够完善，特别是大型自动化设备标准，表明农牧废弃物资源利用自动化、机械化程度严重偏低、人工成本普遍较高。

2.2　山东省科技研发现状

为解决农牧废弃物资源化利用配套设备不完善的问题，由山东农机园农牧业资源化技术装备研发小组牵头，完善设计，开发综合技术和设备，将蔬菜与畜禽粪便、化粪肥加工工业浓缩、全套自动化技术和蔬菜堆肥加工设备、智能曝气制氧及链板式翻堆系统、自动二次分选技术和设备相结合，初步形成了清塑除杂、垃圾处理、工艺与设备、智能化自动加料系统、智能化预混技术与设备、一体化秸

秆储存模式、连续式氧气发酵堆肥工艺、深池整体好氧发酵工艺综合农畜废弃物处理技术等应用技术，并能有效复制，可以得到更广泛的推广。

现在，该团队负责多个相关区域标准项目，并处于标准制定或咨询阶段；积极申请标准修订项目，进行技术研究与开发。

2.3 存在的一些主要问题

现阶段，农牧废弃物资源良好应用的标准以及规范较多，但宣传和实施力度不够，许多标准被取消。高科技企业农牧废弃物设备仓储水平低，中间仓储成本低；同时，高科技企业需要专业财政补贴，劳动力不足，利益激励不足，缺乏统一监管，政府部门宣传力度不够。因此，从政府到基层都要重视农牧废弃物资源的利用，宣传教育要规范，政策扶持需要长期细致的工作，不能一蹴而就。

3 山东省对良好促进农牧循环的探索

3.1 启动实施了畜牧业有效转型升级的主要方案

依据省委、省政府领导的批示，山东省畜牧兽医局已经有效地采取了相关措施，2016 年省政府审议批准了畜禽粪便处理利用等 9 项工作实施方案，制定了质量良好提高主要成果转型升级任务书、进度计划和路线图，准确了解重要方向、促进措施、办法及 10 项重点项目。在此基础上，省畜牧兽医局较好地组织了宣传培训、示范创建、典型指导等 8 项行动，更好地推动了畜牧业升级转型行动，从而促使山东畜牧业在全国持续走在前列。各个行业升级转型良好的方案均涉及畜牧业良好的绿色发展及一些相关问题，这为畜禽养殖废弃物良好的资源化处理应用在源头方面减量、过程方面良好控制、末端方面有效应用创造了较好的条件，打下了牢固的基础。

3.2 建立了初步的技术支撑体系

山东省农牧业联盟连续五年在全省推进畜牧业废弃物生态安全处置，引进畜牧业技术；其天然养猪方式获山东省科技进步二等奖，实施牛粪废弃物处理和绿色养殖模式获国家农牧业农作物奖三等奖；开展组织各个类型的培训 600 多期，培训人员达 7 万人。为了更好地发挥农业专家咨询团的作用，开展技术研究，加大技术方面的良好创新，加强技术宣传，牛粪污染无害化良好处理示范以及生态养殖良好的模式被国家广泛推广，良好的设施装备可以加快发展步伐，研制出粪肥、堆肥清粪、干湿分离还田等相关技术装备，从而有效地促进农牧循环的更好发展。

3.3 存在的问题

尽管山东省农牧业循环的实践和探索取得了阶段性成果，但起步晚、负债多、问题多、任务较重、压力较大。

从生产实践来看，畜禽粪便生产的耐久性与农田耕作的季节性不相适应，虽施用效果好，但与施肥相对应的粪肥施肥速度不快，还存在农村用工荒的问题。从空间结构看，种养相对独立，种养资源配置不合理，种养主体优势不协调，以及大型农场的畜禽业缺乏适当的废物管理基础设施。现阶段全省耕地有机质平均含量仅 1.4%，比全国平均水平低 0.4%，与一些较为发达的国家相比，差距明显。

4 加快农牧循环的几点思考

4.1 强化种养配套良好布局

各地区应有效地巩固“三区”规划成果，积极利用荒山、荒坡、荒滩、林下等比较适宜养殖的有效区域，以此来有效地发展畜禽养殖。第一，要达到种养结合的规模和数量。各个行政区域要进行畜禽粪污土壤承载水平能力测算，有效配置养殖的数量及规模。第二，采用种养结合的养殖模式。将种植业、养殖业有机结合，实行农、林、水、草合理的农田布局，引导畜禽养殖生产区向水果、蔬菜、林等优势种植区适宜地转移，将畜禽粪污就地消纳，最终形成综合利用土地资源建设产业化生产基地，从而有效地提升土地产出率、资源有效利用率。第三，要把种植业和养殖在空间方面的布局上相结合，良好的引导养殖生产向粮经饲十分重要产区、水果蔬菜茶十分重要优势地区适宜的转移，更是要引导较为规模的养殖场以及一些水果蔬菜等种植专业户有效的签订协议，唯有这样才能达到畜禽粪污能够就地消纳。以此来提升土地产出率、资源有效利用率。

4.2 加大政策支持力度

支持大型龙头企业或养殖场进行粪便处理设施或有机肥有效生产设施建设，创建粪便集中处理中心，提高肥料和有机肥的利用率，实行政府采购，补贴农民购买有机肥不低于30%；同时完善生物燃料、沼气、生物能源和补贴政策，尽快将畜禽粪便沼气列入国家农林生物燃料生产目录；实行有机肥料厂注册登记制度。

4.3 实施耕地质量提升工程

一是实施有机肥代肥计划，发展农业生态循环，提高果蔬、茶叶的质量和效益，突出果蔬主产区、名牌生产基地，加快有机肥替代。改进有机肥的使用技术及配套设施，提高其标准化生产和品牌建设水平，提升耕地质量，持续提高农业生产水平。二是农业秸秆综合利用，优先满足牛对饲料的需要，合理利用化肥，利用秸秆基地和燃料，促进农业一体化和养殖循环。

5 农牧废弃物资源化良好应用的建议

5.1 加强示范区建设

目前，国务院、山东省政府和地方政府都十分重视发展农牧业资源化和废物利用，要抓住国家政策和资金支持自然资源利用的机遇，充分利用现有战略，引导公共投资，建立多元化投资体系，按照科学的农业发展规划，建设、健全和完善生态农业标准化示范区，实现区域发展。

5.2 加强标准的实施和监督

治理农村家畜污染，实现住区分开，生产与生活分离，是建设美丽乡村的重要内容。全面无害化处理畜禽粪便，转化成沼气或有机肥，建设畜禽养殖场，实行标准化管理，必须以法律手段为保障，采用强制性标准，如《畜禽养殖业污染物排放标准》（GB 18596—2001）、《畜禽养殖业污染防治技术规范》（HJ/T 81—2001）等。

6 总结

与发达国家相比，我国缺乏一些资源性技术转化应用方面的基础研究，研发与科技成果转化能力较低，资金投入制度还不健全，应加强省属高校现有农牧废弃物资源利用技术和龙头企业的宣传，鼓励科研机构和企业产学研结合，加强科研成果的市场转化和产业化应用，建立农牧废弃物资源利用示范项目，支持农牧废弃物资源利用示范项目和龙头企业的技术创新。

参考文献

[1] 栗慧卿，齐自成，谭秉航．用标准化助推农牧废弃物资源化利用，助力乡村振兴［C］．第十七届中国标准化论坛，2020.

[2] 韩海锋，周飞，李伟，等．漯河市畜禽废弃物资源化利用示范市创建经验与做法［J］．河南畜牧兽医（综合版），2019，40（4）：30-31.

[3] 李剑，李佳，刘文科，等．纳米膜覆盖智能好氧堆肥发酵技术助力养殖企业粪污资源化利用［J］．北方牧业，2018（13）：21.

[4] 孙洁．详解《关于做好2018年畜禽粪污资源化利用项目实施工作的通知》国家“钱袋子”如何助力畜禽粪污资源化利用?［J］．中国农村科技，2018（7）：8-11.

凯旋养老服务标准化从零到国家级试点的奋力跨越

崇步伟[1]　王晓辉[1]　任苗苗[1]

（1. 临沂凯旋医疗养老服务有限公司）

摘　要：临沂凯旋医疗养老服务有限公司迈上养老服务标准化建设之路，始于 2018 年。从自主探索、寻求技术合作，到承担省级试点、省级智慧标准创新基地和省级示范项目，再到国家级养老服务标准化试点，三年砥砺奋进，“踏石留印”，成功跑出“凯旋速度”，踏上国家级养老服务标准化试点新征程。凯旋标准化建设伊始，存在基础薄弱、思想认识不一、管理不规范、服务缺标准、制度碎片化等诸多问题，公司通过科学调研、充分论证、专家酝酿，统一思想认识。首先建立健全标准化领导组织机构，实施“标准引领、品牌培育、科技支撑、模式推广”发展战略和标准化“一把手”工程，广泛发动，全员参与，“三下三上”组织员工起草、编制、讨论、修改标准，遵循标准化原理、方法和标准制定实施程序，依据行业标准《养老机构服务标准体系建设指南》（MZ/T 170—2021），先后完成第一版和第二版《凯旋医养服务标准体系》的编制实施。该标准从 337 项调整至 358 项，涵盖养老机构服务标准四个子体系，文本达到 156 万字。一年时间完成省级医疗养老服务标准化试点和山东省智慧医疗服务标准创新基地项目省级验收。在此基础上，2020 年 4 月获批开展省级医疗养老服务标准化示范。标准编制、孵化推广、品牌培育、技能培训、参访互鉴、示范带动等标准化活动展现出强劲的发展势头，一批标杆项目创新培育成效斐然，公司经济效益、社会效益和生态效益大幅提升。标准正在引领凯旋医养健康产业向高质量发展。

2021 年 5 月，临沂凯旋医疗养老服务有限公司成功入围 2021 年度国家级服务业标准化试点单位。

关键词：养老服务业；标准化；试点；国家级

临沂凯旋医疗养老服务有限公司（以下简称“凯旋公司”）迈上养老服务标准化探索创新之路，始于 2018 年春。三年历经初始摸索阶段、省级试点阶段和省级示范阶段。2021 年 5 月，国家标准化管理委员会印发《关于下达 2021 年度国家级服务业标准化试点项目的通知》（国标委发〔2021〕13 号），凯旋公司榜上有名。

1　规模发展，培育凯旋品牌

凯旋公司成立于 2016 年 3 月，是一家集医疗养老服务、技能培训评价、能力评估认定、智慧健康管理、品牌模式推广、文化康养旅居、老年用品研发为一体的体系完备的社会化服务机构。公司总资产 50 亿元，开放和新规划床位 5000 张，员工近 1000 人，拥有 1 家二级综合医院、3 家五星级大型养老机构、1 家四星级大型养老机构、7 家二星级社区老年人日间照料中心和 56 家居家养老服务站。在建项目有临沂凯旋智慧康养中心。临沂市军休干部医养结合服务中心正在筹建。

春华秋实，三年标准化创建，凯旋公司已经建立起完整的医养健康产业链和老年人网格化健康保障体系，建立起完备的极具凯旋特色的社会化养老服务体系。依规构建中国特色的四种模式医养结合架构。凯旋公司自主研发智慧养老“一个平台、两个系统”，智能化水平和成效得到国内同行一致认可。培育形成以“医养结合、托管运营、智慧养老、技能评价、标准化体系”为核心内涵的凯旋品牌，2021 年 4 月荣获“山东省高端品牌”称号，中国“临沂医养模式”叫响全省养老行业。

2 审时度势，萌生标准化理念

2017 年深秋，凯旋公司的管理遇到“瓶颈”。大家对养老机构如何规范管理深感迷茫。当时的管理制度是综合医院、敬老院和老年公寓等机构，制度的拼凑粘贴，许多内容宽泛而空洞，没有明晰的标准，检查考核方面也缺少统一的评价标准，工作流程混乱，依然停留在人治思维，管理随意。客观上讲，此时的凯旋公司对标准化的概念知之甚少，标准化工作处在零点。概括起来有如下 4 个方面：一是运行管理随意、水平低；二是制度不健全、碎片化；三是服务不规范、缺标准；四是缺少统一的质量评价体系。

“而今迈步从头越”，凯旋公司基于自身养老事业和养老服务业发展的迫切需要，审时度势，担当作为，悄然萌生实施“标准化＋”战略的强烈愿望。首先进行大量的调查研究，科学探讨开展标准化建设的可行性，与山东众成标准信息科技有限公司签署战略合作协议，携手擘画标准化创建蓝图，积极创造条件付诸行动，迈出申报省级医疗养老服务标准化试点项目的第一步。

3 奋力创建，三年实现跨越

2018 年春天，凯旋公司大力实施企业“标准化＋”战略，按照服务业标准化工作的基本原理和方法，统一规范，依照服务业标准化国家法律法规和相关标准，对标对位，切合实际，取其精华，去其糟粕，构建《凯旋医养服务标准体系》，确立“标准引领、品牌培育、科技支撑、模式推广”战略目标，实施“一把手”标准化创建工程，人人参与，“三下三上”，创新编制企业标准，开展标准宣贯培训，实现全员岗位覆盖，运行实施标准。按照山东省服务业标准化试点建设管理的有关规定，顺利通过省级试点验收。2020 年 4 月，凯旋公司标准化建设脱颖而出，成为 2020 年度临沂市唯一的省级标准化示范单位。2018—2020 年，标准化建设，从内部选点先行先试到全员岗位标准运行，再从量的积累迈向质的飞跃，标准孵化催生“凯旋智慧云”、老年产品研发、品牌培育、职业技能培训评价、医养康养体系构建、健康管理等数项新业态，引领医养结合、公建民营、智慧养老等高质量发展发挥了重要作用，取得历史性突破。2021 年 4 月，凯旋公司被山东省市场监督管理局批准为 2021 年度山东省服务业高端品牌新增培育企业，凯旋医养品牌价值达到 3.22 亿元；2021 年 5 月，凯旋公司跨入国家级服务业标准化试点行列。

回顾三年标准化创建历程，大致归纳为以下几点：一是高起点，谋篇布局，着力构建凯旋标准化战略发展新格局，不断增强标准化意识，创建凯旋国家品牌，推动标准自主创新，加快专利研发和重视知识产权保护。二是先行先试，抓牢宣贯，扎实推进。在凯旋公司内部优先选择 1～2 个养老机构，进行试点，随后总结经验扩大范围，依照省级标准化试点示范项目实施方案要求，制定凯旋公司标准化建设实施细则，按步骤分阶段实施，完善各项保障措施，紧密链接人员培训，宣传贯彻服务标准，把“标准化＋”行动抓实抓细对标对位。三是依托省级试点示范创建平台，全面提升标准化效应。通过扎实开展标准化建设，有效推动国家和省市重大项目落地生效，助推带动技能培训评价、社会服务评估、老年产品研发、养老服务体系搭建、商贸文化旅居等全面发展，基本形成创新发展有标准引领、管理升级有标准支撑、服务规范有标准可循、老年人权益有标准可依的标准化建设崭新局面。四是紧抓国家级试点创建契机，立足国内标准创建，品牌培育，开阔国际标准化视野，构筑标准化战略发展大格局。三年来，在推动凯旋标准由弱向强、由量向质转变的过程中，凯旋医养服务系列标准从无到有，不断发展创新，持续为凯旋医养服务标准体系注入更多丰富内涵，进一步铸就了“凯旋品牌”品质之魂，助推凯旋医养健康产业发展启航新征程，进入高科技支撑新时代。

4 体系完备，标准化效益凸显

（1）构建完备的医养健康产业链和养老服务体系。凯旋公司的前身是建筑企业，历经20多年的艰辛发展，逐步形成了较强的自身发展优势。凯旋医养健康产业近五年来高速发展，建立形成完整的以凯旋医院为龙头，以居家社区机构养老、健康评估、技能培训、商贸物流、市场开发、产品研发、养老地产、康养旅居、金融管理等为板块的产业链条，不断以市场化为主导，科学设计、合理配置、优化权重，创建以“医养结合、公建民营、智慧养老、服务标准化”为核心内涵的中国“临沂凯旋模式”，标准化促进养老产业迈向价值链中高端。据统计，2020年度在院患者和住养老年人总计达到3000多人次，实现各类业务收入超过2亿元。

（2）领导鞭策与荣誉奖励。凯旋标准化工作得到山东省副省长凌文、临沂市委书记王安德、山东省市场监督管理局二级巡视员郭大雷等领导的充分肯定和赞扬。标准引领作用充分显现，先后被国家卫生健康委（老龄办）授予“全国敬老文明号”，山东省有关厅局主管部门授予“山东省敬老文明号”“山东民政标准化建设先进单位”“山东省高端品牌”等荣誉称号。

（3）经济效益、社会效益和生态效益凸显。据2019年7月至2020年6月经济运行数据统计，业务咨询人次增长32.40%，入住人员增长93.90%，实际开放床位数增长99%，养老业务收入增长51.00%。社会影响力、品牌传播力日益扩大，服务对象满意度测评超过95%，公建民营运营模式连锁化、品牌化及网格化得到快速发展，建设运营医养结合机构6家和社区居家服务站50多个，全域服务惠及老年人超过30万人，深层次解决老年人家庭、日托、机构养老问题，解决急救、查体、巡诊、慢病管理、健康咨询等应急和日常健康保障问题，基本建立老年人健康维护和保障体系，构筑以凯旋医院为中心的医疗急救和上门助医“15分钟服务圈”，推动形成以资源、人才、技术、标准、质量、品牌、服务为核心的市场竞争新优势。“生态凯旋”建设成效显著。随着养老机构持续开展星级评定，养老机构内部庭院绿化、园林景观、水景、认知症疗愈性景观配套建设初具规模，生态文明水平不断提高，污水处理、生活垃圾和医疗垃圾处理符合国家标准，积极参与打造临沂市后花园、旅游、休闲、康养、宜居项目。临沂市入选全国首批水生态文明城市。

聚焦标准化，落实新部署，奋斗新时代。凯旋公司——山东标准化协会副理事长单位，奔跑在养老服务标准化探索之路，将始终遵循标准化创建规律，时刻谨记“行百里者半九十”的古训，毫不懈怠，勇往直前。科学严谨，循序渐进，抓紧抓实标准化试点示范创建，落实、落细、落地生效。充分发挥凯旋公司“省级试点示范”和“国家级试点”标准创建、协作、孵化和推广平台功能，奋力构建凯旋养老服务业标准化、规模化、连锁化和生态化发展格局，积极探索国内外养老服务标准化交流合作新路径，持续推动凯旋标准“走出去”，争创抢占养老服务业国际标准化制高点的有利条件，勠力擘画凯旋养老服务标准化建设最美蓝图。

日照市大力开展标准化试点建设，推动物业高质量发展

朱丰雪[1]　苗　辉[2]

（1. 日照市标准化研究院；2. 日照市质量检验检测研究院）

摘　要：本文主要介绍了日照市目前开展省级物业标准化试点工作现状，推进标准化试点建设采取的有效措施，开展标准化试点取得的建设成效，以及在开展标准化试点建设中存在的问题及下一步日照市物业标准化工作方向及措施。

关键词：标准化试点；高质量发展

近年来，日照市大力实施标准化战略，积极推动物业标准化建设，指导物业企业积极开展省级标准化试点建设，成效显著。有效发挥试点的示范引领作用，促进全市物业规范发展，有效推进日照市物业标准化建设进程，提升服务质量水平，业主的满意度、舒适度明显提升。这些物业标准化试点建设先进经验可以在全市物业领域推广，辐射带动其他行业积极开展标准化试点建设，以有效推进日照市整个公共服务业持续高质量发展。

1　日照市省级物业标准化试点工作现状

2021 年 3 月，山东省市场监督管理局下发了《关于山东济华“蓝帽子”燃气服务标准化试点等 115 个省级标准化试点验收评估合格的通知》，日照市共有 3 个物业标准化试点项目验收评估合格，即山东海恒物业服务标准化试点、日照金帝物业服务标准化试点、日照安泰物业服务标准化试点。目前日照市省级物业标准化试点单位共 4 家，数量位居全省前列，标志着日照市物业标准化建设又上一个新台阶。

2　多措并举，指导试点单位开展标准化试点建设

自 2019 年 9 月日照市金帝物业等 3 家单位承担的试点列为 2019 年“山东标准”建设项目计划以来，日照市标准化研究院积极发挥技术优势，通过开展座谈会、标准化知识培训、上门服务等方式，积极指导企业按照要求建立服务标准体系，圆满完成试点目标任务。

（1）领导高度重视，健全组织机构。物业公司成立了服务标准化建设领导小组，负责协调推进试点工作，并成立标准化管理办公室，明确了标准化专兼职人员，具体负责标准体系建设、修订工作，加强组织管理和监督考核，扎实推进试点建设。

（2）宣传动员，提高认识。组织召开动员大会，对服务标准化试点工作进行专题部署。会议上，物业企业主要负责人强调标准化试点对规范服务行为、拓展业务领域的重要性。制定实施方案，明确试点建设任务目标、组织工作机构和试点实施工作步骤等，量化建设指标、时间表和进度，确保按期完成试点建设目标任务。通过标准化知识、技能培训和工作简报等多种宣传方式，加强企业标准化工作知识宣传。

（3）多措并举，有力推进。明确标准化方针和目标，明确标准化发展规划。以建立服务标准体系为重点，有计划、按照标准要求有序推进试点建设。一是学习先进经验。日照市物业领域开展标准化试点建设的单位较少，2020 年以前只有日照市浩宇物业有限公司 1 家省级标准化试点，可供借鉴的经

验不多，对此，日照市标准化研究院积极组织这4家企业先后到行业内标准化试点先进单位参观交流，学习其先进理念，在标准化试点建设方面的先进做法，并加强消化吸收，为标准化试点建设的推进提供可借鉴的先进经验。二是梳理现有规范制定标准。对现有的各项规范进行全面梳理，按照“简化、统一、协调、优化”的标准化原则，废旧立新。加强对环境、设施、人力资源等服务保障标准的制修订，重点加强服务规范标准的制修订，在工作岗位标准方面，加强领导层、管理层、一般人员和特种设备人员等岗位标准的制修订。三是建设标准化试点要求全员参与。涵盖公司生产、经营、管理等方方面面，不是某几个部门的工作，更不是某几个标准化工作人员在定标准、建标准体系。建立的标准体系得符合公司实际，有可操作性，以标准来规范生产、提升服务水平。公司按照人员分工，认真编写标准，统一发布实施。

(4) 建立一套内容完善、科学的标准体系。日照市标准院积极指导物业企业按照GB/T 24421系列标准要求，结合企业实际，围绕标准化方针、目标，建立以服务提供标准为核心，以物业服务保障标准和岗位管理工作标准为支撑，覆盖物业管理和服务全过程的物业服务标准体系。编制标准明细表、体系编制说明和标准统计表。

(5) 加强标准的实施，注重持续改进。一是加强教育培训，注重标准实施效果。企业在标准体系实施过程中制定培训计划，举办多次标准实施培训会。市场监管部门多次到现场讲解标准化知识。物业管理服务人员面临着部分一线员工年龄大、学历低等情况，为保障标准化操作的宣贯和推广，在培训过程中注重实际操作效果，让所有参与人员亲身感受标准操作的具体流程，使全体工作人员深刻领会标准化工作开展的重要性，为标准的实施打下基础。二是加强标准实施检查。明确各部门负责人为标准实施的第一责任人，将标准实施检查情况和反馈情况作为考核依据。通过学标准、用标准，使每位工作人员熟练掌握业务技能，做到让标准成为习惯，习惯符合标准。三是建立标准化持续改进机制。通过标准实施，确保标准能够在物业管理服务过程中落地生根，同时发现标准中不完善的地方，及时改进，提高标准的适用性。针对反映比较集中的问题，及时调整标准体系。

3 试点建设成效显著，经济效益和社会效益双赢

通过各物业试点单位标准化的深入推行，提高了物业流程管理水平，规范物业服务管理行为，提高了日照市物业的整体服务发展水平和服务核心竞争力，推进了全市物业管理服务质量品牌体系建设。

(1) 规范服务行为。通过对服务标准的制定和实施，借助标准化建设，各个部门的员工积极参与，思考自己的工作和服务提升措施，将工作中常用的操作流程归纳提炼，写入标准，规范了服务行为。特别是针对物业服务面临的一线员工较多，素质和学历水平不一，通过反复的岗位标准化培训，让标准化意识成为员工的习惯思维。当员工的习惯和组织习惯达成一致时，标准就真正落地了。

(2) 物业服务质量全面提升。通过实施标准化服务和管理，每一位员工对本职岗位每天的工作更加明确，服务流程更顺畅，服务效率也更高，维修、客服、秩序、保洁等各个方面的服务有了明显提高，深受各方好评。物业注重服务质量，定期进行顾客满意度调查，广泛征求意见、建议，及时改进，服务满意率大大提高，给公司带来了较好的社会声誉。

(3) 物业服务创新方式不断提升。金帝物业打造标准操作流程1分钟小视频。在标准化建设过程中，通过实施标准化服务和管理，我们对各工种员工工作流程进行梳理并分解成工作模块，每项工作模块制作员工标准操作流程1分钟小视频，供员工参照学习。工作标准的分项分解和可视化的动态演示，化繁为简，提升了员工学习本职岗位标准化操作流程的积极性和主动性，节约了员工培训成本。

(4) 红色物业服务成效显著。在开展物业服务标准化过程中，不断加强和创新党建工作，围绕服务广大业主最核心的岗位——物业管家，总结提出了各自的党建工作品牌，制定党建标准，并在物业管理服务中运用实施，取得了良好效果。

(5) 企业经济效益和社会效益获得“双赢”。标准化试点创建使日照市物业的服务步入规范化管理

轨道，提升了服务品质，提高了工作效率。依托于标准化的服务流程，通过一系列的标准落地实施与改进，提高了业主的体验感和满意度，也使物业费收缴率明显上升。标准化服务也让购房者对日照市房地产开发的楼盘更有信心，助推房产公司的销售工作。招聘失业或下岗员工，获得了当地政府的认可。通过开展标准化建设，服务的标杆项目多次迎接省市区等物业同仁的观摩学习，引领行业发展。

4 标准化试点建设中存在的问题

（1）标准化意识还需加强。服务标准化是全员开展，不是某个部门或部分人员在做标准化，这就导致部分员工对标准化建设的思想重视程度不够，具体工作中标准执行严谨程度不够。

（2）存在标准制定适应性差的问题。标准化专业性比较强。标准制定既要符合现行《标准化工作导则 第1部分：标准化文件的结构和起草规则》（GB/T 1.1）规定，又要结合物业企业实际，存在个别标准内容不科学、不合理、不严谨、不切实际、适应性差的问题。

（3）存在不同程度的标准“重制定轻实施”问题。标准的生命在于实施。在物业公司日常经营中，应注意将标准与实际运行相结合，并做好及时修改完善，做好标准持续改进。

5 日照市物业标准化下一步工作方向及措施

（1）加强服务标准化宣贯工作。市场监管部门加大对标准化工作的宣传力度，经常性地为企业开展标准化知识培训，提高企业对标准化工作重要性的认识，学习标准化的基本知识，为标准化工作更好地开展奠定基础。

（2）抓好标准实施与监督检查，确保体系有效运行。及时发现问题，及时修订、完善各项标准，采取有效措施，提高标准的有效性和适用性，加强服务标准体系的持续改进，发挥标准作为企业高质量运行技术支撑的作用。

（3）发挥示范引领，加强推广应用。注重宣传标准化建设中的先进经验、成功做法，发挥好省级标准化试点的示范引领作用，引导日照市其他物业企业积极参与标准化建设工作，塑造日照市物业服务品牌。

（4）强化部门联动，共推物业高质量发展。市场监管部门要发挥市标准化领导小组的综合协调作用，与市物业行业主管部门加强联动，出台相关文件，采取有效措施，推动全市物业标准化建设进程。总结先进经验，引领带动物业企业积极开展标准化建设，提高日照市整个物业的标准化和规范化水平，努力推动日照市物业行业高质量发展。

标准化视角下的行政事业单位公物仓管理研究

——以郯城县公物仓为例

李　波[1]　赵　振[2]　曹文彬[3]　韩春梅[2]　唐东玲[3]

（1. 郯城县机关事务服务中心；2. 山东省标准化研究院；3. 郯县机关事务服务中心）

摘　要：公物仓是对行政事业单位国有资产实施统一管理、统一调配、统一处置的运作平台，体现了政府职能转变过程中行政事业单位国有资产管理由职能管理模式向流程管理模式的积极转变。本文以公物仓的产生背景、功能定位为出发点，以标准化的相关原理与方法对郯城县公物仓标准化建设、运行与管理进行分析，总结提炼了其工作经验与路径，并提出了进一步推进公物仓标准化管理的对策和建议。

关键词：公物仓；标准化；管理；实践经验

1　引言

1.1　公物仓建设背景

各类公物资产是机关事业单位顺畅运行、正常发挥职能的重要保障，但由于历史原因，“重预算申请，轻管理维护”成为普遍存在的问题，导致各单位资产配置不均衡，资产闲置与短缺并存，严重影响了公共服务的效率和效果，甚至影响党政机关形象和公信力。

2015年，财政部、国家机关事务管理局提出加强资产共享共用，规范管理行政事业单位资产，盘活存量资产。鼓励有条件的地方建设“公物仓”，对闲置资产实行集中管理，调剂利用①。

根据这一文件要求，多地开始试点推进“公物仓”建设工作，初步建立起了不同操作模式和管理方式的“公物仓”。

1.2　公物仓运行中存在的问题

公物仓作为一种新兴事物，虽然在蓬勃发展，但也面临许多问题。

（1）入仓范围不清晰。

根据《山东省省级政府公物仓管理暂行办法》，公物仓的入仓资产包括省级行政事业单位闲置半年以上的资产，超过规定标准配置的资产，经省委、省政府批准成立临时机构（含工作专班）或组织集中办公购置的资产，举办（参加）省级及以上会议、展览、文体、典礼，以及开展普查、调查等活动购置的资产，其他应纳入政府公物仓管理的资产类，基本涵盖了应当纳入公物仓管理的资产种类。但在实际执行中存在一些问题，比如闲置资产大多为老旧或淘汰的资产，纳入公物仓后沦为“垃圾”资产，基本无人借用或使用；由于移交的程序不清晰，原资产管理单位不能有效配合，导致移交的资产缺乏相关手续，为后期的配置、售后维修等带来困难。

（2）运行管理不规范。

根据规定，应当纳入公物仓管理的资产种类众多，形式多样，从小巧高价的高清晰度相机到体积

---

①《关于进一步规范和加强行政事业单位国有资产管理的指导意见》。

庞大但价值较低的办公家具不一而足，这必然需要一个精准、高效运转的仓储管理系统才能做到有效保管。但事实上很多地区的公物仓为“虚拟仓”，即公物仓管理单位只是开通信息平台，将资产信息上传到平台供其他单位选择，而不进行事实上的资产保管，相关保管责任仍由原资产管理单位承担。这种运行方式一方面导致原资产管理单位积极性下降，因为需要增加其盘点、保管等一系列额外的工作任务，进而通过尽量不上报公物仓资产的方式消极抵触，使公物仓的建设和运行失去了原有的意义；另一方面导致资产信息不能同步，如A单位通过信息平台申请使用某资产，但到了资产管理的B单位后发现资产已无法使用，既增加了工作成本，也降低了申领单位的体验，使其更加不愿通过公物仓申请配置资产。在具体的“实物仓”运行中，则更是面临仓储场地、仓储人员、运行管理等一系列短板，这对很多公物仓管理单位来说是难以解决的问题。

（3）配置使用效率低。

公物仓的设立目的是提高资产的使用效率，盘活闲置资产，因此只有让公物仓内的资产“流动”起来才能发挥其应有的作用。但根据笔者的调研，部分公物仓已沦为“保管仓”，仓内的资产“只进不出”，只是更换了保管地点，公物仓未能发挥“盘活”的作用。其原因一是仓内资产大多比较老旧，而其借用、配置程序并不简便，有资产需求的单位更倾向于购置新资产；二是区域分割，现有的管理模式是分级管理，也就是省、市、县各级都会建立自己的公物仓，但仅在本级行政事业单位内调配使用，造成调配范围过窄，一定程度上降低了供需匹配成功的概率；三是对外租赁管理不严，一些地区允许甚至鼓励公物仓内的闲置资产通过出租的方式进行盘活，获取收益，但因责任不明、约束机制不清，导致在资金收取、保管维护等方面存在问题，公物仓管理单位只好通过“不予出租”来规避相关风险。

1.3　公物仓管理标准化的意义

根据一般定义，标准化是通过制订、发布和实施标准达到统一，最终获得最佳秩序和社会效益的行为。对于行政事业单位公物仓运行管理中的各种问题，也可以通过标准化原理和方法进行解决。

（1）完善制度框架。

标准是法律政策的补充，相关标准也构成了管理制度的一部分。当下各地就公物仓管理出台了一些管理办法，但更多地侧重于基本制度框架的搭建，并不深入涉及具体操作，而标准的最大特性就是操作性，通过实施标准化能够实现工作目标、工作流程、工作方式等的全面统一，对公物仓的管理工作具有基础的支撑作用，从而促进公物仓相关管理工作的科学化。

（2）提高运行效率。

标准的特点之一就是优化，即根据具体的目标，运用一定的方法来选择设计或调整标准因素，最终达到较为理想的效果。通过公物仓相关管理标准的建立，能够优化管理服务流程，明确节点和时限，去除不必要的冗余环节，最大限度地提高公物仓运行效率。

（3）改善管理质量。

公物仓设立的初衷是响应中央“过紧日子”的号召，盘活闲置资产，提高资产使用效率，降低机关运行成本，因此公物仓的运行管理比建设更重要。为相关单位提供高水平、高质量的资产服务更是职责所系、价值所在。通过建立公物仓管理标准，在入仓、存储、出仓等环节实现“有标准可依”，能够极大地改善管理质量，实现公物仓真正的价值。

2　郯城县公物仓标准化管理建设路径分析

临沂市郯城县积极推进“公物仓”建设，投入专项资金建设公物仓管理系统，仓内现有资产价值400万元，已调剂使用资产220件，价值约180万元。这些工作在建设节约型政府、提高资产使用效益、预防和惩治腐败等方面发挥了重要作用，取得了一定成效。难能可贵的是，郯城县机关事务服务中心尤其注重标准化对公物仓管理的引领与规范作用，先后承担了山东省机关事务管理局的财资管理标准化专项试点项目、试点示范项目，其提出并主导制定的《临沂市行政事业单位公物仓入仓管理规范》成为全省首个公物仓管理的地方标准。笔者通过对其相关工作的多次调研，梳理了其公物仓标准化管理建设路径。

2.1 进行顶层设计

公物仓的管理涉及财政部门、机关事务部门、行政事业单位及其主管部门、临时机构等多个部门，各部门在其中扮演着不同的角色、发挥着不同的作用、承担着不同的责任，因此面临治理职能分散、利益分割、工作碎片化等问题。标准要求相关方面协调统一、步调一致，但没有强制力，需要各方“协调一致”之后主动执行，因此对标准的顶层设计就极为重要。郯城县机关事务服务中心根据上级部门的标准化规划部署，结合机关事务工作的实际要求，经过对公物仓标准化工作的深入分析和研究，形成了公物仓标准制定和实施的工作方案，明确了标准化各阶段的方向、主要目标、基本原则及时间进度，并设计了总体框架，如图 1 所示。

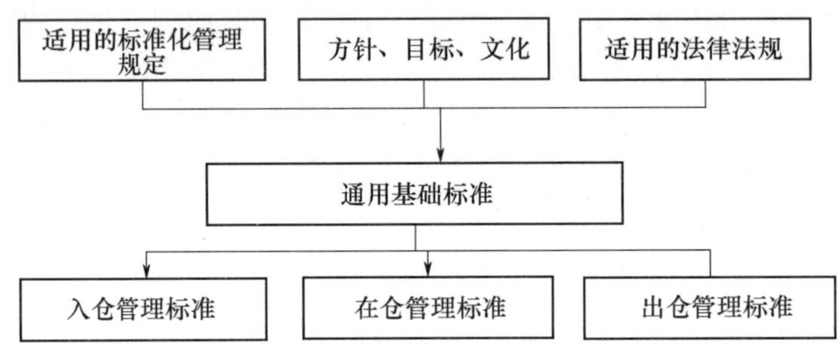

图 1　公物仓标准化建设总体框架

2.2 梳理公物仓管理关键要素

公物仓管理标准的设立目的是提高公物仓运行管理的质量和效率，因此标准必须与公物仓的实际管理活动紧密相连。郯城县机关事务服务中心首先对公物仓的管理流程和内容进行了梳理，形成了公物仓管理流程（图 2），并从中筛选关键要素作为标准化的对象。

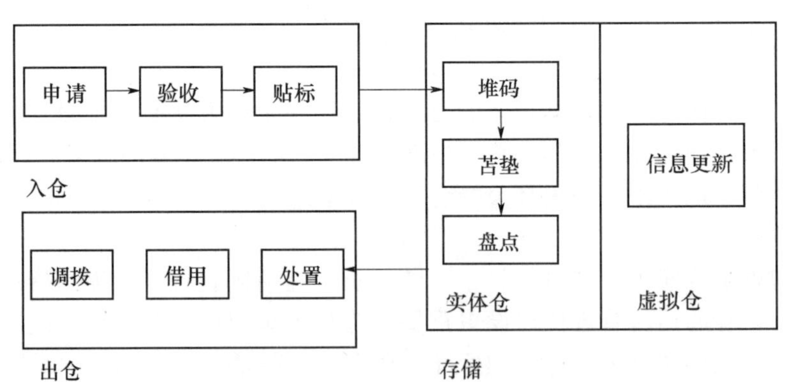

图 2　公物仓管理流程

2.3 建立公物仓管理标准

根据公物仓标准总体框架，结合公物仓管理关键要素，郯城县机关事务服务中心制定了《公物仓入仓管理规范》《公物仓在仓管理规范》《公物仓出仓管理规范》，分别对公物仓的入仓、存储、出仓的相关工作进行了规范。

《公物仓入仓管理规范》包括范围、规范性引用文件、术语和定义、总体要求、职责分工、入仓范围和要求、入仓程序7个部分。其中总体要求提出了统一管理、优化配置，科学整合、盘活资产，循环使用、厉行节约，公开透明、处置规范的原则；职责分工明确了财政部门、机关事务部门、行政事业单位主管部门、行政事业单位、临时机构等的工作职责和内容；入仓范围明确了资产类型及入仓时限等要求；入仓程序将公物仓入仓分为入仓申请、审核批准、交接验收、分类存储4个环节，并分别提出了相应的具体要求。

《公物仓在仓管理规范》包括范围、理货、堆码、苫垫、盘点5个部分。其中理货规定了清点数量、检查外表质量、剔除残损、分类分拣、安排货位、指挥作业、处理现场事故和办理交接手续等要求；堆码规定了堆码的垛形、方式等；苫垫规定了垫垛、苫盖等要求；盘点规定了盘点的要求和步骤。

《公物仓出仓管理规范》包括范围、调拨、借用、处置四个章节，对调拨、借用和处置的情形条件、工作步骤进行了明确规定。

3 进一步推进公物仓标准化管理的建议

3.1 统筹标准实施

标准的意义在于它的实施和应用，但标准并不是自然而然被执行的，需要我们通过工作去推动。一是要持续优化标准，通过提高标准质量减轻实施标准的阻力。标准质量越高、内容越符合实际、对工作越有指导性，则基层职工越愿意自觉主动使用，标准实施的先天条件就越好。二是要进行制度设计，根据标准的内容确定标准实施范围和责任主体，提供充足的人员、物资和经费保障，并建立标准实施反馈机制，保证实施过程中的信息畅通，及时协调解决相关问题。三是做好人员培训，制定分层次、分领域、分部门的培训计划，让标准的相关人员全部学习标准、学会标准，增强标准化意识和标准化能力，在工作中主动找标准、用标准。

3.2 注重检查评估

“一项工作如果没有检查，就相当于没有布置”，完善监督检查机制，加强检查评估，是实施标准的有力支撑。一是要建立监督检查联动机制，公物仓涉及部门众多，并不是某个岗位或者某个部门能够独立实施的工作，跨部门甚至跨单位的协调事项较多，因此标准实施检查工作并不是资产管理部门或标准化部门能够独立完成的，需要其他相关部门和单位的配合。二是建立改进制度，检查不是目的，通过检查发现问题、改进工作才是目的，对检查出来的问题，要采取有效措施加以解决，并形成标准检查改进记录。三是建立奖励和惩罚机制，宣布检查结果，及时实施奖励和惩罚，进一步增强标准的实现。

3.3 融合信息系统

信息化是标准化的重要体现方式和实施保障，对资产管理来说，“智慧资产管理”也是发展方向和目标。通过提高信息化水平，能够促进公物仓相关管理流程的固化，防止出现标准不被执行或者部分执行的情况。一是要进行全流程的公物仓信息化管理，将公物仓管理的入仓、出仓等各个环节以及表单、岗位等各个要素全部纳入信息化管理系统。二是要实现数据共享。公物仓管理是跨单位、跨部门、跨岗位的，这对数据的沟通和共享提出了更高的要求，应当通过信息化系统，实现相关部门对公物仓管理数据的实时共享。三是要简化操作。当下很少有单位能够建立专门的公物仓管理部门、分配专门的公物仓管理人员，大多数由资产管理员等兼任，而他们一般承担着繁杂的工作任务，对公物仓系统难以做到深入研究。因此，相关信息系统应当简化操作流程、降低操作难度，尽量通过大数据、人工智能等方式实现自动运行，进而提高公物仓信息系统的运转效能。

参考文献

[1] 朱维究，孟庆武．行政公物基础理论研究［J］．学术界，2019（7）：135.

[2] 刘晖钢，马慧军，孙青林．机关事务标准实施方法研究［J］．大众标准化，2021（05）：240.

[3] 彭逸凡，侯超华，郑文京．机关事务管理标准化建设基本路径论析．中国标准化，2021（11）：151.

[4] 李俊林，王晓辉．面向流程管理的公物仓管理制度建设研究——以内蒙古自治区为例［J］．行政事业资产与财务，2019（01）：7.

[5] 金杨丹．市级公物仓资产管理的几点思考——基于绍兴市级公物仓管理实践［J］．行政事业资产与财务，2017（07）：14.

[6] 段程博．信息时代视角下大力推进机关事务治理体系标准化的路径研究［J］．大众标准化，2019（14）：173.

机关餐饮管理标准体系研究

——以临沂市兰山区机关事务服务中心为例

杜海山[1]　田　雅[2]　张佩敬[1]　杨全勇[2]　泥　磊[1]

（1. 临沂市兰山区机关事务服务中心；2. 山东省标准化研究院）

摘　要：本文阐述了机关餐饮管理标准体系构建背景，分析了现阶段餐饮管理的标准化需求，并以临沂市兰山区机关事务服务中心为例，论述了兰山区机关餐饮管理标准体系的构建路径及构建成效，形成了可复制推广的机关餐饮管理标准化工作做法，为机关事务标准化建设提供了参考借鉴。

关键词：机关事务；餐饮管理；标准体系；构建路径

机关事务工作是党和政府工作的重要一环，通过提供资金、资产、资源和服务等方面的保障来保证机关运转和政务运行。标准作为一种具有特定性质的文件，为农业、工业、服务业、社会事业等领域提供规则和指南，是经济社会活动的技术依据，同时也是国家基础性制度建设的重要内容。

标准化对经济发展、社会治理、文化建设、生态文明建设等诸多领域的发展具有强有力的助推作用，已成为国家治理手段的重要补充，与战略、规划、政策相辅相成。机关事务标准化是实现机关事务管理“服务质量目标化、管理方法规范化、管理过程程序化”的重要途径，有利于规范机关事务管理行为、提高服务效率。餐饮管理标准化是机关事务标准化的重要组成部分，餐饮管理标准体系是将具有内在联系的标准化对象集合形成的有机整体。

1　机关餐饮管理标准体系构建背景

2016 年，国家机关事务管理局和全国机关事务管理研究会共同编制了《机关事务工作“十三五”规划》，提出机关事务工作应“深化改革、加强法制，推进简政放权、放管结合、优化服务，完善机关事务管理体制和运行机制，进一步健全管理职能、增强保障能力、提高服务水平”。提高机关事务工作保障和管理效能，走高质量发展之路，是新形势下机关事务管理体制改革的必然举措。

“标准决定质量，有什么样的标准就有什么样的质量，只有高标准才有高质量”。在社会管理与公共服务方面，标准化能够为其高质量发展提供有力的技术支撑和保障。受习近平总书记对军队后勤工作重要指示的启发，在探索新时期机关事务工作发展新道路时，应注重加强科学管理、完善科学标准体系。我国《机关事务标准化发展规划（2018—2020 年）》指出了机关事务标准化仍存在标准体系不健全、理论研究滞后、工作机制不完善、人才培养待加强、地方标准化工作缺乏指导等问题，并针对这些问题提出了机关事务标准化工作总体要求、重点任务等，为后续各地开展标准化工作做了明确指引。由此可见，通过打造“两化融合”的强劲引擎，完善科学的机关事务标准体系，可以有效推动机关事务工作提质增效，达到新时代高质量发展的目标。

餐饮服务作为机关事务的重要组成部分，其社会化改革不断推进，机关事务部门由“服务者”转变为“管理者”，随着机关职工服务需求、食品安全意识不断提高，机关餐饮服务供给已无法满足日益增长的服务规范性、多样性、延展性需求。社会化改革为餐饮管理带来了挑战，具体表现在：服务技术人员、专业管理人员缺乏，管理手段、方式、方法相对简单，人员服务意识不强、岗位分配不合理、岗位职责不清；服务过程中工作流程及要求不明确，缺乏成本核算、价格控制、规范化管理、服务监督与考核等环节。综上，加强标准化建设，探索机关餐饮管理标准化路径和方法，构建科学、适用、完善的标准体系是解决现存问题的有效途径。

2 兰山区机关餐饮管理标准体系构建

2.1 思路与方法

构建机关餐饮管理标准体系的基本思路是先梳理出机关餐饮管理的标准化对象，再按照其内在联系进行整合，形成科学、协调、合理的有机整体，从而推动餐饮管理标准化工作的有序实施。兰山区作为山东省机关事务标准化建设“两化融合”专项试点单位，承担餐饮管理标准化试点工作。在开展试点工作的过程中，践行“以保障安全为核心、以提升质量为重点、以健康饮食为目标、以勤俭节约为要求”的机关餐饮管理理念，以“5T”（安全、整理、整顿、检查、素养）管理为抓手，建立覆盖全面、科学严谨、功能实用的机关餐饮管理标准体系。结合三处区直机关餐厅的工作实际和餐饮服务企业内部管理体系，以机关餐饮管理中的问题为导向，以现行《服务业组织标准化工作指南》（GB/T 24421）系列国家标准为依据，以现行《服务标准化工作指南》（GB/T 15624）等国家标准为准则，确立餐饮管理标准化工作的开展方针，即“分块负责、齐头并进、先构建后细化整合”，明确构建原则，即“简化、统一、协调、优化”，构建从原材料采购、配送、食材制作、销售、回收等方面满足机关事务发展需求的闭环式管理标准体系。

2.2 标准体系框架

临沂市兰山区机关事务服务中心餐饮管理标准体系框架如图1所示。标准体系包括通用基础、餐饮服务提供、餐饮服务保障、岗位工作标准四个分体系。四个体系相辅相成，各自有系统完备的标准集合，同时又互相关联、相互作用。其中，标准体系的核心与主体部分是餐饮服务提供与保障两个部分，主要规范了整个餐饮管理过程及服务的具体要求；通用基础标准分体系是餐饮服务提供与保障分体系的基础，规范了餐饮管理工作过程中普适性的若干要求；而岗位工作标准分体系则提供有效支撑，确保其他三个体系的实施和运行。从整体上看，四个标准分体系相互制约、互为补充，协调配套。

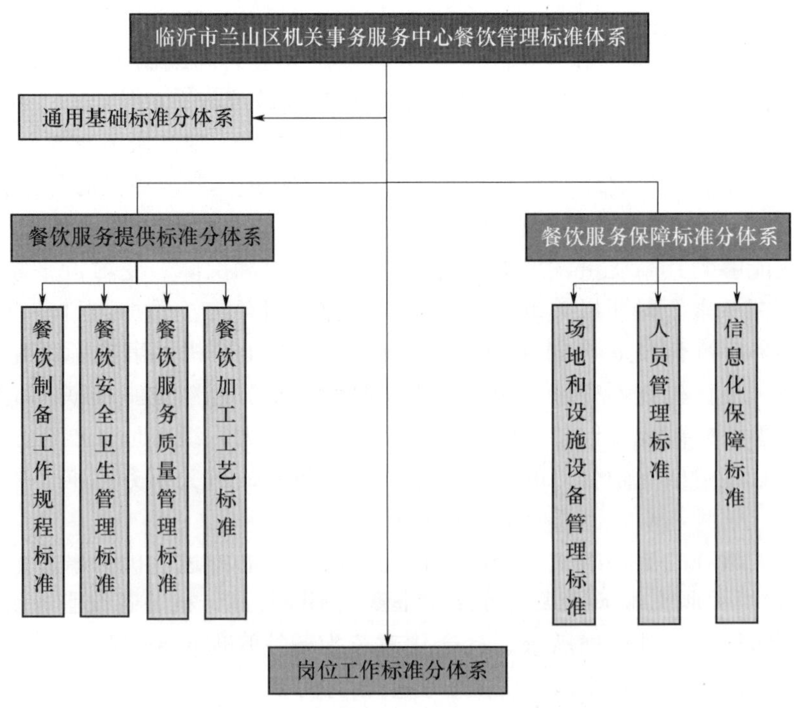

图1 临沂市兰山区机关事务服务中心餐饮管理标准体系框架

2.3 标准体系内容

（1）通用基础标准。

通用基础标准是机关餐饮管理工作实践中应当普遍遵循的若干标准的集合，具有通用性，在体系中作为其他标准的基础。通用基础标准包括标准化导则、术语与缩略语、符号与标志、档案管理等标准。具体如标准体系表编制原则和要求、环境管理术语、档案管理规范等。

（2）服务提供标准。

服务提供标准是在餐饮管理过程中为实现服务功能与成效，规定为服务对象提供什么样的服务、怎样为服务对象提供服务的标准，是标准体系中核心内容的重要组成部分。服务提供标准涉及餐饮制备工作规程、餐饮安全卫生管理、餐饮服务质量管理、餐饮加工工艺等方面。具体如原材料采购规范、食品加工质量规范、菜品烹饪技术规范等。

（3）服务保障标准。

服务保障标准是为支撑机关餐饮管理工作而制定的标准，旨在从人力、物力、技术等方面为机关餐饮管理的顺利进行提供保障，包括场地和设施设备管理标准、人员管理标准、信息化保障标准。具体如仓库管理规范、餐饮用品配置规范、从业人员健康管理规范、智能餐盘快速结算系统使用管理规范等。

（4）岗位工作标准。

岗位工作标准是在梳理参与餐饮管理工作的管理岗位与一般岗位之后，针对每个岗位的资格条件、工作内容与要求等所制定的标准。具体如食堂管理员岗位工作规范、厨师长岗位工作规范、洗碗工岗位工作规范、面点师岗位工作规范等。

2.4 标准实施与改进

兰山区机关事务服务中心在标准实施、改进过程中，以构建两个闭环式体系为手段，深入推进餐饮管理标准化工作的开展。构建由决策人员、管理人员、一线人员组建的标准化试点领导机构，形成决策高效、反应迅速、务实专业的标准化建设闭环式组织体系。建立领导小组督导制度，及时发现、总结、整改标准化实施中的问题；打造明厨亮灶，建立网络视频平台，对餐厅工作流程进行全覆盖监管，人人充当监督员，实现标准化执行过程实时监督；节约财政资金，实现资源共享，发挥部门优势，发挥市场监督管理部门人力、物力优势，对餐厅标准化执行进行监管；构建中心监督企业自我监督和三方配合监督相结合的闭环式监督体系，确保标准化制度执行到位。

同时，兰山区建立标准化持续改进机制，抓实技能培训机制、抓牢信息反馈机制、抓细安全保障机制，确保标准规定的要求在管理服务过程的各个环节得到实现，发现标准中存在不完善的地方及时改进，使标准能更加真实地反映并指导餐饮管理工作实践，针对反应集中的问题，及时调整标准体系。

3 兰山区机关餐饮管理标准化体系构建成效

2020 年 11 月，兰山区机关事务服务中心餐饮管理标准化试点顺利通过全省机关事务标准化建设专项试点验收。兰山区通过标准化试点建设，从制度上规范餐饮管理工作标准，从程序上规范各岗位工作流程，在餐、炊、厨具安全规范存放与管理、原材料出入库安全检验与管理、厨师骨干人员岗位技能培训和标准化操作流程等方面均获得了全面提升。具体表现在以下几个方面：

（1）服务效率提高。2019 年 8—10 月，三处餐厅就餐数为 103170 人次，员工数量为 46 人；2020 年 8—10 月三处餐厅就餐数为 116978 人次，员工数量为 46 人。在就餐时间段未变化，餐厅服务的职工未增加的情况下，就餐人次增加，取餐人员排队时间减少，收银速度加快，满意度不断上升，证实标准化可提升服务效率。

（2）工作、管理效率提高。餐厅实行“5T 现场管理”，员工的工作规范、要求等张贴上墙，随时进行提醒；各岗位一日工作流程明确，每个时间节点需要做的内容一目了然，节约了时间成本，提高了工作效率。同时对物品进行定位、定名、定量，需要取用时能够第一时间找到，避免了因物品摆放混乱造成工作时间被大把占用。

（3）菜品加工效率提高。通过标准化试点的建设，制定了 60 多项菜品标准，包括《菜花炒肉烹饪技术规范》《辣子鸡烹饪技术规范》《木樨肉烹饪技术规范》等常见菜品的制作标准，从菜品的适宜人群、原料及要求、烹饪器具、制作工艺、质量要求、营养价值和功效、制作要点及注意事项等方面进行了规范，统一了制作流程，简化了制作方法，减少了不必要的环节。同时根据专业营养师的研究成果，提供品种更为多样，色、香、味俱全的菜肴，营养搭配更加均衡、合理；餐厅使用菜品的边角料制作一些可口美味的小凉菜，节约与创新并重，得到就餐人员的一致好评。

（4）开展客户满意度调查工作，共发放问卷 300 份，回收问卷 282 份，调查显示，2020 年度客户满意度调查分值为 88.75，较 2019 年提升了 1.31；满意率平均值为 97.91%，较 2019 年提升了 0.87%。

4 总结

临沂市兰山区机关事务服务中心紧密结合餐饮管理工作实际，推进标准化和餐饮管理工作的深度融合，构建出科学、协调、完整的标准体系，充分发挥了标准化的基础性、战略性、引领性作用，以标准化工作赋能机关事务管理实践，全面提升了餐饮管理标准化水平，为新时代机关事务工作探索出了具有参考价值和借鉴意义的科学合理、质优高效、实操性强的发展路径。

坚持标准化信息化“两化融合”推动新形势下党政机关公务接待规范化发展

——以临沂市河东区机关事务服务中心为案例的实践应用

上官寒露[1]　杨全勇[2]　张新燕[1]　田　雅[2]　袁正玉[1]

（1. 临沂市河东区机关事务服务中心；2. 山东省标准化研究院）

摘　要：标准化和信息化建设是推动新形势下党政机关公务接待规范化发展的重要支撑。本文通过结合临沂市河东区机关事务服务中心标准体系建设和“两化融合”的实践经验，对党政机关公务接待标准体系的顶层设计、体系建设、标准实施和改进及标准化信息化融合的探索进行了阐述，以期为党政机关公务接待标准化建设和“两化融合”发展提供理论和实践支撑。

关键词：公务接待；标准体系；两化融合

公务接待工作是各级党政机关的一项重要工作。公务接待部门作为机关后勤保障的部门之一，为公务人员出席会议、考察调研、执行任务、学习交流、检查指导、请示汇报工作等公务活动提供方便、快捷、高效的管理和服务，从而使各项公务活动有序、安全、顺畅、高效地完成。公务接待是政务工作的重要组成部分，接待部门更是各级工作交流的窗口，是上下联通的纽带，公务接待经费作为“三公”经费的组成部分，备受广大人民群众关注，其重要性不言而喻。

在实际工作中，由于公务接待活动具有较强的复杂性和复合性，公务接待过程缺乏较为完整规范的制度体系，存在公函制度落实不到位、公务接待信息报告不及时、超规格迎送陪同、超标准用餐住宿、陪同就餐人数控制不严、接待任务清单整理不及时、公务接待监管不严等问题。为有效解决公务接待过程中存在的一系列问题，需要借助标准化这一工具，对党政机关国内公务接待的全过程进行规范和引导。在此背景下，临沂市河东区机关事务服务中心开展了公务接待标准化试点与示范项目建设工作，同时按照全省机关事务标准化信息化“两化融合”的工作要求，搭建河东区公务接待智慧监管平台，从源头上进行严格管控，初步实现了标准化和信息化在公务接待上的高效融合，刚性约束不断强化，接待理念切实转变，接待费支出持续下降，公务接待工作的科学化、制度化、规范化水平不断提高。

1　党政机关公务接待标准体系构建背景

标准化作为加强社会管理、提升公共服务水平的重要技术支撑，越来越受到社会各界的重视[1]。要充分发挥标准化在党政机关公务接待工作中的规范、调节、约束和控制功能，就需要通过“编标准”对公务接待工作进行流程再造，做到标准有效供给；通过“用标准”提高公务接待的服务效率和质量、提升管理水平和效能。

2　党政机关公务接待标准体系构建路径

2.1　明确公务接待标准化工作的目标和定位

公务接待标准体系制定工作应严格落实中央八项规定、《党政机关厉行节约反对浪费条例》《党政机关国内公务接待管理规定》的相关要求，对公务接待范围、接待公函、接待审批、接待标准、经费管理、监督检查、信息化保障等环节做出科学细致的规范。通过标准体系的建设和实施，进一步明确公务接待标准、优化工作流程，提高服务质量和效率；引导公务接待向“无死角”方向发展，使公务接待的全过程接受干部群众和社会的监督。

通过开展公务接待标准体系建设和运行，增强工作人员的标准化意识，营造标准化工作氛围，严格按照标准开展公务接待活动，减少不必要的公务接待，降低公务接待费用；促使各级党政机关加强公务接待自我管理，各监管部门形成监管合力，推进“阳光化”公务接待模式。

2.2 遵循标准体系制定依据、明确标准化工作原则

党政机关公务接待标准体系的编制工作将参照现行《标准体系构建原则和要求》(GB/T 13016)、《服务标准化工作指南》(GB/T 15624) 和《服务业组织标准化工作指南》(GB/T 24421) 系列标准的相关规定。标准体系的编制应符合国家法律法规及国家关于公务接待管理政策文件的相关要求，充分体现党政机关公务接待的工作特点，符合公务接待的发展需要。在标准体系编制过程中，遵循简化、统一、协调、优化的基本原则，使公务接待各项工作形成“事事有流程、事事有标准、事事有人管、事事有考核”的工作机制，注重体系的科学性、有效性和可操作性。

2.3 强调系统设计，搭建标准体系框架

标准体系建设要坚持需求导向，运用逆向思维，以标准实际需求决定纳入体系的标准供给[2]。临沂市河东区公务接待标准体系建设以机关事务服务中心的工作职能及公务接待发展需求为导向，建立起涵盖通用基础标准、公务接待管理和服务标准、工作保障标准及岗位工作标准的四大标准体系，各体系互为补充、协调配套（图1、图2)。

(1) 通用基础标准分体系主要对临沂市河东区机关事务服务中心公务接待工作直接或间接适用，同时又具有广泛的指导作用。

(2) 公务接待管理与服务标准分体系基于临沂市河东区机关事务服务中心所承担的管理和服务职能，具体包括公务接待管理标准子体系、公务接待服务标准子体系及国内公务接待信息化建设标准子体系。其中公务接待管理标准子体系主要包括公务接待管理规程、监督检查、工作动态信息报送、信息备案等内容；公务接待服务标准子体系主要包括公务接待定点酒店住宿服务、餐饮服务、酒店安全管理、卫生管理等内容；国内公务接待信息化建设标准子体系主要包括国内公务接待管理系统建设、运行和维护等内容。

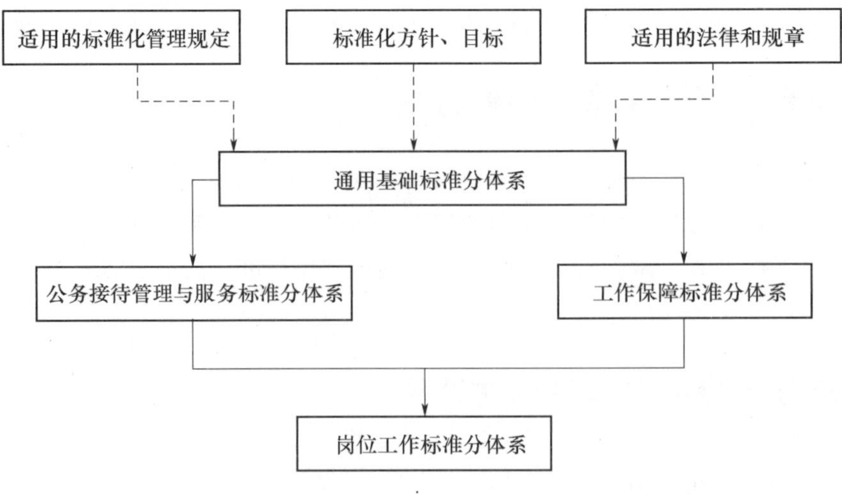

图1 临沂市河东区机关事务服务中心公务接待标准体系总体框架

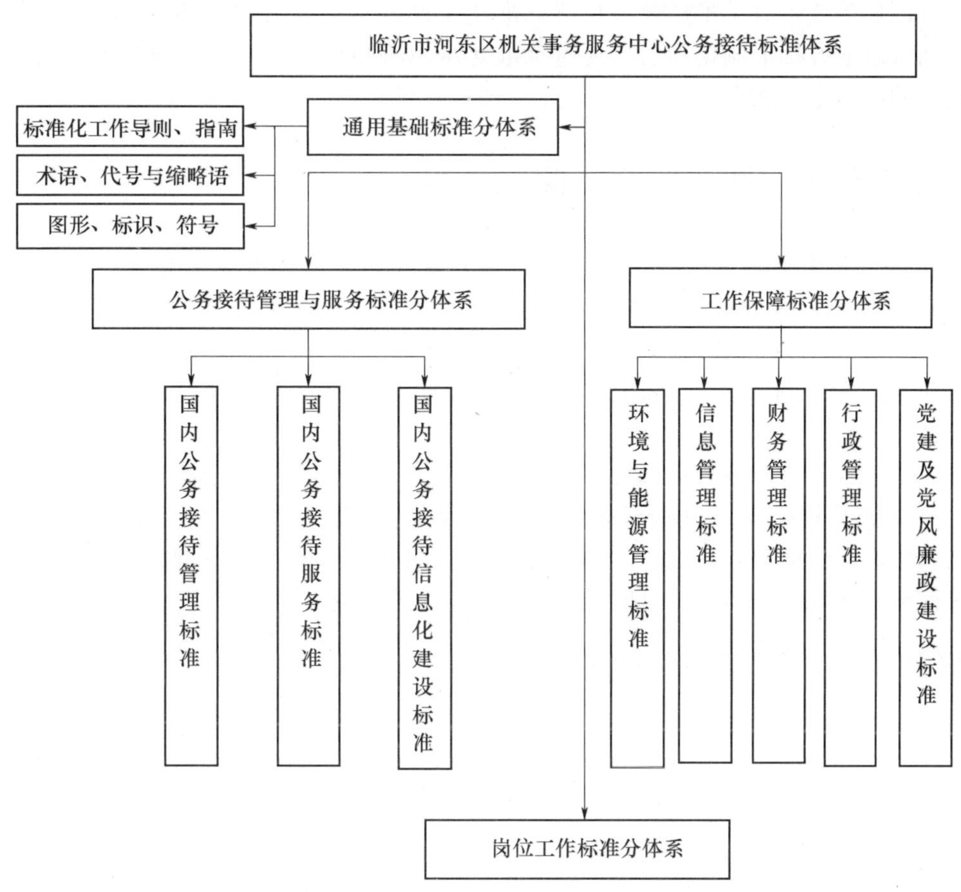

图 2　临沂市河东区机关事务服务中心公务接待标准体系框架

（3）工作保障标准分体系作为标准体系建设的重要组成部分，为临沂市河东区机关事务服务中心公务接待管理和服务的开展提供有力的支持和保障。工作保障标准分体系主要包括环境管理、信息管理、财务管理等内容。

（4）岗位工作标准分体系是保证临沂市河东区机关事务服务中心公务接待标准体系有效落地和实施的重要环节。通过建立岗位工作标准分体系实现临沂市河东区机关事务服务中心公务接待工作执行程序化、工作流程控制化、工作方式标准化及管理工作规范化。

2.4　强化标准实施监督，建立持续改进动态机制

创新标准实施机制保障标准实施效果。临沂市河东区机关事务服务中心通过成立标准体系实施及持续改进工作小组，制定配套完善的标准宣贯实施、监督检查、持续改进及考核奖励等工作制度，确保标准体系有效执行。

创新标准宣贯方式，将核心工作流程以标准图集和视频的形式进行分步骤展示，增强标准解读的生动性和直观性。此外，河东区机关事务服务中心还创造性地提出了“党建＋标准宣贯”的工作模式，利用与标准实施单位开展“支部活动共建”“我为群众办实事”等党建活动的契机，向其宣传开展公务接待标准化的重要性及标准体系的核心内容，引导相关单位积极实施相关标准，促使各级党政机关加强公务接待自我管理，形成监管合力。

河东区机关事务服务中心通过开展党政机关公务接待标准化建设，取得了明显的经济效益和社会效益。河东区近两年公务接待费用支出呈明显下降趋势，2020 年 1—10 月全区公务接待费用与 2019 年同期相比减少了 13 万元，总接待次数减少 68 次，总费用下降了 60%。2021 年 2 月，河东区机关事务服务中心通过了省机关事务管理局组织的公务接待专项标准化试点验收，并于 4 月确定为公务接待

标准化示范项目创建单位，总结推广公务接待标准化工作经验；同时中心还申请了《党政机关公务接待管理规范》临沂市地方标准制定项目。通过标准化示范项目建设和地方标准制定，总结提炼形成党政机关公务接待的“河东模式”。

3 标准化与信息化“两化融合”实践经验

临沂市河东区机关事务服务中心按照省机关事务管理局关于标准化信息化“两化融合”的工作要求，充分发挥自身公务接待标准体系建设的优势，率先在公务接待领域推行“两化融合”。以标准化带动信息化，深化协同共享。发挥标准化对信息化的引领作用，实现业务协同和资源共享。以信息化助力标准化，强化标准实践运用。发挥信息技术高效互通集成优势，更好推动标准的实施、监督和完善。

河东区机关事务服务中心以公务接待标准体系的实施情况和实际工作需要为导向，经过周密调研和反复论证，开发使用了河东区国内公务接待管理平台（包含电脑版和手机App），成为国内首个探索使用公务接待网络流程化的单位。通过国内公务接待管理平台，实现了审批前置、监管前置和责任前置；达到了接待流程标准化、监督管理时效化和责任追究常态化。

3.1 审批权限前置，接待流程标准化

针对在公务接待管理中最容易出现接待公函缺失、陪餐人数超标、会计核算不规范、接待信息不公开等问题，河东区开发使用的公务接待审批系统在公务接待审批环节主动介入，避免了接待单位碍于情面在接待要件不全的情况下擅自违规接待甚至先接待后补手续等问题。

一是接待要件齐全才能自动生成预核审批单。接待单位用自己的账号，通过系统上传来访单位公函、接待审批单等要件，系统能够根据承办单位申报的公务接待管理情况，对陪餐人数、用餐标准进行智能判断，若不合规定，无法生成预核审批单。二是统一使用公务卡结算。各承办单位应使用公务卡结算，将结算后取得的相应报销凭证和经持卡人消费签字的消费交易凭条作为必需的附件上传至系统，系统通过智能终端完成消费数据上传等功能，对接待消费情况进行评估和实时数据统计分析。

3.2 监督检查前置，监督管理时效化

目前，各级政府对公务接待的管理一般采用事后监管模式，对接待事由、人员及标准等进行事后复核、违规问责。这种方式存在较大的时间滞后性，对接待的事由和过程不易分辨。河东区国内公务接待管理平台把监督检查前置，监督部门可通过审批系统实时掌握申报单位的公务接待开展情况，可随时进行现场监督检查。同时通过短信提示、定期汇总通报等方式，方便各单位主要负责人第一时间掌握本单位公务接待情况。此外，河东区国内公务接待管理平台通过设定财政、审计、事管的审批权限，将责任与审批权限统一结合起来，各监管部门通过接待系统实现全过程追踪。

3.3 接待责任前置，责任追究常态化

一是国内公务接待管理平台将事后监管改为事前监管，对出现的违规问题迅速予以纠正，践行厉行节约、反对浪费。通过严格审查审批、现场督查招待环节、系统分析整体状况，及时查找问题，避免资源浪费。二是起到警示教育作用。国内公务接待管理平台融合了数据整理分析、定期通报提醒和政策宣传教育的多种功能，有利于各单位自觉学习遵守各项制度，做公务接待的明白人。三是引导公务接待向“无死角”的方向发展。目前公务接待管理平台尚处于试验起步阶段，主要侧重于公务用餐等方面的探索，下一步将不断完善系统功能，将接待流程与责任落实相结合，尝试从源头上拧紧花钱的“阀门”，使公务接待回归本真。

参考文献

[1] 柳成洋，等．社会管理和公共服务标准化概论［M］．北京：中国标准出版社，2014.
[2] 白静．新发展理念下机关事务标准化推进路径探析［J］．标准科学，2019（12）：106-108.

企业标准系统和质量管理等系统在企业管理中融合

周　玲[1]　邢艳萍[2]　杨传水[3]　周　磊[1]　石科飞[1]

（1. 山东东岳有机硅材料股份有限公司；2. 东岳氟硅科技集团有限公司；
3. 山东金诚石化集团有限公司）

摘　要：为了适应市场，世界上很多企业都采用了质量管理系统、环境管理系统、职业健康安全管理系统、能源管理系统（Energy management systems）等管理标准系统。目前国内企业相对缺乏构建标准化系统的意识，企业标准系统的系列国家标准充分考虑到与众多现行管理系统的关系，在企业管理中推进企业标准化系统和质量管理等系统的融合。本文介绍了企业标准化体系的展开与质量管理系统（Quality maagement systems）等的推进，企业标准化系统和质量管理等系统的关系，研究了企业标准化系统和质量管理等系统是如何融合的，企业标准化系统和质量管理等系统相互促进等几方面的问题。

关键词：企业标准；质量；环境；能源；职业健康安全；系统；融合

0　引言

随着国内外经济的快速发展和科技的进步，企业竞争越来越激烈。企业之间的竞争也已经从规模的竞争、产品数量的竞争、价格竞争逐渐发展为低价高质量的成本竞争、能源消耗竞争、速度竞争、碳排放竞争，控制质量离不开质量管理和职业健康安全管理。控制能源消费离不开能源管理。控制碳排放离不开职业健康安全管理与环境治理。能源、质量、环境、职业健康安全的发展离不开企业的标准。在产品生产中，企业标准系统和质量管理等系统相融合，能促进企业的成长。

1　企业标准化系统与质量管理等系统的关系

（1）企业标准化和质量管理等系统概要。

企业标准化狭义上是指以提高企业利益为目标，以管理产品生产、人员管理、流程技术和产品销售等各项业务为主要内容，制定、实施、维护管理标准的活动。

质量管理系统一般是指一个企业在产品和服务质量管理方面进行自动指挥、控制的管理系统。质量安全管理控制是一种企业建立在企业内部、实现企业生产和经营质量安全所必要的一套系统化质量管理手段，是企业的战略策略。它将人力资源和生产过程控制有机地结合，通过生产工艺流程控制的方法进行全面管理，根据企业的特点选择一个系列的控制管理要素，一般是控制活动、能源资源供应、生产产品及测量度量。预防性产品检测、产品销售、商品交付和生产全过程中的策划、执行、监督管理、纠偏和技术性改进等各项工作的要求，一般形成程序文件，成为企业管理的标准和要求。

环境管理系统主要用于对企业的生产经营过程进行环境管理，对生产过程中的风险和机会进行识别和对应。

职业健康安全管理系统（Occupational health and safety management systems）是实现企业中人员职业健康、人身安全的管理系统。

能源管理系统（EMS）建立系统的能源基准、性能参数、方针、目标指标、对策计划和过程，是实现能源控制的管理系统。

（2）标准化建设是企业的质量管理系统、环境管理系统、职业健康安全管理系统、能源管理系统构建和运营的基础。

随着公司经营规模的扩大和产品市场占有率的提高，领导的直接指挥制不能满足现代企业管理和发展的需要。各部门必须充分发挥各自的管理职责，协调合作。只有发挥全体干部的积极性，才能有效地实现企业的目标。建立标准化系统是为企业在产品生产、管理经营、技术革新等方面提供准绳和可使用的标准。"管理之父"泰勒曾经指出"标准化为企业科学管理提供了科学的方法"。企业为保障产品生产、有序开展经营而推进的以提高所有要素的生产率为目标的基础标准可以转化为质量管理系统、环境管理系统、职业健康安全管理系统、能源管理系统的各种管理标准、程序。企业为满足顾客需求所执行的，规范产品实现全过程所提供的产品实现标准可以为质量管理系统中的产品和服务的要求直接使用。为了实现企业各个产品岗位工艺规程、作业标准管理体系的有效落地和规范执行，以企业产品岗位作业标准为构成基础的体系包括企业产品质量管理体系、环境管理体系、职业健康安全管理体系、能源管理系统的过程运行、过程环境、人员、在过程监测等过程中可以直接引用或使用。以产品技术、质量、安全、管理、服务为核心的国际标准化体系以产品质量、安全、环保、能源、职业健康安全系统为基础，提供了支持性的依据。没有标准化系统，就不能构筑有效的质量、能源、环境和职业健康安全的五标一体化系统。

企业标准化系统是企业质量、能源、环境、职业健康安全等各管理系统的基础和集合，包括企业的全方位，涵盖企业的所有管理业务。标准化贯穿了质量管理系统、环境管理系统、能源管理系统、职业健康安全管理系统、现代质量管理系统的全过程。环境管理系统、职业健康安全管理系统、能源管理系统是企业标准化系统的过程。

2 企业的标准化系统和质量管理等系统如何融合

建立质量、能源、环境、职业健康安全管理系统和企业标准系统，是现代管理企业的一个标志。为提高企业管理水平，确立客户放心、相关人员满意、员工放心、企业良好的社会形象，企业应建立五项标准管理系统。

（1）将质量管理系统、环境管理系统、能源管理系统、职业健康安全管理系统、能源管理系统要素分别整合纳入企业标准的相关子系统中。

企业将质量管理系统中的设计与开发、生产/服务提供、营销整合到产品实现标准子系统；将环境管理系统中的风险与机会的对应、环境目标的实现及计划等整合到环境管理标准子系统中；将职业健康安全管理系统中危险源的认识和风险和机会的评估、法律法规的要求和其他要求、职业健康安全目标和计划的实现等与职业健康安全管理标准子系统相结合；针对能源管理系统中的风险和机会的应对措施，将节能目标、能源消耗指标、能源评估报告、能源性能参数的确定、能源标准编制、能源数据的收集方法和规划等整合到能源管理系统标准子系统。

（2）企业标准化体系内的各类标准质量管理系统、环保管理系统、能源管理系统直接引用、使用。

企业标准内的各个专业标准、产品标准和岗位标准，主要企业的质量管理体系、环境管理体系、职业健康安全管理系统、能源管理系统的作业指导文件、操作规程直接引用、使用，成为系统文件的一部分。制定企业标准时融入各系统要素，制定管理系统的程序文件、作业指导书时，按照系统要求参照标准化的文件编写和制定要求，将系统文件一体化、标准化。

（3）利用企业标准化系统将产品的质量、环境、职业健康安全管理、能源管理系统融合为五个目标。

质量管理系统、职业健康安全管理系统、能源管理系统、企业标准系统构成了企业整体管理的一部分。企业标准化带来企业各特别管理制度和五大系统的有机结合，形成企业一体化管理系统。

企业利用标准系统，将质量管理系统、环境管理系统、能源管理系统合并为一个系统。将各个系统的管理要素整合归纳到15个企业管理系统基础性的管理要素中，分别为：相关法律、法规和管理标准；领导的任务承诺与履行职责；风险管理；教育；工厂设施；化学品和工艺管理；变更管理；作业管理；相关人员；职业健康；环境管理；质量管理；能源、资源管理；事故事件和应急；性能评价和改善。每年对15个要素进行季度内部审查、年度内部审查和年度外部监督审查。

企业每年对五标一体的适用性、充分性、系统性及实际企业经营过程运行的合理和合法有效性等具体情况进行一次监督检查，并及时予以改善，适应了企业经营管理不断稳步提高、发展的实际需要，持续推进企业的高效管理

3 企业标准化系统和质量管理等系统相互促进

企业标准化是“基础”，质量管理等系统是“实践”，它们之间互相补充、不能分离。标准化体系的构建和运行过程标准化体系的实施是对质量管理等体系不断改进的一个过程，标准化体系的技术标准由合同作业指导书、操作证卡、操作规范、行为准则等体现，合同审核、合同资金能源、客户需求、社会环境、人力资源、资本消费、顾客服务、承包商等如何进行管理，需要的是质量管理体系、环境管理体系、职业健康安全管理体系、能源管理体系等。

企业的标准化系统和质量管理等系统相互促进，快速有效地提高了企业的管理水平，并创造了企业的五标一体。第一，提高公司产品质量和服务水平，不断满足客户的需求和预期。第二，预防环境污染，减少异常生产对经济社会的影响。第三，保证了全员在操作区域及操作场所的安全与卫生健康，防止了职业疾病的诱发和对职业造成的伤害，保护了全员的身心健康。第四，提高能源管理效率和水平，促进企业建立长期节能机制。结论正如质量管理专家石川馨先生所说，企业标准和质量管理等系统在企业发展过程中迅速融合，成为企业发展赖以生存的两个车轮。

参考文献

[1] 都周云．谈谈企业标准化体系与质量管理体系的关系［J］．商品和质量，2018（14）：162.
[2] 聂静舒、韩子田．标准化工作是企业质量管理体系运行中的作用分析［J］．中国战略新兴产业，2020（8）：216.
[3] 蒋桦．质量管理体系的认证和企业标准化［J］．科学和财产，2018（8）：216-226.
[4] 张朋越，赵海翔．企业标准化良好行为实施指南［M］．北京：中国标准出版社，2019.
[5] 段锦伶．浅析企业标准化体系与质量管理体系的关系［J］．中国标准化，2000（2）：25-26.
[6] 秦凤仙．浅谈企业标准化体系与质量管理体系的关系［J］．国防技术基础，2016（3）：5-7.
[7] 牛金江．企业标准化体系和质量管理体系标准的整合方法［J］．中国认证认可，2012（10）：41-42.
[8] 翟昊．关于企业标准化体系与质量管理体系的关系的浅谈［J］．工程技术（全文版），2018（4）：158-159.
[9] 宋永甫，曹永一．企业标准化体系和质量体系有机结合的有效途径［J］．质量春秋，2000（6）：36-37.

坚持创新引领标准助推公共机构节能高质量发展

刘　亚[1]　张忠奎[1]

（1. 邹城市机关事务服务中心）

摘　要： 邹城市机关事务服务中心以习近平新时代中国特色社会主义思想为指导，认真贯彻新发展理念，深入推进公共机构节能领域重点改革，通过创建省级标准化试点，构建了以节能监控、智能巡检等信息技术标准化为引领，以暖通、照明等系统标准化为重点，办公、公共等区域标准化为补充的"邹城特色标准体系"，打造了管理科学精细、资源利用高效、崇尚勤俭节约、践行绿色低碳节约型公共机构"邹城样板"。

关键词： 标准化；公共机构节能

建设生态文明是关系人民福祉、关乎民族未来的长远大计。习近平同志指出，节约资源是保护生态环境的根本之策。"十三五"时期，邹城市机关事务服务中心以习近平新时代中国特色社会主义思想为指导，在上级机关事务管理部门和市委市政府的领导下，认真贯彻新发展理念，深入推进公共机构节能领域重点改革，打造了管理科学精细、资源利用高效、崇尚勤俭节约、践行绿色低碳节约型公共机构"邹城样板"，推进全市公共机构节能工作质量变革、效率变革、动力变革，不断提升公共机构节能治理体系和治理能力的现代化水平。

1　秉持绿色发展理念，坚持创新引领，集约高效，质量优先，扎实推进节能改造工作

邹城市机关事务服务中心积极推进照明系统改造，将公共区域和地下车库灯具全部更换为LED灯，采用声控、光控、人体感应、时间控制、雷达感应控制等相结合的智能控制系统。积极采用感应出水、喷灌等节水型器具。按照《国家机关办公建筑和大型公共建筑能耗监测系统楼宇分项计量设计安装技术导则》，将集中办公区用电划分出"照明插座用电、空调用电、动力用电、特殊用电"4个分项，各楼层用电支路加装93块远程监测电表，实现能耗分类、分项、分层计量，对能耗数据进行自动分类统计后通过远程传输实时采集和通信，经智能系统进行数据分析和指标比对，以图表和报表显示后进行智能决策。对空调系统和生活热水系统进行远程自动化控制，对29台生活热水器进行实时运行、通信和故障状态进行监控，同时在每台热水器的回路上增设控制电表，对热水器进行单独远程控制，对115个公共区域风机盘管温控器进行联网更换，实现定时定温、一键开关机、一键调温等功能。同时对大楼各办公室内56处风机盘管回路增设控制电表，实现闪断功能，可以定时切断风机盘管的电源，实现控温运行、控时运行、变频运行等，系统按需供冷，保障最佳输出工况，达到最大的节能运行。对重点用能设施设备进行分析，提炼了54项巡检条目并确定了巡检内容和参考值，根据设备所处区域设计了地下室设备巡检、卫生间设备巡检、楼顶设备巡检和楼层空调箱巡检4条巡检路线，涵盖了48台（套）重点用能设备的151处巡检点，分维修和物业两队每日开展日常巡检，巡检员通过手机客户端扫码，即可查看设备参数和维修数据，并进行作业记录，发现异常及时拍照报障，进行生产维修或维护。

2　加强节能宣传、提高节能意识，营造全员参与的节能氛围

充分利用节能宣传周、全国低碳日等重要时点，在全市公共机构开展形式多样、内容丰富的宣传

活动，组织“建设节约机关”“小份菜、大节约”主题等大型公益宣传活动，倡导简约适度绿色低碳的生活方式。上报各类公共机构节能宣传信息10余篇，被国家、省机关事务管理局等网站采用。着力提高节能工作者业务理论水平，积极开展能耗统计、公共机构节能知识等系列培训。

3 创建省级公共机构节能标准化试点，实现公共机构节能领域的标准引领

2019年，山东省机关事务管理局发布《关于开展全省机关事务标准化专项试点工作的通知》，由邹城市机关事务服务中心承担公共机构节能标准化试点。为统筹标准化试点建设工作，邹城市机关服务中心成立了以机关事务中心主任为组长，市场监督管理局副局长、机关事务中心副主任为副组长，有关科室负责人为成员的公共机构节能标准化试点建设领导小组，负责组织、指导、协调标准化试点工作。下设标准化工作专班，聘请山东众成标准信息科技公司开展标准化技术第三方咨询。制定印发了《公共机构节能标准化试点建设实施方案》，将标准化制定和贯彻实施情况纳入分管负责人和科室负责人年度考核，定期召开推进会议，主任办公会先后4次听取工作推进情况汇报，解决具体问题7项。分全市和市直机关集中办公区两个层面，召开2次会议，明确标准化建设任务进行标准化培训，市政府办公室给予支持，动员相关方面大力开展标准化试点工作。邀请标准专家对标准化知识进行现场辅导，为大家答疑解惑，把标准化建设内涵真正理解透、把握准。强化调查研究，坚持开门搞标准，要求主动走出去、沉下去，深入开展调查研究，广泛听取各方意见，专班人员先后多次到集中办公区配电室、水泵房实地查看能耗设备运行情况，召集万邦物业、大正物业、机关招待所水电维修人员讨论3次，每周集中两天时间对标准化草案边调研、边起草、边修改。先后4次组织人员参加济宁市机关事务标准化会议与研讨、标准试点示范项目建设运行培训会，与四川省绵阳市和成都市武侯区相互借鉴交流，最终形成了《邹城市公共机构节能标准体系》，构建了以节能监控、智能巡检等信息技术标准化为引领，以暖通、照明等系统标准化为重点，以办公、公共等区域标准化为补充的“邹城特色标准体系”。

邹城市公共机构节能标准体系包括节能基础标准子体系、节能技术子体系、节能管理子体系、节能工作子体系在内的4个分子体系，共63项标准，其中试点研制标准23项。建立了系统的节能基础标准分体系。节能基础标准体系包括术语标准、文字符号标准、编码分类标准、其他标准4个子体系，《建筑节能基本术语标准》等基础性的标准18项。节能技术标准体系包括节能设计技术标准、节能检测技术、节能设备技术、节能施工与安装、节能测试与检验5个子体系，《节能监控系统建设与维护技术规程》《基于物联网技术用能设备运维管理系统建设与维护技术规程》等技术性的标准20项。节能管理标准体系包括能耗限额、经济运行、合理用能、综合评价、能源计量、能源统计、其他能源管理标准7个子体系，《暖通空调系统节能管理规范》《办公区域节能管理规范》《公共区域节能管理规范》等管理层次的标准21项。节能工作标准体系包括重点耗能设备操作人员工作标准、节能负责人员工作标准、一般节能工作人员工作标准3个子体系，《节能负责人岗位工作规范》《节能联络员岗位工作规范》《节能岗位人员工作规范》等4项标准。

4 以“因地制宜、特色引领”为创建目标，打造公共机构节能标准化“邹城模式”

邹城市机关服务中心创新了公共机构节能管理发展新模式，结合节能监控平台软硬件和主要实现的功能，总结提炼了《节能监控系统建设与维护技术规程》，对公共机构节能监控系统建设与维护的建设原则、系统构成、系统设计、建设过程监督、验收管理、数据管理、运行与维护等内容进行规范，依托平台的水、电、暖等的能耗实时在线监测和动态分析功能，安排专人每月负责对水、电、暖等能源消耗情况进行分析，结合建筑、系统、设施、设备的运行情况，识别和评估异常情况，发掘节约潜力，针对节约指标制定并实施节约方案。

为实现重点用能设备运行、维护、维修，实现信息化、标准化管理，制定《基于物联网技术用能设备运行维护系统建设与维护技术规程》，规范了建设原则、系统构成、功能实现、管理和维护等内容，大大地提高了用能设备管理的标准化、信息化水平，提升了政务中心运行的安全、服务的高效发展，为公共机构用能设备管理做出了新的表率，以点带面，为全市范围其他公共机构提供了学习和参考的模板。

通过标准的宣传实施，实现公共机构节能领域的标准引领、信息驱动、业务协同、智能决策，提高公共机构能源资源利用率，发挥公共机构在各领域节能中的模范表率作用，在公共机构领域节能标准化工作上创出可复制、可推广的经验做法，有力地提高了邹城市公共机构节能的现代化管理能力和水平。

“十三五”期间，邹城市机关事务服务中心落实高质量发展要求，围绕保障党政机关规范高效运转这一核心任务，坚持标准化为本、信息化为用，成体系融合，创建公共机构节能管理发展新模式。2020年，邹城市为民服务中心集中办公区单位面积能耗11.79千克标准煤/m^2，人均综合能耗231.3千克标准煤/人，人均用水20.06m^3/人，较2015年分别下降19.12%、20.3%、21.5%，超额完成“十三五”能源资源节约目标。先后获得“国家级、省级节约型公共机构示范单位”“省级公共机构节能标准化试点”“市级节水型单位”等荣誉称号。

公共机构节能工作永不止步，邹城市机关事务管理中心将进一步践行生态文明思想，起到公共机构节约能源资源示范引领作用，引导全社会提高节能环保意识，形成良好的节能环保氛围，将打造绿色低碳节约型公共机构“邹城样板”，为建设美丽中国做出应有的贡献。

基于团体标准应用追溯二维码，推动商品流通高质量发展

来永钧[1]　杨赛青[2]　赵中涛[2]　徐文超[1]　栾中一[1]

（1. 山东省标准化研究院；2. 山东标准化协会）

摘　要： 党的十九大报告指出，人民日益增长的美好生活需要和不平衡不充分的发展之间的矛盾是当前发展阶段需要重点解决的社会矛盾。人们对美好物质生活的需要是首要需求。人们的物质需要不再仅仅停留在温饱上，而是上升为安全、健康、舒适，并且开始追求保健、养生、营养调节。本文通过介绍基于团体标准的追溯码应用方法，为商品安全流通提供良好的方案，助力商品流通的质量安全，为人民的美好生活需要添砖加瓦。

关键词： 团体标准；追溯二维码防伪

1　引言

产品质量安全始终是社会关注的热点问题，也是业内人士长期研究和探讨的问题。建立产品质量安全追溯系统是目前大家普遍认可的解决这一问题的有效技术手段。自 1997 年欧盟为应对“疯牛病”（牛海绵状脑病）问题逐步建立并完善追溯的食品安全管理制度以来，追溯系统已被广泛应用于各个行业。通过追溯系统可以实现对商品研发生产与流通销售全生命周期信息可视和质量管理功能。前些年，在国内市场上，追溯系统更多地应用在一些高附加值的商品上，但随着信息技术的高速发展和追溯编码技术的相继成熟，追溯系统可以应用到不同场景，为产品质量安全提供有效的技术支撑。

团体标准是国家标准化改革的重要手段，其主要特点是高度满足市场快速响应和解决企业创新成果转化需求。2018 年，新《中华人民共和国标准化法》逐步实施应用，团体标准逐步被市场熟知、应用。与政府标准相比，团体标准明显更快速、更先进，并高度贴合科技发展前沿。团体标准的快速发展正在迅速成为以国家、行业、地方标准为主的政府标准体系的重要支撑，成为各行各业经济发展的重要技术依据。以技术为核心，通过团体标准、检验检测、追溯二维码的有机融合，可以形成完善的技术服务体系和解决方案，通过“标准→检测→追溯二维码”的技术路径，将高质量、高品质的产品以团体标准的方式固化，通过检测的方式实现科学评价，并将过程品质信息融入追溯二维码中，引导行业健康有序发展，并向消费者传递质量安全信息，增进相互信任，提高社会信用。

2　追溯的必要性

2.1　防伪

在我国的商品流通市场上，无论是日常消费者还是单位大宗采购，最关心的都是商品的质量。现在市场上一方面仍然存在着造假、售假的现象，另一方面，优秀企业的高质量产品被假冒后，不能及时发现并确定假冒产品的来源，使消费者的利益受到侵害，同时也使企业的利益蒙受损失。通过追溯系统的信息技术系统原理赋予每个商品唯一的追溯码，对商品进行一对一的绑定，消费者通过日常手机扫码就可以获取商品的详细信息，以确保商品的价值保真。

2.2 防窜货

窜货是指未经商品生产厂家允许，经销商私自将货物转移至不属于其销售区销售，即厂家应定向发往一地的货出现在其他地方销售的现象。许多企业实行区域化销售，针对不同的地区、不同的渠道商采取不同的价格政策。赋予商品追溯码，一物一码互相对应，供应商出厂发货的时候会做记录，发给某个地区的供应商是哪些编号的商品都有记录。如果发现销售地区和原纪录不符，则有窜货的嫌疑。

2.3 物流管理

追溯系统可以帮助企业更好地管理供应链，有效地融合商品消费和生产物流。追溯系统是一个与商品生产和流通每一步同步跟踪的信息收集系统，在商品物流运输的过程中，无论是消费者还是监督部门，均可以随时通过系统调取生产信息、检验信息等内容，掌握产品全流程质量与安全状况，提高消费者的信心。如发现质量问题，根据追溯系统的存储信息可准确获取质量控制关键点，做出良好处理措施，避免与消费者出现质量纠纷。

2.4 品牌宣传

品牌是企业的无形资产，是企业在市场中竞争的有力武器之一，任何企业都对品牌的宣传有需求。追溯不仅可以帮助企业管控商品质量，对企业品牌的宣传也具有重大的意义。追溯的防伪功能、防窜货物流功能打击了假冒伪劣商品，管控了商品的质量；消费者的每一次扫码无形中都是对品牌形象的宣传；有追溯的商品更被消费者信赖，消费者的口口相传可实现企业形象的广泛传播。

3 团体标准与追溯二维码融合应用的方法

高品质的商品流通，首先要制定清晰、准确、操作性强的高品质的标准。以“齐鲁粮油”品牌建设中山东馒头用小麦粉为例，首先制定了《山东馒头用小麦粉》团体标准，明确了色泽、气味、水分含量、灰分、含沙量、磁性金属物、湿面筋含量、粉质稳定时间等具体质量指标，具体如表1所示。

表1 质量指标

指标类别	项目	等级	
		1级	2级
基本指标	色泽	—	
	气味	具有山东小麦特有的麦香	
	水分含量（%）≤	14.5	
	灰分（%）≤	0.48	0.60
	含砂量（%）≤	0.02	
	磁性金属物（g/kg）≤	0.002	
	湿面筋含量（%）≥	29～33	
	降落数值（s）	300～450	
	粉质稳定时间（min）≥	3.0	

明确了生产信息、收储信息等需要质量追溯的信息，如表 2 所示。

表 2　原料质量追溯信息

信息分类	追溯信息	
生产信息	品种名称	
	原产地/生产基地	
	收获时间	
	生产记录	
收储信息	干燥方式	
	储存方式	
	储存地址	
	粮情报告	
	储存量	

标准确立后，基于图 1 所示的管理流程开展二维码数据管理。

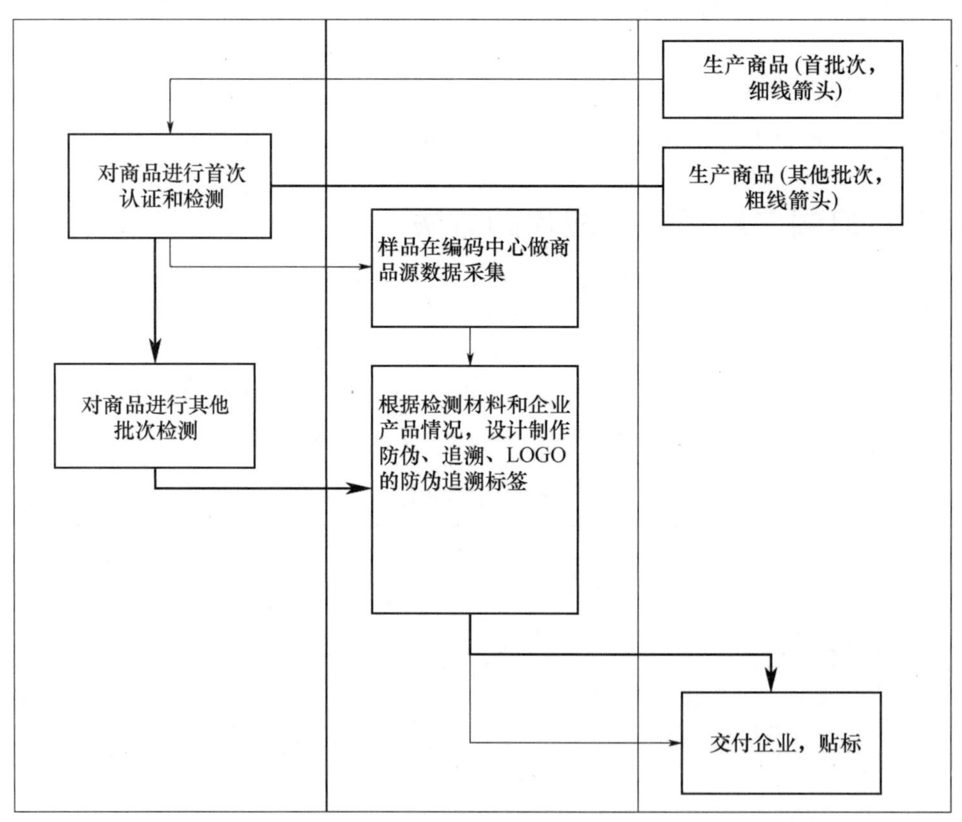

图 1　管理流程

首先，基于全国统一的条码微站信息系统，建立对应企业和产品数据库，为企业的每个产品建立一个唯一的追溯二维码，此追溯二维码由一个唯一的码号和唯一的密码组成。结合商品条码管理部门的条码和追溯二维码采集工作流程，确立商品的二维码采集关键信息内容，如图 2、图 3 所示，并逐步生成如图 4 所示的常见商品追溯二维码标签。通过防伪涂层可查询真伪，如图 5 所示。通过打开涂层后的追溯二维码，可实现随时查阅过程信息，如图 6 所示。

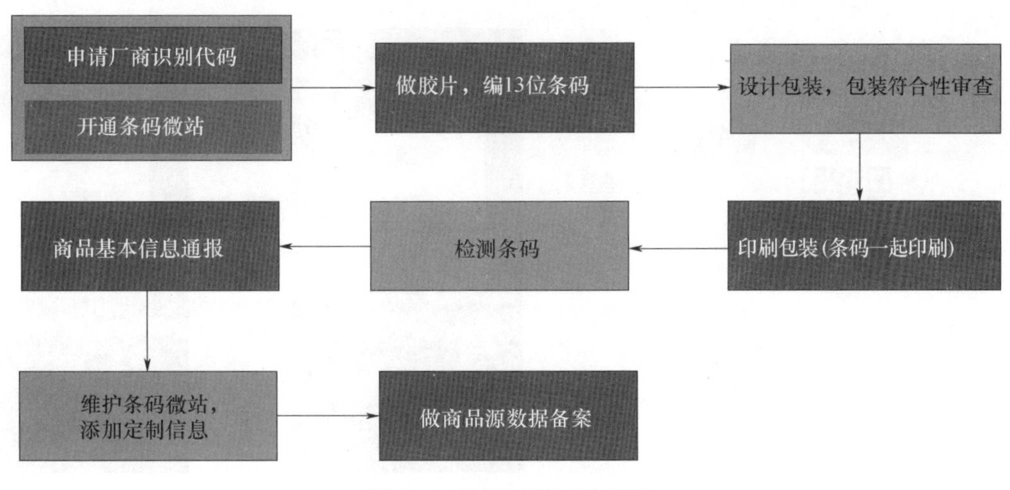

图 2　二维码采集工作流程

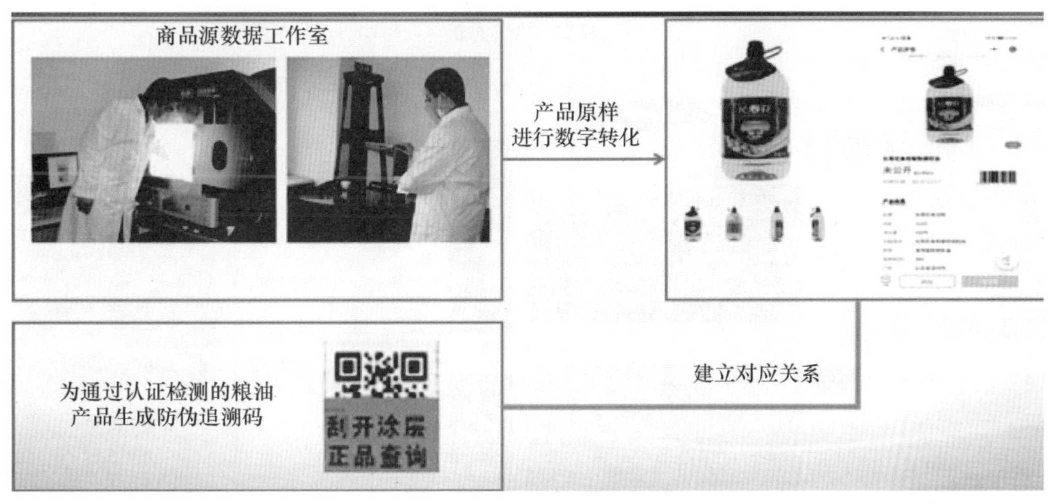

图 3　追溯码生产流程

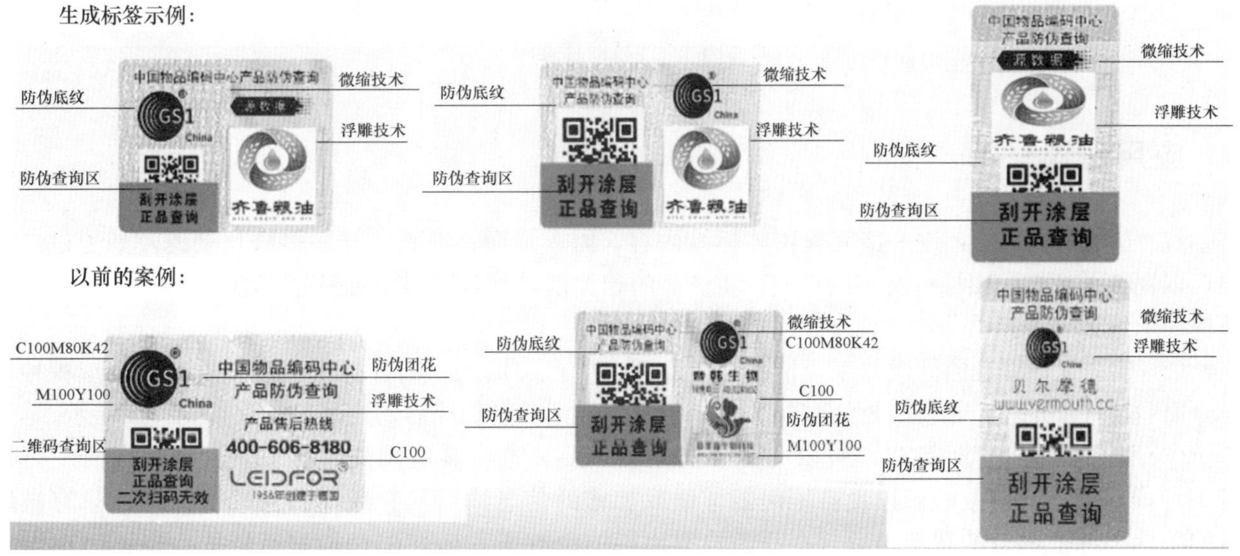

图 4　常见商品追溯二维码样签

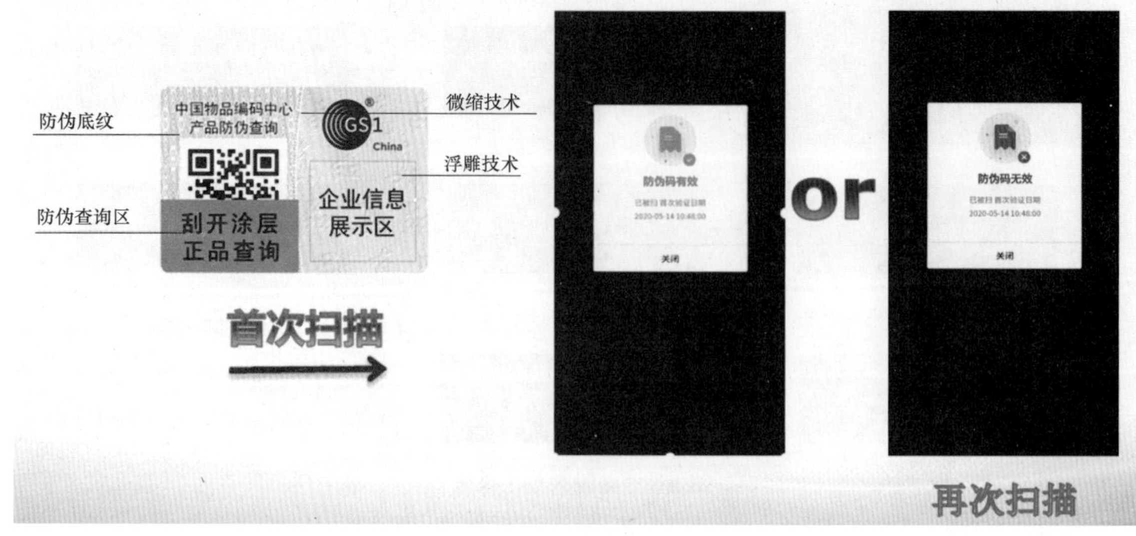

图 5 扫码查询

图 6 产品信息查询

4 应用建议

(1) 基于市场需求，进一步完善团体标准内容，力求全面、准确，开展多样化溯源，如通过二维码，以视频、音频、图像、文字的形式，将产品的相关信息如机构认证证书、检验证书、生产流程记录等展示给消费者。

(2) 建立全产业链的标准体系，清晰覆盖原料、生产、加工、销售等全流程。追溯码全流程控制应全面包括产品的生产情况、配送情况、仓储情况等。消费者扫码后，产品信息将得到详细展示。

(3) 随着信息技术的发展，针对特殊、高端的产品，进一步应用先进技术，开展多码合一，拥有多种读取方式。专业的识读设备不但能够读取加密的信息，而且有激活防伪码的作用，只有被激活的防伪码才能够被消费者读取。在产品没有出厂的情况下，即使防伪标签被盗取，也不能读取其中信息。

(4) 针对中高端、大众化的产品应用普适性的二维码信息技术，实现日常简单操作的验证读取信息。日常大众消费者使用随身携带的手机，将摄像头对准追溯二维码扫描，就可以读取产品全流程的过程信息，做到整个社会人人可以随时辨别真伪，随时可打假。

5 结语

产品质量追溯、食品安全追溯是当今人们关注最多的一个问题。产品质量和食品安全关系到每个消费者的切身利益，作为消费者，拥有知情权。通过手机扫一扫，或者查询终端扫一扫溯源二维码，从产品的原料到生产、运输、销售等各个环节都能查询到，并且按照产品属性，都有产品特有的质量检测报告，一物一码，一对一的信息链，确保产品品质合格，消费者买得放心，用得放心，吃得安全。高品质企业积极开展溯源二维码应用，通过信息化手段积极将优秀产品提供给消费者，将优良的产品区别于流通市场，将助力企业获得更好的效益，也将助力人民生活获得更高的品质，是解决人民日益增长的美好生活需要和不平衡不充分发展之间的矛盾的良好路径。

潍坊市党政机关会议服务标准体系研究

逄新军[1]　武心舜[2]　闫锡雨[2]　杨赛青[3]　刁明明[3]

（1. 潍坊市政府；2. 潍坊市机关事务服务中心；3. 山东标准化协会）

摘　要：笔者在潍坊市机关事务会议服务标准化工作的基础上，总结已有的良好经验，重点分析了构建党政机关会议服务标准体系的目的、意义和方法，并以实际应用说明了标准体系能在党政机关会议服务中发挥重要成效，为机关事务标准化建设提供了重要经验。

关键字：会议服务；标准体系；对策建议

1　引言

自2018年新《中华人民共和国标准化法》修订发布以来，标准化作为社会管理和公共服务的重要技术手段，受到各级机构的高度重视。为贯彻落实习近平新时代中国特色社会主义思想，提升机关事务工作的标准化水平，推动机关事务工作高质量发展，根据《机关事务管理条例》《机关事务工作"十三五"规划》等重要文件的要求，国家机关事务管理局办公室在2018年3月发布了《机关事务标准化发展规划（2018—2020年）》（以下简称《规划》）。《规划》为机关事务标准化指明了新的方向，并明确提出按照标准化要求组织开展工作，利用标准化提高保障质量和效率，实现"为党政机关高效运转服好务，进而为社会经济发展服好务，为人民群众服好务"。

2　党政机关会议服务标准体系构建的目的

机关事务工作是对各机关正常运行所必需的资产、经费、服务等各方面资源的统筹保障、合理配置和有效监管的工作，是党和政府工作的重要方面。标准化是推进国家治理体系和治理能力现代化的重要措施。标准在农业、工业、服务业以及社会事业等领域发挥着规范、调节、约束、控制的重要作用。新时代机关事务工作的开展，更注重提升机关事务保障质量和工作效益，这就迫切需要探索标准化在机关事务工作中的应用，推进机关事务标准体系的建设，促进机关事务工作标准化的发展。"会议"是党政机关工作的核心内容。会议服务保障能力是会议成功召开的重要基础，会议服务保障标准的质量直接决定会议服务保障能力的品质。开展党政机关会议服务保障标准体系建设是发挥标准化在机关运行保障中调节作用的良好做法。

潍坊市机关事务服务中心有各类会议室52个，两个办公区每年承办的各类会议多达千余场次，会务服务保障以服务规范、运转高效受到各级领导及与会人员好评，服务满意率连续保持在95%以上。随着"八项规定"的深入贯彻落实，会务服务承接量逐年增加，会务层次和质量要求不断提高，现行会务服务中存在的"精细化不足、标准化不够"等问题不断显现，具体表现在如下几个方面：

（1）会务服务流程相对规范，但缺乏针对操作环节的执行标准，实际操作过程中往往存在因人而异现象。

（2）会前准备、会中服务的监督检查制度相对健全，但标准体系不够健全，存在不完善、不到位现象。

（3）会务服务保障应急机制虽然健全，但处置过程缺乏相应标准支撑，应急处置不够有力。

（4）会议服务人员培训制度相对健全，但在内容、形式、成效检验、成果运用方面缺乏标准，培训工作有待提升。

为进一步提升会务服务质量，需要引入标准化理念，运用标准化手段和方法对会务服务进行全流程、全要素的再造升级。根据《2019年山东省机关事务标准化工作计划》统一部署，服务中心标准化工作项目专班就会务服务保障围绕“会务服务标准化工作”开展了专题研究。

3　党政机关会议服务标准体系的构建

通过党政机关会议服务标准体系建设，建设“标准化＋会议服务”工作模式，构建以规范会议服务为核心，以保障会场服务质量为重点的党政机关会议服务标准体系。通过标准化有效整合会议服务相关的各个要素，创新形成“党建为引领，防疫为前提，会场为中心”的工作新方式。改进管理模式，提高服务能力，有效确保机关会议事务的精准、高效，主要从如下几个方面开展工作：

（1）广泛学习调研、深入研制标准。通过调查问卷、座谈、实地调研等多种形式深入了解各相关单位的建议和需求，多次组织人员到省内外运行较好、发展较快的县、市、区进行考察，学习借鉴各地先进经验。标准化工作中还注重收集各类素材，本着“简化、统一、协调、优化”的标准化工作要求，在标准体系的系统性、可操作性和考核性上下功夫，精心制定“党政机关会议服务”系列标准。

党政机关会议服务标准体系根据内容层级分为通用基础标准、服务管理标准、内部支撑标准、岗位标准及延伸领域标准等标准板块，标准内容包括但不限于会议服务人员的服务规范、服务流程、组织管理，内部制度建设，安全应急，信息管理等多项内容，并根据业务衔接要求进一步延伸到会议相关的公务用车、物业管理、餐饮服务等方面。其体系框架见图1。

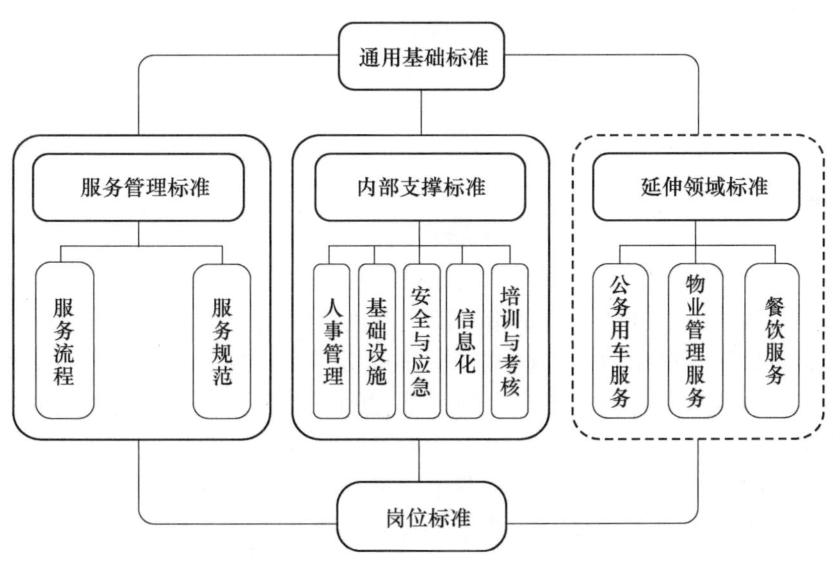

图1　党政机关会议服务标准体系框架

党政机关会议服务标准体系主要突出以下特点：

① 突出机关事务业务事项的特点。会议服务科承担的是市级领导和市直机关的会议服务，因此其政治性和严肃性的特点较为突出。在标准体系里对服务人员的选聘有着严格的规定，突出政审的必要性和落实保密制度的严肃性，对服务人员的仪表仪容等做了详细的规范。同时对安全办会出台了应急预案、突发事件处理和新冠肺炎疫情阶段的疫情防控要求及视频会议流程。

② 突出区域特点。目前，潍坊市党政机关会议召开的地点相对分散，包括办公区、酒店或其他临时场所，不同层级的机关、场所会议服务的能力参差不齐，管理方法、服务内容、规范要求也千差万别，往往出现会议服务承接单位和会议主办单位疲于应付、服务效率不高的现象。为此，在标准体系

中，就如何进行会议场地预定与变更、服务方案商定，在会前、会中、会后服务内容提供上给出响应的标准规范，明确了承接会议服务单位的工作依据，确保会议服务保障实现一次对接、全程服务，真正提高工作效率。

③ 突出机动性和高效性。标准体系中给出了对承接会议服务单位的基本要求、会议服务人员管理、服务内容提供、安全与应急、保密制度、疫情防控制度、服务质量评价与改进，对每个环节都进行了规范要求。标准体系既规定了会议服务共同内容，又给各个会议服务承接单位就如何落实新规范留足了发挥空间，只要承接会议服务单位具备标准要求的条件，按照标准体系的具体要求并结合自身的内部管控制度去做，就可承接党政机关会议服务，大大增加了会议举办地选择的机动性、会议服务的高效性，同时为有效合理利用会议服务资源创造了条件。

（2）注重实践检验、突出标准落地。“党政机关会议服务”系列标准发布后，注重标准的实践和检验工作。会议准备工作会注重检查桌椅的摆放；横幅、纸笔、茶杯等相关物品的准备和摆放；高清屏幕、音响话筒等设备的调试；会场环境卫生的打扫等。会议进行中会注重检查会场的温度、湿度；会场卫生环境的维护；服务人员的仪态举止；高清屏幕话筒等的需求和运行情况；突发问题的应急处理等。会议结束后，会注重检查相关物品的收集和整理；环境卫生的打扫；各单位的建议及后续改进措施等。标准的落地需要一线服务人员的理解和落实，标准化工作在检查实施工作的同时注重标准宣贯，不断提升一线服务人员的标准化意识，增强一线服务人员对标准条款的理解，并积极鼓励引导一线服务人员提出合理的建议，不断完善标准内容，加深标准与实际工作的融合。

4 对党政机关会议服务标准化工作的建议

综合市机关事务服务中心会务服务标准化方面存在的不足，走出去，请进来，学习借鉴兄弟单位的标准化工作经验做法，在出台会务服务标准化工作过程中突出“两手抓”：一手抓制标，一手抓服务质量的提升。

抓好制标过程是关键，要构建科学合理的行政中心会务服务标准体系。制标过程中要重点把握好四个“三”。一是把握好接受、学习、建设“三块”。要真正弄懂弄通“标准、标准化、标准化体系”的概念。标准是经各方协商一致达成的一种规范性文件，是从工作实际出发，对有关法律法规，国家、地方及行业有关标准量化、固化和优化的一种书面材料。标准化则是指过程，包括标准的需求分析、起草、发布及实施等过程；而标准体系则是指一定范围内的标准按其内在联系形成的科学的有机整体。要注重标准及标准化基础知识的学习，准确掌握标准的分类，国家、地方、行业、团体以及立项、立标申报的环节、渠道、流程等，从而具备一定的标准化知识储备。要准确把握标准化建设的路径和方式，进一步规范服务市场化、提升队伍职业化。二是把握好目标、定位、内容“三准”。所谓目标，就是指在标准研制过程中要找准立标的项目；所谓定位准，就是要求建立的标准具有很强的推荐性、参照性和可复制性；所谓内容准，则是要求标准化过程要涵盖每一项工作内容，做到标准全覆盖。三是把握好标准编写过程中宏观、战略、管理层面“三要”：要从宏观层面审视标准化，推进过程中要与新形势、新任务对机关事务工作的新要求高度契合；要从战略层面思考标准化，标准制定过程中要充分考虑标准背后的理念以及制定的目标，制定的标准既不能过高，无法操作，又不能低于社会平均值而失去标准的实践意义；要从管理层面研究标准化，确立制定标准是全面铺开追求一步到位，还是不追求全面系统，抓最需要、最重要的方面，分主次做到急用先行。制定标准草案的语言，要分清每一个条款是推荐型、强制型，还是陈述型。四是要把握好工作、考核、成效“三实”。工作实指要注重搜集相关的国家、地方、企业的标准，这是标准体系建设的保障、依据和基础；考核实就是要用考核来推进立标，标准制定后，必须有一套完整的考核机制，对标准量化条款实行打分级制；成效实就是要注重标准的品牌效应，切实提升服务满意度，实现社会效益和经济效益双丰收。

把握科学方法是保障，会务标准化建设过程应突出重点、把握关键，注重落实好六个“引入”。一是要引入“专”。改变自我培训为主的培训方式，引入专家和专业人员组织开展培训，切实提高培训质量。二是要引入“量”。针对会务服务不同岗位、环节、流程等各种要素，对操作技能的各项规范都要进行量化、数据化，增强可操作性、易操作性。三是要引入“效”。建立标准化工作奖惩激励机制，充分调动一线员工参与标准化建设的积极性、主动性、持续性。四是要引入“评”。建立有效评估机制。首先，建立员工对标准掌握执行情况的自身评估机制；其次，组织有关专家和标准化工作项目组对标准化工作各环节组织实施情况进行阶段性评估，促进标准更加趋于科学合理。五是要引入“痕”。按照标准化工作痕迹化管理要求，在标准化建设过程中，要实施全过程、全流程的痕迹化管理，确保每一项工作都能做到如实记载。六是要引入“全”。会务服务涉及音响、空调、会标制作等多个领域，会务服务标准化工作进程要加强与相关服务项目标准化工作的衔接，齐头并进、协同推进。

5 结语

总体来说，标准化工作是一项内外兼修的长期过程，由内而外，再由外促内。内就是建标，外就是管理效能、服务质量的提升，即由建标促进管理效能、服务质量的提升，再由管理效能、服务质量的提升推进标准的进一步完善。标准化工作实践过程中，需要我们自觉遵循标准化工作的内在规律，统筹好由内而外和由外而内的各项工作，切实把标准化工作组织好、推进好、实施好。

作者简介：

逄新军，潍坊市人民政府副秘书长、市机关事务服务中心主任。

武心舜，潍坊市机关事务服务中心办公室主任。

闫锡雨，潍坊市机关事务服务中心会员服务科科长。

杨赛青，高级工程师，山东标准化协会技术服务部部长。

刁明明，山东标准化协会技术服务部工程师。